北大社"十三五"职业教育规划教材

高职高专土建专业"互联网+"创新规划教材

全新修订

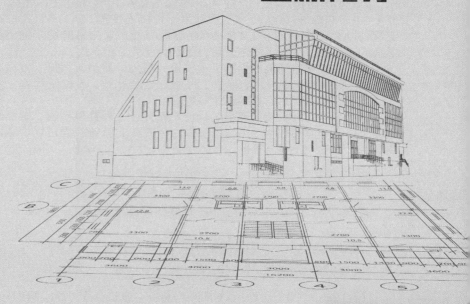

第二版

建筑工程施工组织设计

主　编◎鄢维峰　印宝权
副主编◎龚　武　肖丽媛
主　审◎邹泽忠

内 容 简 介

本书是根据当前阶段高等职业教育"以素质为基础、以能力为本位、以就业为导向"的要求,按照土建类专业的职业岗位需求,以培养高职学生的职业素质和职业能力为目标,参考了国内建筑施工企业先进的施工组织和管理方法,依据《建筑施工组织设计规范》(GB/T 50502—2009)、《工程网络计划技术规程》(JGJ/T 121—2015)和《施工现场临时建筑物技术规范》(JGJ/T 188—2009)等编写而成,内容的编排通俗易懂、深入浅出,具有很强的实用性、系统性和先进性,便于读者接受和掌握。

全书主要包括建筑工程施工组织设计概述、建筑工程施工准备、施工方案、建筑工程流水施工、网络计划技术、单位工程施工进度计划、单位工程施工平面图设计、施工组织总设计、专项工程施工方案设计等内容。

本书可作为高职高专建筑工程技术专业、工程监理专业、工程管理专业、工程造价专业等土建类专业的教学用书,也可作为相关专业教材及岗位培训教材,还可供土建工程有关技术、管理人员学习参考。

图书在版编目(CIP)数据

建筑工程施工组织设计/鄢维峰,印宝权主编 . —2 版 . —北京:北京大学出版社,2018.3

高职高专土建专业"互联网+"创新规划教材

ISBN 978-7-301-29103-0

Ⅰ. ①建… Ⅱ. ①鄢… ②印… Ⅲ. ①建筑工程—施工组织—设计—高等学校—高等职业教育—教材 Ⅳ. ①TU721

中国版本图书馆 CIP 数据核字(2017)第 324413 号

书　　　名	建筑工程施工组织设计(第二版)
	JIANZHU GONGCHENG SHIGONG ZUZHI SHEJI
著作责任者	鄢维峰　印宝权　主编
策 划 编 辑	杨星璐
责 任 编 辑	伍大维
数 字 编 辑	蒙俞材
标 准 书 号	ISBN 978-7-301-29103-0
出 版 发 行	北京大学出版社
地　　　址	北京市海淀区成府路 205 号　100871
网　　　址	http://www.pup.cn　新浪微博:@北京大学出版社
电 子 邮 箱	编辑部 pup6@pup.cn　总编室 zpup@pup.cn
电　　　话	邮购部 62752015　发行部 62750672　编辑部 62750667
印 刷 者	河北滦县鑫华书刊印刷厂
经 销 者	新华书店
	787 毫米×1092 毫米　16 开本　16.25 印张　375 千字
	2011 年 2 月第 1 版　2018 年 3 月第 2 版
	2023 年 7 月修订　2024 年 1 月第 9 次印刷(总第 19 次印刷)
定　　　价	42.00 元

未经许可,不得以任何方式复制或抄袭本书之部分或全部内容。
版权所有,侵权必究
举报电话:010-62752024　电子邮箱:fd@pup.cn
图书如有印装质量问题,请与出版部联系,电话:010-62756370

第二版前言

《建筑工程施工组织设计》第一版自2011年问世以来，得到了全国众多兄弟院校土木建筑类专业师生的支持与厚爱，也收到了很多宝贵的意见和建议。为了更好地服务于教学，编者充分吸收了本校师生多年来使用该教材的心得与积累，融合了广大读者的宝贵意见与建议，在第一版的基础上修订编写了本书。本书依据我国现行的《建筑施工组织设计规范》（GB/T 50502—2009）、《施工现场临时建筑物技术规范》（JGJ/T 188—2009）和《工程网络计划技术规程》（JGJ/T 121—2015）等规范和规程对内容做了修订，对部分内容进行了重新编写，参考了部分建筑施工企业先进的施工组织和管理方法。同时融入了党的二十大精神。全面贯彻党的教育方针，把立德树人融入本教材，贯穿思想道德教育、文化知识教育和社会实践教育各个环节。

本书内容主要围绕建筑施工组织的原理、网络计划技术的基本知识及编制建筑施工组织的方法和步骤，并依据原建设部人事教育司提出的土建行业"技能型紧缺人才培养培训工程"的培养目标来编写。编写过程中，编者紧密结合课程教学的基本要求，吸收了近年来建筑工程施工组织实践的新成果，注重实用性、新颖性和可操作性，力求做到科学规范、富有特色。书中各项目都提出了明确的能力目标和知识要点，并配备了相关例题和习题，全书内容通俗易懂、内容精练、深入浅出。

本书由校企合作共同开发，由广州城建职业学院鄢维峰、印宝权任主编，广东中辰钢结构有限公司龚武、天津城市建设管理职业技术学院肖丽媛任副主编。全书由广州城建职业学院邹泽忠任主审，鄢维峰负责全书的统稿和校订。

本书编写过程中，沿用了第一版的体例和相关内容，参考了国内高职教育部分同类教材、有关专业论著和相关单位的施工组织设计资料，引用了与此相关的标准、规范、专业书籍和一些典型案例等，许多同行、专家也为本书的出版提出了宝贵的建议，在此一并表示诚挚的谢意！

由于编者水平有限，书中疏漏和不妥之处在所难免，恳请广大读者批评指正。通过E-mail：ax0727@163.com 即可与我们联系。

资源索引

编　者

本书课程思政元素

　　本书课程思政元素从"格物、致知、诚意、正心、修身、齐家、治国、平天下"中国传统文化角度着眼，再结合社会主义核心价值观"富强、民主、文明、和谐、自由、平等、公正、法治、爱国、敬业、诚信、友善"设计出课程思政的主题，然后紧紧围绕"价值塑造、能力培养、知识传授"三位一体的课程建设目标，在课程内容中寻找相关的落脚点，通过案例、知识点等教学素材的设计运用，以润物细无声的方式将正确的价值追求有效地传递给读者，以期培养大学生的理想信念、价值取向、政治信仰、社会责任，全面提高大学生缘事析理、明辨是非的能力，把学生培养成为德才兼备、全面发展的人才。

　　每个思政元素的教学活动过程都包括内容导引、展开研讨、总结分析等环节。在课程思政教学过程，老师和学生共同参与其中，在课堂教学中教师可结合下表中的内容导引，针对相关的知识点或案例，引导学生进行思考或展开讨论。

页码	内容导引	展开研讨	思政落脚点
3	投标与签订施工合同，落实施工任务	1. 故宫的发承包模式是什么？ 2. 我国发承包方式经历了哪些过程？ 3. 现在通行的模式跟以往相比各种方式有什么优缺点？	行业发展
4	建筑产品的概念和特点	1. 有人说"建筑是一种过程，而非产品"，对这句话怎么看？ 2. 建筑产品有什么特点呢？	民族瑰宝 民族自豪感
5	建筑工程施工组织设计的概念	1. 建筑工程施工组织是什么？ 2. 如果做不好施工组织，可能会带来什么后果？	社会责任 风险意识
6	施工组织设计的作用	1. 施工过程可需要组织？ 2. 举例说明合理施工组织节约成本，缩短工期的案例。	现代化工业化 基本国情
23	图纸会审	1. 图纸会审由哪几方参与？ 2. 如果图纸会审做的不规范，有可能导致什么后果？	职业精神 工匠精神
31	开工报审表	1. 开工报审表的意义是什么？ 2. 什么时候填写开工报审表？ 3. 将来是否可能网上报审？	诚信 辩证思想
33	项目3 施工方案	1. 什么是施工方案？ 2. 你知道都江堰吗？假如有一台时光机，让学建筑的你穿梭回去，协助李冰太守建造都江堰，你会怎么做？	责任与使命 文化传承
42	施工顺序的确定	1. 什么是施工顺序？ 2. 影响施工顺序的因素有哪些？	科学素养 职业精神

续表

页码	内容导引	展开研讨	思政落脚点
44	施工方法及施工机械	1. 目前使用较多的大型施工机械有哪些？ 2. 我国比较有影响力的施工机械有哪些？	核心技术 国之重器 中国发展 国家竞争
49	主体工程施工方案	1. 地球只有一个，编写主体工程施工方案时，你会将哪些绿色施工措施编进施工方案里。	环保意识 绿色建筑
52	装配式工业厂房	1. 装配式建筑的种类有哪些？ 2. 国家目前针对装配式建筑有哪些新的政策？	爱祖国 文化自信
63	屋面防水工程施工方案	1. 杜甫的《茅屋为秋风所破歌》中"床头屋漏无干处，雨脚如麻未断绝"，诗句描写的是怎样的情形？"安得广厦千万间，大庇天下寒士俱欢颜，风雨不动安如山。呜呼！何时眼前突兀见此屋，吾庐独破受冻死亦足！"描写的又是怎样的理想？ 2. 屋面防水，现在有哪些方式？	工匠精神 职业精神
76	任务4. 流水施工概述	1. 举一个国内应用流水施工比较好的案例； 2. 根据案例说明一下哪些阶段应用了流水施工，取得了哪些效益？	民族自豪感 经济发展
76	顺序施工	1. 你知道绘制横道图的工具有哪些吗？ 2. 横道图可以运用到哪些领域？	科技进步 时代发展
104	网络计划概述	1. 网络计划对于工程管理，是怎么提高管理效率的？ 2. 为什么被称为科学的管理方法？	科技进步 时代发展
147	单位工程施工进度计划	1. 施工进度计划编制的方法有哪些？ 2. 两种方法有什么优点和缺点？	辩证思想
163	任务7.1 单位工程施工平面图概述	1. 中国工程图发展的历史。 2. 目前平面图是否能够实现三维查看？ 3. 市场上的场布软件有哪些？	科技进步 时代发展
206	任务8.1 施工组织总设计概述	1. 施工组织总设计在施工中的地位是怎样的？ 2. 编写过程需要注意什么问题？如何对质量、消防、环境保护、成本等方面进行协调？	环保意识
217	专项施工方案设计	1. 哪些施工过程需要做专项施工方案设计？ 2. 这些施工过程为什么要做专项施工方案？	专业水准 危险意识
219	任务9.1 扣件式钢管脚手架施工方案设计	1. 脚手架有哪些类型？ 2. 脚手架技术有哪些发展？	技术发展 专业与社会
233	任务9.2 模板专项工程施工方案设计	1. 按工艺划分，模板有哪些种类？	科技发展 专业与国家

目 录

项目 1 建筑工程施工组织设计概述 ·· 001
  任务 1.1 建设项目的分类及其施工程序 ·································· 002
  任务 1.2 建筑产品概述及其施工特点 ···································· 004
  任务 1.3 建筑工程施工组织设计的概念、作用和分类 ······················ 005
  任务 1.4 单位工程施工组织设计的编制 ·································· 008
  项目小结 ··· 011
  习题 ··· 011

项目 2 建筑工程施工准备 ··· 012
  任务 2.1 原始施工资料的收集和整理 ···································· 013
  任务 2.2 建筑工程施工准备工作 ·· 018
  项目小结 ··· 032
  习题 ··· 032

项目 3 施工方案 ··· 033
  任务 3.1 施工方案的制订步骤 ·· 034
  任务 3.2 施工方案的选择 ·· 035
  任务 3.3 基础工程施工方案 ·· 042
  任务 3.4 主体工程施工方案 ·· 049
  任务 3.5 屋面防水工程施工方案 ·· 063
  任务 3.6 装饰工程施工方案 ·· 066
  项目小结 ··· 074
  习题 ··· 074

项目 4 建筑工程流水施工 ··· 075
  任务 4.1 流水施工概述 ·· 076
  任务 4.2 流水施工的基本参数计算 ······································ 081
  任务 4.3 流水施工的组织方法设计 ······································ 088
  项目小结 ··· 102
  习题 ··· 102

项目5　网络计划技术 ……………………………………………………… 103
任务 5.1　网络计划概述 …………………………………………………… 104
任务 5.2　双代号网络计划的绘制 …………………………………………… 105
任务 5.3　双代号网络计划时间参数的计算 ………………………………… 112
任务 5.4　双代号时标网络计划 …………………………………………… 128
任务 5.5　单代号网络计划 ………………………………………………… 134
任务 5.6　建筑施工网络计划的应用 ………………………………………… 141
项目小结 ……………………………………………………………………… 144
习题 …………………………………………………………………………… 145

项目6　单位工程施工进度计划 ………………………………………… 146
任务 6.1　单位工程施工进度计划概述 ……………………………………… 147
任务 6.2　单位工程施工进度计划的编制 …………………………………… 148
任务 6.3　各项资源需要量计划的编制 ……………………………………… 153
项目小结 ……………………………………………………………………… 160
习题 …………………………………………………………………………… 161

项目7　单位工程施工平面图设计 ……………………………………… 162
任务 7.1　单位工程施工平面图设计概述 …………………………………… 163
任务 7.2　垂直运输机械的布置 …………………………………………… 165
任务 7.3　临时建筑设施的布置 …………………………………………… 170
任务 7.4　临时供水设计 …………………………………………………… 180
任务 7.5　临时供电设计 …………………………………………………… 191
项目小结 ……………………………………………………………………… 204
习题 …………………………………………………………………………… 204

项目8　施工组织总设计 …………………………………………………… 205
任务 8.1　施工组织总设计概述 …………………………………………… 206
任务 8.2　施工组织总设计的编制 ………………………………………… 208
项目小结 ……………………………………………………………………… 216
习题 …………………………………………………………………………… 216

项目9　专项工程施工方案设计 ………………………………………… 217
任务 9.1　扣件式钢管脚手架施工方案设计 ………………………………… 219
任务 9.2　模板专项工程施工方案设计 ……………………………………… 233
任务 9.3　钢筋混凝土塔式起重机基础施工方案设计 ……………………… 242
项目小结 ……………………………………………………………………… 247
习题 …………………………………………………………………………… 248

参考文献 ……………………………………………………………………… 249

项目 1 建筑工程施工组织设计概述

能力目标	知识要点	权　重
能掌握建设项目的组成及施工程序，了解建筑产品及施工特点	1. 基本建设项目的组成； 2. 建筑产品和建筑施工的各自特点	30%
能够掌握我国现行的基本建设程序和施工组织设计分类	1. 我国现行的基本建设程序； 2. 施工组织设计作用和分类	35%
能够掌握施工组织设计的基本编制内容和编制程序	单位施工组织设计编制的内容和程序	35%

 任务引入

【背景】

某工程位于广州市工业中路，东、西均有建筑物，总建筑面积为 23518.6m²，一层地下室；建筑物高度 86.6m，主楼 28 层，裙楼 2 层，基础采用钻孔混凝土灌注桩；框架-剪力墙结构，填充墙采用蒸压加气混凝土砌块，铝合金门窗框，外墙装饰采用釉面砖（塔楼）、抛光瓷砖墙面（裙楼）；室内装修除裙楼商场外，均采用粗装修毛坯墙面。工程计划在 2017 年 12 月 1 日正式开工，2019 年 1 月 30 日完工。

【提出问题】

1. 从接受施工任务到交工验收应遵循的施工程序是什么？
2. 编制施工组织设计有哪些程序？
3. 编制施工组织设计应包括哪些内容？

 知识点提要

现代建筑工程施工的综合特点表现为复杂性，要使施工全过程有条不紊地顺利进行，以期达到预定的目标，就必须用科学的方法加强施工管理，精心组织施工全过程。施工组织设计是施工管理的重要组成部分,是施工前就整个施工过程如何进行而做出的全面计划安排,它对统筹建筑施工全过程,推动企业技术进步及优化建筑施工管理起到核心作用。

任务 1.1 建设项目的分类及其施工程序

1.1.1 建设项目的含义及其分类

基本建设项目,简称建设项目,是指有独立计划和总体设计文件,并能按总体设计要求组织施工,工程完工后可以形成独立生产能力或使用功能的工程项目。在工业建设中,一般以拟建的厂矿企事业单位为一个建设项目,如一个工厂;在民用建设中,一般以拟建的企事业单位为一个建设项目,如一所学校。建设项目,按其复杂程度由高到低可分为以下几类工程。

1. 单项工程

单项工程是指具有独立的设计文件,能独立组织施工,竣工后可以独立发挥生产能力和效益的工程,又称工程项目。一个建设项目可以由一个或几个单位工程组成。例如,一所学校中的教学楼、实验楼和办公楼等。

2. 单位工程

单位工程是指具有单独设计图样,可以独立施工,但竣工后一般不能独立发挥生产能力和经济效益的工程。一个单项工程通常都由若干个单位工程组成。例如,一个工厂车间通常由建筑工程、管道安装工程、设备安装工程、电气安装工程等单位工程组成。

3. 分部工程

分部工程一般是指按单位工程的部位、构件性质、使用的材料或设备种类等不同而划分的工程。例如,一栋房屋的土建单位工程,按其部位可以划分为基础、主体、屋面和装修等分部工程;按其工种可以划分为土方工程、砌筑工程、钢筋混凝土工程、防水工程和抹灰工程等。

4. 分项工程

分项工程一般是按分部工程的施工方法、使用材料、结构构件的规格等不同因素划分的,用简单的施工过程就能完成的工程。例如,房屋的基础分部工程可以划分为挖土方、混凝土垫层、砌毛石基础和回填土等分项工程。

1.1.2 建筑工程施工程序

建筑工程施工程序是指工程项目整个施工阶段所必须遵循的顺序,它是经多年施工实践总结的客观规律,一般是指从接受施工任务直到交工验收所包括的各主要阶段的先后次序。它通常可分为五个阶段：确定施工任务阶段、施工规划阶段、施工准备阶段、组织施工阶段和竣工验收阶段。其先后顺序和内容如下。

1. 投标与签订施工合同，落实施工任务

建筑施工企业承接施工任务的方式主要有三种：一是国家或上级主管单位统一安排，直接下达任务；二是建筑施工企业自己主动对外接受任务或是建设单位主动委托任务；三是参加社会公开的投标后，中标而得到的任务。在市场经济条件下，建筑施工企业和建设单位自行承接和委托的方式较多，实行招投标的方式发包和承包建筑施工任务是建筑业和基本建设管理体制改革的一项重要措施。

无论以哪种方式承接施工项目，施工单位都必须同建设单位签订施工合同。签订了施工合同的施工项目，才算是落实的施工任务。当然，签订合同的施工项目，必须是经建设单位主管部门正式批准的，有计划任务书、初步设计和总概算，已列入年度基本建设计划，落实了投资的建筑项目，否则不能签订施工合同。

施工合同是建设单位与施工单位根据《中华人民共和国经济合同法》《建筑安装工程承包合同条例》及有关规定而签订的具有法律效力的文件。双方必须严格履行合同，任何一方不履行合同，给对方造成的损失，都要负法律责任和进行赔偿。

2. 统筹安排，做好施工规划

施工企业与建设单位签订施工合同后，施工总承包单位在调查分析资料的基础上，拟订施工规划，编制施工组织总设计，部署施工力量，安排施工总进度，确定主要工程施工方案，规划整个施工现场，统筹安排，做好全面施工规划，经批准后，安排组织施工先遣人员进入现场，与建设单位密切配合，做好施工规划中确定的各项全局性施工准备工作，为建筑项目的全面正式开工创造条件。

3. 做好施工准备工作，提出开工报告

施工准备工作是建筑工程施工顺利进行的根本保证。施工准备工作主要有：技术准备、物资准备、劳动组织准备、施工现场准备和施工场外准备。当一个施工项目进行了图样会审，编制和批准了单位工程的施工组织设计、施工图预算和施工预算，组织好材料、半成品和构配件的生产和加工运输，组织好施工机具进场，搭设了临时建筑物，建立了现场管理机构，调遣施工队伍，拆迁原有建筑物，搞好"三通一平"，进行了场区测量和建筑物定位放线等准备工作后，施工单位即可向主管部门提出开工报告。

4. 组织全面施工

组织拟建工程的全面施工是建筑工程施工全过程中最重要的阶段。它必须在开工报告批准后，才能开始。它是把设计者的意图、建设单位的期望变成现实的建筑产品的加工制作过程，必须严格按照设计图样的要求，采用施工组织规定的方法和措施，完成全部的分部分项工程施工任务。这个过程决定了施工工期、产品的质量和成本以及建筑施工企业的经济效益。因此，在施工中要跟踪检查，进行进度、质量、成本和安全控制，保证达到预期的目的。施工过程中，往往需要多单位、多专业进行共同协作，故要加强现场指挥、调度，进行多方面的平衡和协调工作，在有限的场地上投入大量的材料、构配件、机具和人力，应进行全面统筹安排，组织均衡连续的施工。

5. 竣工验收、交付使用

竣工验收是对建筑项目的全面考核。建筑项目施工完成了设计文件所规定的内容，就可以组织竣工验收。

任务1.2 建筑产品概述及其施工特点

1.2.1 建筑产品的概念和特点

建筑业生产的各种建筑物或构筑物等统称为建筑产品。它与其他工业生产的产品相比，具备一系列特有的技术经济特点，这也是建筑产品与其他工业产品的本质区别。

由于建筑产品的使用功能、平面与空间组合、结构与构造形式以及所用材料的物理力学性能等各不相同，决定了建筑产品的特殊性。其具体特点如下。

1. 建筑产品在空间上的固定性

一般的建筑产品均由自然地面以下的基础和自然地面以上的主体两部分组成（地下建筑全部在自然地面以下）。基础承受主体的全部荷载（包括基础的自重），并传给地基；同时将主体固定在地球上。建筑产品都是在选定的地点上建造和使用，与选定地点的土地不可分割，从建造开始直至拆除一般不能移动。所以，建筑产品的建造和使用地点在空间上是固定的。

2. 建筑产品的多样性

建筑产品不但要满足各种使用功能的要求，而且还要体现出地区的民族风格、物质文明和精神文明，同时也受到地区的自然条件诸多因素的限制，使建筑产品在规模、结构、构造、形式、基础和装饰等诸多方面变化纷繁，因此建筑产品的类型多样。

3. 建筑产品体形庞大

建筑产品无论是复杂还是简单，为了满足其使用功能的需要，需要大量的物质资源，占据广阔的平面与空间，因而建筑产品的体形比较庞大。

【建设产品生产的特点】

1.2.2 建筑产品生产（施工）的特点

建筑产品地点的固定性、类型的多样性和体型庞大三大主要特点，决定了建筑产品生产（施工）具有自身的特殊性。其具体特点如下。

1. 建筑产品生产的流动性

建筑产品地点的固定性决定了产品生产的流动性。一般的工业产品都是在固定的工厂、车间内进行生产；而建筑产品的生产是在不同的地区，或同一地区的不同现场，或同一现场的不同单位工程，或同一单位工程的不同部位组织工人、机械围绕着同一建筑产品进行生产。因此，这使得建筑产品的生产在地区与地区之间、现场之间和单位工程不同部位之间流动。

2. 建筑产品生产的单件性

建筑产品地点的固定性和类型的多样性决定了产品生产的单件性。一般的工业产品是在一定的时期里，统一的工艺流程中进行批量生产；而具体的一个建筑产品应在国家或地区的统一规划内，根据其使用功能，在选定的地点上单独设计和单独施工。即使是选用标准设计、采用通用构件或配件,也会由于建筑产品所在地区自然、技术、经济条件的不同,导致各建筑产品生产具有单件性。

3. 建筑产品生产具有地区性

建筑产品的固定性决定了同一使用功能的建筑产品会因其建造地点的不同必然受到建设地区的自然、技术、经济和社会条件的约束,使其结构、构造、艺术形式、室内设施、材料、施工方案等方面均各异。因此建筑产品的生产具有地区性。

4. 建筑产品生产周期长

建筑产品的固定性和体型庞大的特点决定了建筑产品的生产周期长。建筑产品体形庞大,使得最终建筑产品的建成必然耗费大量的人力、物力和财力。同时,建筑产品的生产全过程还要受到工艺流程和生产程序的制约,使各专业、工种间必须按照合理的施工顺序进行配合和衔接。又由于建筑产品地点的固定性,使施工活动的空间具有局限性,从而导致建筑产品生产具有生产周期长、占用流动资金大的特点。

5. 建筑产品生产露天作业多

建筑产品地点的固定性和体型庞大的特点,决定了建筑产品生产露天作业多。因为体型庞大的建筑产品不可能在工厂、车间内直接进行施工,即使建筑产品生产达到了高度的作业化水平,也只能在工厂内生产其部分的构件或配件,仍然需要在施工现场内进行总装配后才能形成最终建筑产品。因此建筑产品的生产具有露天作业多的特点。

6. 建筑产品生产的高空作业多

由于建筑产品体形庞大,决定了建筑产品生产具有高空作业多的特点。特别是随着城市现代化的发展,高层建筑物的施工任务日益增多,使得建筑产品生产高空作业的特点日益突出。

7. 建筑产品生产组织协作的综合复杂性

由上述建筑产品生产的特点可以看出,建筑产品生产的涉及面广。在建筑企业内部,它涉及工程力学、建筑结构、建筑构造、地基基础、水暖电、机械设备、建筑材料和施工技术等学科的专业知识,要在不同时期、不同地点和不同产品上组织多专业、多工种的综合作业。在外部,它涉及各个不同种类的专业施工企业,以及城市规划,征用土地,勘察设计,消防,环境保护,质量监督,科研试验,交通运输,银行财政,机具设备,物质材料,电、水、热、气的供应等社会各部门和各领域的复杂协作配合,从而使建筑产品生产的组织协作关系综合复杂。

任务 1.3 建筑工程施工组织设计的概念、作用和分类

1.3.1 建筑工程施工组织设计的概念

建筑工程施工组织设计是用来规划和指导拟建工程从投标、签订施工

【建筑工程施工组织设计案例】

合同、施工准备到竣工验收全过程的综合性技术经济文件。它是施工前编制的,是对整个施工活动实行科学管理的有力手段。

建筑工程施工组织设计的基本任务是根据业主对建设项目的各项要求,选择经济、合理、有效的施工方案;确定紧凑、均衡、可行的施工进度;拟订有效的技术组织措施;优化配置和节约使用劳动力、材料、机械设备、资金和技术等生产要素(资源);合理利用施工现场的空间等。据此,施工就可以有条不紊地进行,并将达到多、快、好、省的目的。

1.3.2 建筑工程施工组织设计的作用和分类

1. 建筑工程施工组织设计的作用

建筑工程施工组织设计的作用主要有以下几个方面。

(1) 施工组织设计作为投标书的核心内容和合同文件的一部分,用于指导工程投标与签订施工合同。

(2) 施工组织设计是施工准备工作的重要组成部分,同时又是做好施工准备工作的依据,进而保证各施工阶段的准备工作及时地进行。

(3) 施工组织设计是根据工程各种具体条件拟定的施工方案、施工顺序、劳动组织和技术组织措施等,是指导开展紧凑、有序施工活动的技术依据,明确施工重点和影响工期进度的关键施工过程,并提出相应的技术、质量、安全、文明等各项目标及技术组织措施,提高综合效益。

(4) 施工组织设计所提出的各项资源需要量计划,直接为组织材料、机具、设备、劳动力需要量的供应和使用提供数据,协调各总包单位与分包单位、各工种、各类资源、资金、时间等方面在施工程序、现场布置和使用上的相应关系。

(5) 通过编制施工组织设计,可以合理利用和安排为施工服务的各项临时设施,可以合理地部署施工现场,确保文明施工和安全施工。

(6) 通过编制施工组织设计,可以将工程的设计与施工、技术与经济、施工全局性规律和局部性规律、土建施工与设备安装、各部门各专业之间有机结合,统一协调。

(7) 通过编制施工组织设计,可分析施工中的风险和矛盾,及时研究解决问题的对策、措施,从而提高了施工的预见性,减少了盲目性。

2. 建筑工程施工组织设计的分类

1) 按编制对象范围的不同分类

施工组织设计按编制对象范围的不同可分为施工组织总设计、单位工程施工组织设计、分部分项工程施工组织设计三种。

(1) 施工组织总设计是以一个建设项目或一个建筑群为对象编制的,对整个建设工程的施工过程的各项施工活动进行全面规划、统筹安排和战略部署,是全局性施工的技术经济文件。施工组织总设计最主要的作用是为施工单位进行全场性的施工准备和组织人员、物质供应等提供依据。施工组织总设计的主要内容有工程概况、施工部署和施工方案、施工准备工作计划、各项资源需要量计划、施工总进度计划、施工总平面图、技术经济指标分析。

(2) 单位工程施工组织设计以一个单位工程为对象编制,是用于直接指导其施工全过程的各项施工活动的技术经济文件,是指导施工的具体文件,是施工组织总设计的具体化。由于它是以单位工程为对象编制的,可以在施工方法、人员、材料、机械设备、资金、时间、空间等方面进行科学合理的规划，使施工在一定的时间、空间和资源供应条件下，有组织、有计划、有秩序地进行，实现质量好、工期短、资金省、消耗少、成本低的良好效果。单位工程施工组织设计的主要内容有工程概况、施工方案、施工进度计划、施工准备工作计划、各项资源需要量计划、施工平面图、技术经济指标、安全文明施工措施。

（3）分部分项工程施工组织设计或作业计划是针对某些较重要的、技术复杂、施工难度大或采用新工艺、新材料、新技术施工的分部分项工程。它用来具体指导这些工程的施工，如深基础、无黏结预应力混凝土、大型安装、高级装修工程等，其内容具体详细，可操作性强，可直接指导分部（分项）工程施工的技术计划，包括施工方案、进度计划、技术组织措施等。一般在单位工程施工组织设计确定施工方案后，由项目部技术负责人编制。

施工组织总设计是对整个建设项目的全局性战略部署，其范围和内容大而概括，属规划和控制型；单位工程施工组织设计是在施工组织总设计的控制下，考虑企业施工计划编制的，针对单位工程，把施工组织总设计的内容具体化，属实施指导型；分部分项工程施工组织设计是以单位工程施工组织设计和项目部施工计划为依据编制的，针对特殊的分部分项工程，把单位工程施工组织设计进一步详细化，属实施操作型。因此，它们之间是同一建设项目不同广度与深度、控制与被控制的关系。它们的目标和编制原则是一致的，主要内容是相通的。不同的是编制的对象和范围、编制的依据、参与编制的人员、编制的时间及所起的作用。

2）按中标前后分类

施工组织设计按中标前后的不同可分为投标前的施工组织设计（简称标前施工组织设计）和中标后的施工组织设计（简称标后施工组织设计）两种。

投标前的施工组织设计是在投标前编制的施工组织设计，是对项目各目标实现的组织与技术保证。标前设计的目的是竞争承揽工程任务。签订工程承包合同后，应依据标前设计、施工合同、企业施工计划，在开工前由中标后成立的项目经理部负责编制详细的中标后的施工组织设计，它是针对企业的，目的是保证合约和承诺的实现。因此，两者之间有先后次序和单向制约的关系。

拓展讨论

合理的施工组织可节约成本，缩短工期，结合火神山医院的建设与党的二十大报告，坚持把发展经济的着力点放在实体经济上，推进新型工业化，加快建设制造强国、质量强国、航天强国、交通强国、网络强国、数字中国。谈一谈火神山医院的建设哪里体现了数字中国，如何通过科学的施工组织设计，缩短工期。

【火神山】

特别提示

对于大型项目、总承包的"交钥匙"工程项目，往往是随着项目设计的深入而编制的不同广度、深度和作用的施工组织设计。例如，当项目按三阶段设计时，在初步设计完成后，可编制施工组织设计大纲（施工组织条件设计）；技术设计完成后，可编制施工组织总设计；在施工图设计完成后，可编制单位工程施工组织设计。当项目按两阶段设计时，对应于初步设计和施工图设计，分别编制施工组织总设计和单位工程施工组织设计。施工组织设计按编制内容的繁简程度不同，可划分为完整的施工组织设计和简明的施工组织设计。对于小型和熟悉的工程项目，施工组织设计的编制内容可以简化。

任务1.4 单位工程施工组织设计的编制

1.4.1 单位工程施工组织设计的内容

【建筑施工组织设计规范（GB 50502—2009）】

单位工程施工组织设计是以单位（子单位）工程为对象编制的，用于规划和指导单位（子单位）工程全部施工活动的技术、经济和管理的综合性文件。

按照《建筑施工组织设计规范》（GB/T 50502—2009）的规定，单位工程施工组织设计编制的基本内容主要包括编制依据、工程概况、施工部署、施工进度计划、施工准备与资源配置计划、主要施工方案、主要施工管理计划、施工现场平面布置八大部分内容。

围绕以上八部分内容，每部分均有自己的内涵，习惯上称为："一案"——施工方案；"一图"——施工平面布置图；"四表"——施工进度计划表、机械设备表、劳动力表、材料需求表；"四项措施"——进度、质量、安全、成本。下面对编制的各部分内容分述如下。

1. 工程概况

编写工程概况主要是对拟建工程的工程特点、建设地区特征与施工条件、施工特点等做出简要明了、突出重点的文字介绍。通过对项目整体面貌重点突出的阐述，工程概况可为选择施工方案、组织物资供应、配备技术力量等提供基本的依据。

1）工程特点

工程特点应说明拟建工程的建设概况和建筑、结构与设备安装的设计特点，包括工程项目名称、工程性质和规模、工程地点和占地面积、工程结构要求和建筑面积、工程期限和投资等内容。

2）建设地区特征与施工条件

建设地区特征与施工条件主要说明建设地点的气象、水文、地形、地质情况，施工现场与周围环境情况，材料、预制构件的生产供应情况，劳动力、施工机械设备落实情况，水电供应、交通情况等。

3）施工特点

通过分析拟建工程的施工特点，可把握施工过程的关键问题，说明拟建工程施工的重点所在。

2. 施工部署

施工部署的内容包括：施工管理目标，施工部署原则，项目经理部组织机构，施工任务划分，对主要分包施工单位的选择要求及确定的管理方式，计算主要项目工程量和施工组织协调与配合等。

3. 施工方案

施工方案是单位工程施工组织设计的核心，通过对项目可能采用的几种施工方案的技术经济比较，选定技术上先进、施工可行、经济合理的施工方案，从而保证工程进度、施工质量、工程成本等目标的实现。施工方案是施工进度计划、施工平面图等设计和编制的基础，其内容一般包括确定施工程序、施工流水段的划分、施工起点流向及施工顺序，选择主要分部分项工程的施工方法和施工机械，制订施工技术组织措施等。

4. 施工进度计划

施工进度计划是施工方案在时间上的体现，编制时应根据工期要求和技术物资供应条件，按照既定施工方案来确定各施工过程的工艺与组织关系，并采用图表的形式说明各分部分项工程作业起始时间、相互搭接与配合的关系。施工进度计划是编制各项资源需要量计划的基础。

施工进度计划的内容包括：编制依据说明、明确工期总目标、分阶段目标控制计划和施工进度计划表。

5. 资源需要量计划

资源需要量计划包括劳动力需要量计划、主要材料需要量计划、预制加工品需要量计划、施工机械和大型设备需要量计划及运输计划等，应在施工进度计划编制完成后，依照进度计划、工程量等要求进行编制。资源需要量计划是各项资源供应、调配的依据，也是进度计划顺利实施的物质保证。

6. 施工准备工作计划

施工准备工作计划的内容包括技术准备、现场准备、劳动力和物质准备、资金准备、冬雨期施工准备，以及施工准备工作的管理组织、时间安排等。施工准备工作计划依照施工进度计划进行编制，是工程项目开工前的全面施工准备和施工过程中各分部分项工程施工作业准备的工作依据。

7. 主要施工管理计划

主要施工管理计划内容包括：进度管理计划，质量管理计划，安全管理计划，环境管理计划，成本管理计划和其他管理计划。

8. 施工平面图

施工平面图是拟建单位工程施工现场的平面规划和空间布置图，体现了施工期间所需的各项设施与永久建筑、拟建工程之间的空间关系，是施工方案在空间上的体现。施工平面图的设计以工程的规模、施工方案、施工现场条件等为依据，是现场组织文明施工的重要保证。

施工平面图包括基础、主体结构、装饰工程施工各阶段平面布置图，同时要对各阶段平面布置图配以文字说明。

9. 技术经济指标

施工组织设计中，技术经济指标是从技术和经济两个方面对设计内容所做的优劣评价。它以施工方案、施工进度计划、施工平面图为评价中心，通过定性或定量计算分析来评价施工组织设计的技术可行性、经济合理性。

技术经济指标包括工期指标、质量和安全指标、劳动生产率指标、设备利用率指标、降低成本和节约材料指标等，是提高施工组织设计水平和选择最优施工组织设计方案的重要依据。

1.4.2 单位工程施工组织设计程序

单位工程施工组织设计的工程项目各不相同,其所要求编制的内容也会有所不同,但一般可按以下几个步骤来进行。

第一步:收集编制依据的文件和资料,包括工程项目的设计施工图样,工程项目所要求的施工进度和要求,施工定额、工程概预算及有关技术经济指标,施工中可配备的劳动力、材料和机械设备情况,施工现场的自然条件和技术经济资料等。

第二步:编写工程概况,主要阐述工程的概貌、特征、特点及有关要求等。

第三步:选择施工方案,主要确定各分项工程施工的先后顺序,选择施工机械类型及其合理布置,明确工程施工的流向及流水参数的计算,确定主要项目的施工方法等。

第四步:制订施工进度计划,其中包括对分部分项工程量的计算、绘制施工进度图表、对进度计划的调整优化等。

第五步:计算施工现场所需要的各种资源需要量及其供应计划(包括各种劳动力、材料、机械及其加工预制品等)。

第六步:绘制施工平面图。

第七步:计算技术经济指标。

以上步骤可用图1.1所示的单位工程施工组织设计程序来表示。

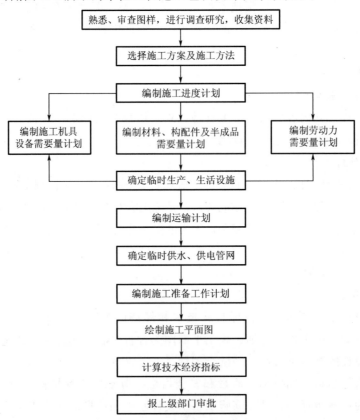

图1.1 单位工程施工组织设计程序

项目小结

本项目对建设项目及其组成，建筑工程施工程序，建筑产品及其施工特点，建筑工程施工组织设计的基本概念、作用和分类，单位工程施工组织设计的编制内容和程序做了简单的介绍。

建设项目由单项工程、单位工程、分部工程和分项工程组成。

建设工程的施工程序分为五个阶段：确定施工任务阶段、施工规划阶段、施工准备阶段、组织施工阶段和竣工验收阶段。

建筑工程施工组织设计按阶段不同可分为标前和标后施工组织设计；针对不同的工程对象又可分为施工组织总设计、单位工程施工组织设计、分部分项工程施工组织设计。

单位工程施工组织设计编制的基本内容主要包括：编制依据、工程概况、施工部署、施工进度计划、施工准备与资源配置计划、主要施工方案、主要施工管理计划、施工现场平面布置图八大部分内容。

单位工程施工组织设计步骤是：收集编制依据的文件和资料；编写工程概况；选择施工方案；制订施工进度计划；编制各种资源需要量计划；绘制施工平面图；计算技术经济指标等。

习题

一、思考题

1. 试用简洁的语言表述建设项目的概念及（举例说明）建设项目的组成。
2. 试表述建筑工程施工的一般程序。
3. 试用简洁的语言表述建筑产品的特点及建筑产品生产（施工）的特点。
4. 试述施工组织设计的重要作用、任务与分类。

二、实操题

1. 请用流程图归纳表示建筑施工的程序。
2. 请比较分析标前施工组织设计和标后施工组织设计的区别。

项目 2 建筑工程施工准备

能力目标	知识要点	权 重
能根据施工调查要求和调查内容，进行拟建工程的施工调查；能在小组成员的配合下，完成拟建工程的施工调查报告的编写	1. 施工准备工作的重要意义； 2. 原始资料收集的主要内容； 3. 编写施工调查报告的要求和内容	30%
具备建筑施工图的初步阅读能力；具有能参与图纸会审、编写会审纪要的能力	1. 参建各单位对图纸工作的组织和会审图纸的要求； 2. 图纸会审的组织程序	70%

 任务引入

【背景】

某建筑工程施工准备计划表见表 2-1，回答下面的问题。

表 2-1 某建筑工程施工准备工作计划表

序 号	施工准备工作项目	负责单位	涉及单位	备 注
1	编写施工组织设计	生产经营科	质安科、材料设备科	
2	图纸会审	技术科	质安科、业主	
3	机械进场	设备科		
4	周转材料进场	材料科		
5	大型临时设施搭设	工程负责人	材料科	
6	工程预算编制	工程科		
7	技术交底	技术负责人	工长	
8	劳动力组织	劳资科		
9	确定构件供应计划	生产经营科		
10	材料采购	材料科	业主	

【提出问题】
1. 为做好各项施工准备工作，你认为是否需要先收集施工准备资料？该如何收集？
2. 你认为该如何进行图样会审？

知识点提要

施工准备工作是为了保证工程的顺利开工和施工活动正常进行所必须事先做好的各项准备工作，是生产经营管理的重要组成部分，是施工程序中的重要环节。

施工准备工作的基本任务是为拟建工程的施工建立必要的技术和物质条件，统筹安排施工力量和施工现场。施工准备工作也是施工企业搞好目标管理，推行技术经济承包的重要依据。同时施工准备工作还是装饰施工和设备安装顺利进行的根本保证。因此认真地做好施工准备工作，对于发挥企业优势、合理供应资源、加快施工速度、提高工程质量、降低工程成本、增加企业经济效益、赢得企业社会信誉、实现企业管理现代化等具有重要的意义。

本项目主要讲述了原始施工资料的收集和整理及建筑工程施工准备工作两大部分内容。

任务2.1 原始施工资料的收集和整理

2.1.1 建筑施工准备概述

由于建筑产品及其生产的特点，施工准备工作的好坏，将直接影响建筑产品生产的全过程。工程实践证明，凡是重视施工准备工作，积极为拟建工程创造一切良好施工条件，其工程的施工就会顺利进行；否则，就会处处被动，给工程的施工带来麻烦和重大损失。

2.1.2 原始资料的收集

调查研究和收集有关施工资料是施工准备工作的重要内容之一。尤其是施工单位进入一个新的城市和地区，此项工作显得更加重要，它关系到施工单位全局的部署与安排。通过原始资料的收集分析，为编制出合理的、符合客观实际的施工组织设计文件，提供全面、系统、科学的依据；为图样会审、编制施工图预算和施工预算提供依据；为施工企业管理人员进行经营管理决策提供可靠的依据。

1. 调查施工场地及其附近地区自然条件方面的资料

主要调查内容有：建设地点的气象条件、工程地形地貌条件、工程及水文地质条件、地区地震条件、场地周围环境及障碍物条件等。资料来源主要是气象部门及设计单位，主要作用是确定施工方法和技术措施,编制施工进度计划和施工平面布置图提供依据。施工场地及附近地区自然条件调查表见表2-2。

表2-2　施工场地及附近地区自然条件调查表

序号	项目	调查内容	调查目的
一、气象条件			
1	气温	(1) 年平均、最高、最低气温,最冷、最热月份的逐日平均温度; (2) 冬、夏季室外计算温度; (3) ≤-3℃、0℃、5℃的天数,起止时间	(1) 确定防暑降温的措施; (2) 确定冬季施工的措施; (3) 估计混凝土、砂浆强度
2	雨(雪)	(1) 雨季起止时间; (2) 月均降雨(雪)量、最大降雨(雪)量、一昼夜最大降雨(雪)量; (3) 全年雷暴日数	(1) 确定雨季施工措施; (2) 确定工地排水、防洪方案; (3) 确定工地防雷设施
3	风	(1) 主导风向及频率(风玫瑰图); (2) 不小于8级风的全年天数、时间	(1) 确定临时设施的布置方案; (2) 确定高空作业及吊装的技术安全措施
二、工程地形与地质			
4	地形	(1) 区域地形图:1/25000～1/10000; (2) 工程地形图:1/2000～1/1000; (3) 该地区城市规划图; (4) 经纬坐标桩、水准基桩位置	(1) 选择施工用地; (2) 布置施工总平面图; (3) 场地平整及土方量计算; (4) 了解障碍物及其数量
5	工程地质	(1) 钻孔布置图; (2) 地质剖面图:土层类别、厚度; (3) 物理力学指标:天然含水率、孔隙比、塑性指数、渗透系数、压缩试验及地基强度; (4) 地层的稳定性:断层滑块、流砂等; (5) 最大冻结深度; (6) 地基土破坏情况:钻井、古墓、防空洞及地下构筑物	(1) 土方施工方法的选择; (2) 地基土的处理方法; (3) 基础施工方法; (4) 复合地基基础设计; (5) 地下管道埋设深度; (6) 拟订障碍物拆除方案
6	地震	地震等级、烈度大小	确定对基础的影响、注意事项
三、工程水文地质			
7	地下水	(1) 最高、最低水位及时间; (2) 水的流速、流向、流量; (3) 水质分析,水的化学成分; (4) 抽水试验	(1) 基础施工方案选择; (2) 降低地下水的方法; (3) 拟订防止侵蚀性介质的措施
8	地面水	(1) 临近江河湖泊距工地的距离; (2) 洪水、平水、枯水期的水位、流量及航道深度; (3) 水质分析; (4) 最大、最小冻结深度及时间	(1) 确定临时给水方案; (2) 确定施工运输方式; (3) 确定水工工程施工方案; (4) 确定工地防洪方案

2. 施工区域给水与排水、供电与电信等资料调查

水、电是施工不可缺少的必要条件。其主要调查内容如下。

（1）城市自来水干管的供水能力、接管距离、地点和接管条件等；利用市政排水设施的可能性，排水去向、距离、坡度等。

（2）可供施工使用的电源位置，引入现场工地的路径和条件，可以满足的容量和电压；电话、电报的利用可能，需要增添的线路和设施等。资料来源主要是当地市政建设、电业、电信等管理部门和建设单位。主要用作选用施工用水、用电等的依据。

施工区域给水与排水、供电与电信等资料调查表见表 2-3。

表 2-3　建设地区给水与排水、供电与电信等条件调查表

序号	项目	调查内容	调查目的
1	给水与排水	（1）工地用水与当地现有水源连接的可能性，可供水量、接管地点、管径、管材、埋深、水压、水质及水费；至工地的距离、沿途地形地物情况； （2）临时给水水源：利用江河湖水的可能性，水源、水量、水质及取水方式，至工地的距离，沿途地形地物情况；自选临时水井位置、深度、出水量和水质； （3）利用永久排水设施的可能性，施工排水的去向、距离、坡度，有无洪水影响，现有防洪设施、排洪能力	（1）确定生活、生产供水方案； （2）确定工地排水方案和防洪方案； （3）拟订给排水设施的施工进度计划
2	供电与电信	（1）当地电源位置，引入的可能性，可供电的容量、电压、导线截面和电费；引入方向、接线地点及至工地的距离，沿途地形地物情况； （2）建设、施工单位自有的发电、变电设备型号、台数及能力； （3）利用临近电信设备的可能性，电话、电报局等至工地的距离，可能增设电信设备、线路的情况	（1）确定供电方案； （2）确定通信方案； （3）拟订供电和通信的施工进度计划
3	供气与供热	（1）蒸汽来源，可供能力、数量、接管地点、管径、埋深，至工地的距离，地形地物情况，供气价格； （2）建设、施工单位自有锅炉型号、台数、能力、所需燃料及水质标准； （3）当地、建设单位提供压缩空气、氧气的能力，至工地的距离	（1）确定生产、生活用气的方案； （2）确定压缩空气、氧气的供应计划

3. 施工区域交通运输资料调查

建筑施工常用铁路、公路和水路三种主要交通运输方式。主要调查内容：主要材料及构件运输通道情况；有超长、超高、超重或超宽的大型构件、大型起重机械和生产工艺设

备需整体运输时，还要调查沿线架空电线、天桥等的高度，并与有关部门商谈避免大件运输对正常交通干扰的路线、时间及措施等。资料来源主要是当地铁路、公路和水路管理部门。主要用作选用建筑材料和设备的运输方式，组织运输业务的依据。建设地区交通运输条件调查表见表2-4。

表2-4　建设地区交通运输条件调查表

序号	项目	调查内容	调查目的
1	铁路	（1）临近铁路专用线、车站至工地的距离及运输条件； （2）站、场卸货线长度、起重能力和存贮能力； （3）须装载的单个货物最大尺寸、质量； （4）运费、装卸费和装卸能力	选择运输方式，拟订运输计划
2	公路	（1）主要材料和构件到施工现场的公路等级、路面构造、路宽及完好情况，允许最大载重、途经桥涵等级、允许最大载重量； （2）当地专业运输机构及附近农村能够提供的运输能力（吨、公里数）、汽车、人力等数量和效率、运费、装卸费和装卸能力； （3）当地有无汽车修配厂，至现场工地的距离，能提供的修理能力	
3	水路	（1）货源，工地至邻近河流、码头、渡口的距离，道路情况； （2）洪水、平水、枯水期，通航的最大船只及吨位，取得船只的可能性； （3）码头装卸能力，最大起重量，增设码头的可能性；渡口的渡船能力，同时可卸汽车数，每渡口摆渡数，能为施工提供的能力；运费、摆渡费、装卸费及装卸能力	

4. 收集施工区域建筑材料资料

建筑工程需要消耗大量的材料，主要有钢材、木材、水泥、地方材料（砖、瓦、石、灰、砂）、装饰材料、构件制作、商品混凝土、建筑机械等。主要调查主要内容：地方材料的供应能力、质量、价格、运费等；商品混凝土、建筑机械供应与维修、脚手架、定型模板等大型租赁所能提供的服务项目及其数量、价格、供应条件等。资料来源主要是当地主管部门和建设单位及各建材生产厂家、供货商。主要作用是选择建筑材料和施工机械的依据。地方资源情况调查表和三大材料、特殊材料和主要设备调查表分别见表2-5、表2-6。

表2-5　地方资源情况调查表

序号	材料名称	产地	储藏量	质量	开采（生产）量	开采费	出厂价	运距	运费	供应的可能性
1										
...										

注：材料名称栏按块石、碎石、砾石、砂、工业废料（包括冶金矿渣、炉渣、粉煤灰）填列。

表 2-6　三大材料、特殊材料和主要设备调查表

序号	项 目	调 查 内 容	调 查 目 的
1	三大材料	（1）钢材订货规格、型号、数量和到货时间； （2）木材订货规格、型号、数量和到货时间； （3）水泥订货规格、型号、数量和到货时间	（1）确定临时设施和堆放场地； （2）确定木材加工计划； （3）确定水泥贮存方式
2	特殊材料	（1）需要的品种、规格、数量； （2）试制、加工和供应情况	（1）制订各供应计划； （2）确定贮存方式
3	主要设备	（1）主要工艺设备名称、规格、数量和供货单位； （2）供应时间；分批和全部到货时间	（1）确定临时设施和堆放场地； （2）拟订防雨措施

5. 社会劳动力和生活条件调查

建筑施工是劳动密集型的生产活动，社会劳动力是建筑施工劳动力的主要来源。资料来源是当地劳动、商业、卫生等部门。主要作用是为劳动力安排计划、布置临时设施和确定施工力量提供依据。社会劳动力和生活条件调查表见表 2-7。

表 2-7　社会劳动力和生活条件调查表

序号	项 目	调 查 内 容	调 查 目 的
1	社会劳动力	（1）少数民族的风俗习惯等； （2）当地能支援施工的劳动力数量、技术水平和来源； （3）上述劳动力的生活安排	（1）拟订劳动力计划； （2）安排临时设施
2	房屋设施	（1）能作为施工用的现有房屋栋数，面积，结构特征，位置，据工地远近，水、暖、电、卫设备情况； （2）须在工地居住的人数和必需的户数； （3）上述建筑物的适用情况，能否作为宿舍、食堂、办公室的可能性	（1）确定原有房屋为施工服务的可能性； （2）安排临时设施
3	生活设施	（1）当地主副食供应、日用品供应、文化教育、消防治安等机构能为施工提供的支援能力； （2）邻近医疗单位至工地的距离，可能就医的情况； （3）周围是否存在有害气体污染企业和地方疾病	安排职工生活基地

6. 参考资料的收集整理

在编制施工组织设计时，除施工图纸及调查所得的原始资料外，还可收集相关的参考

资料作为编制的依据。如施工定额、施工手册、各种施工规范、施工组织设计编写实例等,此外,还应向建设单位和设计单位收集建设项目的建设安排及设计等方面的资料。建设单位和设计单位项目资料收集调查表见表 2-8。

表 2-8 建设单位和设计单位项目资料收集调查表

序号	调查单位	调查内容	调查目的
1	建设单位	(1) 建设项目设计任务书、有关文件; (2) 建设项目性质、规模、生产能力; (3) 生产工艺流程、主要工艺设备名称及来源、供应时间、分批和全部到货时间; (4) 建设期限、开工时间、交工先后顺序、竣工投产时间; (5) 总概算投资、年度建设计划; (6) 施工准备工作内容、安排、工作进度	(1) 施工依据; (2) 项目建设部署; (3) 主要工程施工方案; (4) 规划施工总进度; (5) 安排年度施工计划; (6) 规划施工总平面; (7) 占地范围
2	设计单位	(1) 建设项目总平面规划; (2) 工程地质勘察资料; (3) 水文地质勘察资料; (4) 项目建筑规模,建筑、结构、装修概况,总建筑面积、占地面积; (5) 单项(单位)工程个数; (6) 设计进度安排; (7) 生产工艺设计、特点; (8) 地形测量图	(1) 施工总平面图规划; (2) 生产施工区、生活区规划; (3) 大型暂设工程安排; (4) 概算劳动力、主要材料用量、选择主要施工机械; (5) 规划施工总进度; (6) 计算场地平整土石方量; (7) 地基、基础施工方案

任务 2.2 建筑工程施工准备工作

2.2.1 施工现场人员准备

1. 确定拟建工程项目的领导机构

项目施工管理机构的建立应根据拟施工项目的规模、结构特点和复杂程度,确定项目施工的领导机构人选和名额;应坚持合理分工与密切协作相结合的原则,以有丰富施工经验、富有创新精神、工作管理效率高的人来组建领导机构。

对一般单位工程的施工,可只设一名工地现场负责人,配一定数量的施工员、材料员、质检员、安全员即可。对大中型单位工程或群体工程的施工,则要配备包括技术、计划等管理人员在内的一整套班子。

2. 建立精干的施工队伍

施工队伍的建立要认真考虑专业和工种的合理配合，技工和普工的比例要满足合理的劳动组织要求，建立健全混合施工队或专业施工队伍，以符合流水施工组织的要求。组建施工队伍要坚持合理、精干的原则，人员配置要从严控制二、三线管理人员，在施工过程中，力求一专多能，一人多职，同时可以依据工程规模和施工工艺制订出该工程的劳动力需要量计划，依工程实际进度需求，动态管理劳动力数量。

对于砖混结构的建筑，建议以混合施工班组为主；对于框架、框剪及全现浇结构的建筑，以专业施工班组为宜；对于预制装配式结构的建筑，以专业施工班组为宜。

3. 集结施工力量，组织劳动力进场

拟建项目领导机构基本确定之后，按照开工日期和劳动力需要量计划，可组织劳动力进场。同时要做好对施工队伍安全、劳动纪律、施工质量和文明施工等方面的教育；对于采用新结构、新工艺、新技术、新材料及新设备的工程，应将该工程相关管理人员和操作人员组织进行专业培训，达到标准后再上岗操作。

4. 工程项目部组织进行工程施工技术交底

建筑施工企业中的技术交底，是在某一单位工程开工前，或一个分项工程施工前，由主管技术领导向参与施工的人员进行的技术性交代，其目的是使施工人员对工程特点、技术质量要求、施工方法、技术与安全措施等方面有一个较详细的了解，以便于科学地组织施工，避免技术质量等事故的发生。各项技术交底记录也是工程技术档案资料中不可缺少的部分。

工程施工技术交底的内容主要有：

(1) 工地（队）交底中有关内容；
(2) 施工范围、工程量、工作量和施工进度要求；
(3) 施工图样的解说；
(4) 施工方案措施；
(5) 操作工艺、保证质量与人身安全的措施；
(6) 工艺质量标准和评定办法；
(7) 技术检验和检查验收要求；
(8) 增产、节约指标和措施；
(9) 技术记录内容和要求；
(10) 其他施工注意事项。

5. 建立健全各项管理制度

施工现场的各项管理制度直接影响各项施工活动的顺利进行，无章可循其后果是严重的，会造成施工现场的混乱无序，对施工安全、质量和进度都会造成严重影响，为此必须建立健全施工现场的各项管理制度。

主要内容有：工程质量检查和验收制度；工程施工技术档案管理制度；建筑材料检查验收制度；施工技术交底制度；施工图纸会审制度；安全操作制度；机具使用保养制度；施工安全管理制度等。

2.2.2 施工现场准备

1. 施工现场"三通一平"

"三通一平"是指在拟建工程施工范围内的施工用水、用电、道路接通和平整施工场地。随着社会的进步，在现代实际工程施工中，往往不仅仅只需要水通、电通、路通的要求，对施工现场有更高的要求，如气通（供煤气）、热通（供蒸汽）、话通（通电话）、网通（通网络）等。

1) 场地平整

场地平整就是将天然地面改造成工程上所要求的设计平面，由于场地平整时兼有挖和填，而挖和填的体形常常不规则，所以一般采用方格网法分块计算解决。平整前应先做好各项准备工作，如清除场地内所有地上、地下障碍物；排除地面积水；铺筑临时道路等。

场地平整计算步骤如图2.1所示。

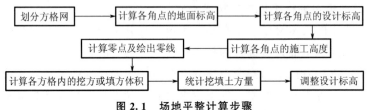

图2.1 场地平整计算步骤

场地平整过程如图2.2所示。

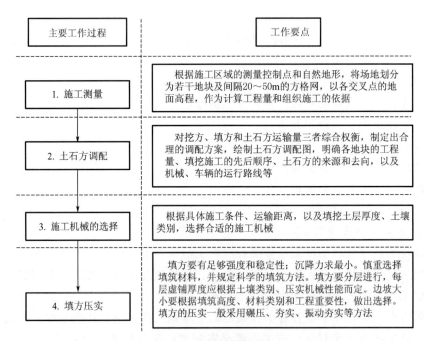

图2.2 场地平整过程

特别提示

运距在100m以内的场地平整以选用推土机最为适宜;地面起伏不大、坡度在20°以内的大面积场地平整,当土壤含水量不超过27%,平均运距在800m以内时,宜选用铲运机;丘陵地带,土层厚度超过3m,土质为土、卵石或碎石渣等混合体,且运距在1km以上时,宜选用挖掘机配合自卸汽车施工;当土层较薄,用推土机攒堆时,应选用装载机配合自卸汽车装土运土;当挖方地块有岩层时,应选用空气压缩机配合手风钻或车钻钻孔,进行石方爆破作业。

2)路通

施工现场的道路,是组织大量物质进场的运输动脉。为保证各种建筑材料、施工机械、生产设备和构件按计划到场,必须按施工总平面布置图的要求修通道路。为了节省工程费用,应尽可能利用已有道路或结合正式工程的永久性道路。为防止施工时损坏路面,可先做路基,拟建工程施工完毕后再做路面。

3)水通

施工现场的水通,包括给水和排水。施工用水包括生产、生活和消防用水,按施工总平面布置图的规划进行。施工用水设施应尽量利用永久性的给水线路,对临时管线的铺设,既要满足用水点的需要和使用方便,又要尽量缩短管线。

施工现场也要有组织地做好排水工作,尤其在雨季,排水有问题将会严重影响施工的顺利进行。

4)电通

施工现场的用电包括生产用电和生活用电。应根据各种施工机械用电量及照明用电量,计算选择配电变压器,并与供电部门或建设单位联系,按施工组织设计的要求布设好连接电力干线的工地内外临时供电线路及通信线路。当供电系统供电不足时,应考虑在现场建立发电系统,以保证施工的顺利进行。

2. 施工现场测量控制网

按照设计单位提供的建筑总平面图及接收施工现场时建设单位提交的施工场地范围、规划红线桩、工程控制坐标桩和水准基桩进行施工现场的测量和定位,设置现场区域永久性坐标、水准基桩和建立施工区域的工程测量控制网。

【测量控制实例】

测量放线应做好以下几项准备工作。

(1)了解设计意图,熟悉并校核施工图样。

(2)对测量仪器进行检验和校正。

(3)校核红线桩与水准点。

(4)制定测量放线方案。包括平面控制、标高控制、±0.000以下施测、±0.000以上施测、沉降观测和竣工测量等。

定位放线是确定整个工程平面位置的关键环节,是将拟建建筑物测设到地面或实物上,并用各种标志表示出来,作为施工依据的过程。一般通过设计图中平面控制轴线来确定建筑物的轮廓位置,经自检合格后,提交有关部门和建设单位(或监理人员)验线,沿红线的建筑物,还要由规划部门验线。

3. 现场临时设施的搭设

为了施工方便和安全,对于指定的施工用地周界,应用围栏围挡起来,围栏的形式和材料应符合所在地部门管理的有关规定和要求。在主要出入口处设置标牌,标明工程名称、建设和施工单位和工地负责人等。

各种生产和生活用的临时设施,包括各种仓库、混凝土搅拌站、预制构件厂、各种作业棚、现场项目部办公室、宿舍、食堂等,均应严格按批准的施工组织设计规定的数量、标准、面积、位置等来组织实施,不得乱搭乱建。

4. 安装调试施工机具

按照施工机具需要量计划,分期分批组织施工机具进场,根据施工平面布置图将施工机具安置在规定的地点和存贮于仓库。开工之前,对所有施工机具都必须进行检查和试运转,以保证施工的顺利进行。

2.2.3 技术准备

技术准备是施工准备工作的核心,是现场施工准备工作的基础。其主要内容包括:熟悉与会审图样、编制施工组织设计、编制施工图预算和施工预算。

1. 熟悉与会审图样

图样会审是指工程各参建单位(建设单位、监理单位、施工单位等)在收到设计院施工图设计文件后,对图样进行全面细致的熟悉,审查出施工图中存在的问题及不合理情况并提交设计院进行处理的一项重要活动。通过图样会审可以使各参建单位特别是施工单位熟悉设计图样、领会设计意图、掌握工程特点及难点,找出需要解决的技术难题并拟定解决方案,从而将因设计缺陷而存在的问题消灭在施工之前。

1)审查内容

(1)图纸是否经设计单位正式签署。

(2)地质勘探资料是否齐全。

(3)图样与说明是否齐全,有无分期供图的时间表。

(4)设计地震烈度是否符合当地要求。

(5)专业图样之间、平立剖面图之间有无矛盾;标注有无遗漏。

(6)总平面与施工图的几何尺寸、平面位置、标高等是否一致。

(7)防火、消防是否满足要求。

(8)建筑结构与各专业图样本身是否有差错及矛盾;结构图与建筑图的平面尺寸及标高是否一致;建筑图与结构图的表示方法是否清楚;是否符合制图标准;预埋件是否表示清楚;有无钢筋明细表;钢筋的构造要求在图中是否表示清楚。

(9)施工图中所列各种标准图册,施工单位是否具备。

(10)材料来源有无保证,能否代换;图中所要求的条件能否满足;新材料、新技术的应用有无问题。

(11)地基处理方法是否合理,建筑与结构构造是否存在不能施工、不便于施工的技术问题,或容易导致质量、安全、工程费用增加等方面的问题。

(12) 工艺管道、电气线路、设备装置、运输道路与建筑物之间或相互间有无矛盾，布置是否合理。

2) 审查程序

图样会审通常分为自审、会审和会签三个阶段。

(1) 自审是施工单位收到施工图纸后组织技术人员熟悉和自查图样的过程，自审应做记录，包括对设计图纸的疑问和有关建议。

(2) 会审是由建设单位主持、设计单位、监理单位和施工单位参加，先由设计单位进行图纸技术交底，各单位根据自审情况提出意见，经充分协商后，统一认识，并由建设单位（或监理单位）形成会议纪要，参与单位共同会签、盖章，作为设计图纸修改的文件依据。

(3) 对会审提出的问题，必要时，设计单位应提供补充图纸或设计变更通知单，连同会审记录分送各有关单位。

3) 熟悉技术规范、规程和有关技术规定

技术规范、规程是国家制定的建设法规，是实践经验的总结，建筑施工中常用的技术规范、规程主要有：

《建筑工程施工质量验收统一标准》（GB 50300—2013）；

《建筑地基基础工程施工质量验收规范》（GB 50202—2002）；

《建筑地面工程施工质量验收规范》（GB 50209—2010）；

《砌体结构工程施工质量验收规范》（GB 50203—2011）；

《屋面工程质量验收规范》（GB 50207—2012）；

《建筑装饰装修工程质量验收规范》（GB 50210—2001）；

《混凝土强度检验评定标准》（GB/T 50107—2010）；

《混凝土外加剂应用技术规范》（GB 50119—2013）；

《建筑基桩检测技术规范》（JGJ 106—2014）；

《混凝土结构工程施工质量验收规范》（GB 50204—2015）；

《砌体结构工程施工质量验收规范》（GB 50203—2011）；

《铝合金门窗》（GB/T 8478—2008）；

《砌筑砂浆配合比设计规程》（JGJ/T 98—2010）；

《回弹法检测混凝土抗压强度技术规程》（JGJ/T 23—2011）；

《轻骨料混凝土技术规程》（JGJ 51—2002）；

《混凝土泵送施工技术规程》（JGJ/T 10—2011）；

《混凝土结构工程施工质量验收规范》（GB 50204—2015）；

《建筑基坑支护技术规程》（JGJ/ 120—2012）。

训练 2-1　图纸会审

1. 图纸会审工作的一般组织程序

图纸会审工作的一般组织程序如图 2.3 所示。

【图纸会审讲解】

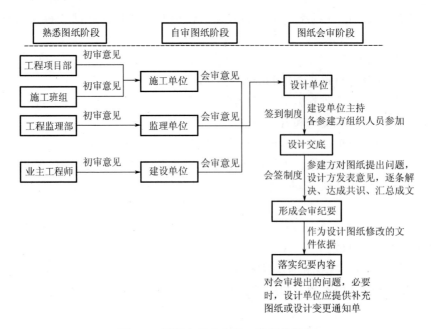

图 2.3　图纸会审工作的一般组织程序

2. 对熟悉图纸的基本要求

(1) 先粗后细：就是先看平、立、剖面图，对整个工程的概貌有一个大概的了解，对总的长宽尺寸、轴线尺寸、标高、层高有总体的印象，然后再看细部做法，核对总尺寸与细部尺寸。

(2) 先小后大：首先看小样图再看大样图，核对在平、立、剖面图中标注的细部做法与大样图的做法是否相符；所采用的标准构配件图集编号、类型、型号与设计图纸有无矛盾；索引符号是否存在漏标；大样图是否齐全等。

(3) 先建筑后结构：就是先看建筑图后看结构图，并把建筑图与结构图相互对照，核对其轴线尺寸、标高是否相符，有无矛盾，查对有无遗漏尺寸，有无构造不合理之处。

(4) 先一般后特殊：应先看一般的部位和要求，后看特殊的部位和要求。特殊部位一般包括地基处理方法，变形缝的设置，防水处理要求和抗震、防火、保温、隔热、隔声、防尘、特殊装修等技术要求。

(5) 图纸与说明结合：要在看图纸时对照设计总说明和图中的细部说明，核对图纸和说明有无矛盾，规定是否明确，要求是否可行，做法是否合理等。

(6) 土建与安装结合：当看土建图时，应有针对性地看一些安装图，并核对与土建有关的安装图有无矛盾，预埋件、预留洞、槽的位置及尺寸是否一致，了解安装对土建的要求，以便考虑在施工中的协作问题。

(7) 图纸要求与实际情况结合：就是核对图纸有无不切合实际之处，如建筑物相对位置、场地标高、地质情况等是否与设计图纸相符；对一些特殊的施工工艺施工单位能否做到等。

3. 自审图纸阶段的组织工作

施工单位：由拟建工程项目经理部组织有关工程技术人员认真熟悉图纸，了解设计意图与建设单位要求及施工应达到的技术标准，明确工艺流程。

监理单位：图纸会审是一个展示技术力量的平台，监理单位应当利用这个平台，提高监理工程师在建设项目管理中的威信。图纸会审过程中，拟建工程总监理工程师应将各专业的施工图分发给相应专业的各专业监理工程师，将各专业的施工图吃透，找出错误、遗漏、缺项等问题，并应检查施工图执行强制性规范及新版施工验收标准的情况等。

4. 图纸会审阶段

1）图纸会审人员（下列人员应参加图纸会审）

建设方：现场负责人员及其他技术人员。

设计方：设计院总工程师、项目负责人及各个专业设计负责人。

监理方：项目总监、副总监及各个专业监理工程师、监理员等。

施工单位：项目经理、项目副经理、项目总工程师及各个专业技术负责人。

其他相关单位：技术负责人。

2）图纸会审时间控制

一般情况下设计施工图分发后3个工作日内由建设单位（或监理单位）负责组织建设、设计、监理、施工单位及其他相关单位进行设计交底。设计交底后15个工作日内由监理负责组织上述单位进行图纸会审。

3）图纸会审会议的一般程序（图2.4）

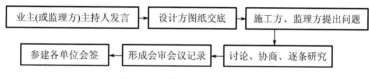

图 2.4 图纸会审会议程序

4）图纸会审注意事项

（1）图纸会审会议由建设单位（或委托监理单位）主持，主持单位应做好会议记录及参加人员签字。

（2）图纸会审，施工单位、监理单位及其他各个专业的工程技术人员针对自己自审发现的问题或对图纸的优化建议应以文字性汇报材料分发会审人员讨论。

（3）图纸会审每个单位提出的问题或优化建议在会审会议上必须经过讨论做出明确结论；对需要再次讨论的问题，在会审记录上应明确最终答复日期。

（4）图纸会审记录一般由监理单位负责整理并分发，由各方代表签字盖章认可，后各参建单位执行、归档。

（5）各个参建单位对施工图、工程联系单及图纸会审记录应做好备档工作。

（6）作废的图纸设计单位应以书面形式通知，各参建单位自行处理，不得影响施工。

（7）施工方及设计方专人对提出和解答的问题做好记录，以便查核。

5. 编写图纸会审会议纪要

图纸会审会议纪要一般由监理单位负责整理并分发，由各方代表签字盖章认可，各参建单位执行、归档。会审纪要作为与施工图纸具有同等法律效力的技术文件使用。以《广州地区建筑工程施工技术资料目录》为例，图纸会审会议纪要的编写格式要求见表2-9。

表 2-9　图纸会审纪要的编写格式示例　　　　GD2201004□□

工程名称		建设单位	
施工单位		监理单位	
设计单位		勘察单位	
建筑面积	m²	工程造价	万元
结构类型、层数		会审地点	
承包范围		会审时间	
图纸编号			
参加会审	单位名称	参加人姓名（签名）	

特别提示

图纸会审应当以施工单位为主提出问题，监理方形成的纪要中，如果施工单位已经提到的问题，监理方可不再提，但施工单位未提及的问题监理方应当补充，提出问题是为了很好地解决这些问题，解决这些问题是以设计方为主，因为施工图的责任主体方是设计单位，监理方应注意，提出问题的方法、方式，应善意地同设计方协商、商量，解决同一个问题的方法及途径多种多样，都能达到目的，因此监理人员的思路应当开阔，并应充分尊重设计方，同设计方搞好关系，对今后监理过程中，各方的配合协调都有益无害。

2. 编制施工组织设计

施工组织设计是指导施工现场全部生产活动的技术经济文件，是施工准备工作的重要组成部分。由于建筑产品的特点及建筑施工的特点，决定了拟建工程的施工方法不是一成不变的，每个工程都需要分别确定施工组织方法，作为组织和指导施工的重要依据。

3. 编制施工图预算和施工预算

在设计交底和图纸会审的基础上，施工组织设计已被批准，预算部门即可着手编制单位工程施工图预算和施工预算，以确定人工、材料和机械费用的支出，并确定人工数量、材料消耗数量及机械台班使用量等。

施工图预算是由施工单位主持，在拟建工程开工前的施工准备工作期所编制的确定建筑安装工程造价的经济文件，是施工企业签订工程承包合同、工程结算、银行拨贷款，进行企业经济核算的依据。

施工预算是根据施工图预算、施工图样、施工组织设计和施工定额等文件综合企业和工程实际情况所编制，在工程确定承包关系以后进行，是施工单位内部经济核算和班组承包的依据。

2.2.4 现场生产资料准备

生产资料准备是指工程施工必需的施工机械、机具和材料、构配件的准备，该项工作应根据施工组织设计的各种资源需要量计划，分别落实货源、组织运输和安排存储，确保工程的连续施工。对大型施工机械及设备应精确计算工作日并确定进场时间，做到进场即能使用，用毕即可退场，提高机械利用率，节省台班费。

1. 生产资料准备工作的内容

1）基本建筑材料的准备

基本建筑材料的准备包括"三材"、地方材料、装饰材料的准备。

准备工作应根据材料的需要量计划，组织货源，确定物资加工、供应地点和供应方式，签订物资供应合同。材料的储备应根据施工现场分期分批使用材料的特点，按照以下原则进行材料的储备：首先应按工程进度分期、分批进行，现场储备的材料多了会造成积压，增加材料保管的负担，同时也多占用流动资金；储备少了又会影响正常生产，所以材料的储备应合理、适宜。其次，做好现场保管工作，以保证材料的数量和原有的使用价值。再次，现场材料的堆放应合理，现场储备的材料，应严格按照施工平面布置图的位置堆放，以减少二次搬运，且应堆放整齐，标明标牌，以免混淆，此外，亦应做好防水、防潮、易碎材料的保护工作。最后，应做好技术试验和检验工作，对于无出厂合格证明和没有按规定测试的原材料，一律不得使用，不合格的建筑材料和构件，一律不准出厂和使用，特别对于没有把握的材料或进口原材料、某些再生材料的储备更要严格把关。

2）拟建工程所需构（配）件、制品的加工准备

工程项目施工中需要大量的预制构件、门窗、金属构件、水泥制品及卫生洁具等，这些构件、配件必须事先提出订制加工单。对于采用商品混凝土现浇的工程，则先要到生产单位签订供货合同，注明品种、规格、数量、需要时间及送货地点等。

3）建筑安装机具的准备

施工所需机具设备门类繁多，如各种土方机械，混凝土、砂浆搅拌设备，垂直及水平运输机械，吊装机械、机具，钢筋加工设备，木工机械，焊接设备，打夯机，抽水设备等，应根据施工方案和施工进度计划，确定其类型、数量和进场时间，然后确定其供应方法和进场后的存放地点、方式，编制出施工机具需要量计划，以此作为组织施工机具设备运输和存放的依据。

4）模板和脚手架的准备

模板和脚手架是施工现场使用量大、堆放占地最大的周转材料。模板及其配件规格多、数量大，对堆放场地要求比较高，一定要分规格、型号整齐码放，便于使用及维修；大钢模一般要求立放，并防止倾倒，在现场也应规划出必要的存放场地；钢管脚手架、桥脚手架、吊篮脚手架等都应按指定的平面位置堆放整齐，扣件等零件还应防雨，以防锈蚀。

2. 生产资料准备基本工作程序

生产资料准备基本工作程序如图 2.5 所示。

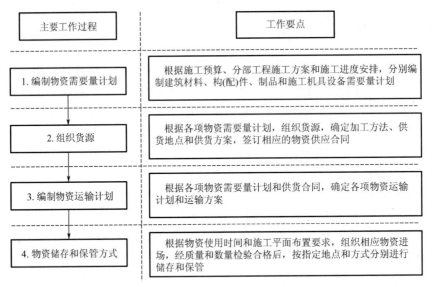

图 2.5 生产资料准备基本工作程序

2.2.5 冬雨季施工准备

冬季施工和雨季施工对项目施工质量、成本、工期和安全都会产生很大影响，为此必须做好冬雨季施工准备工作。

1. 冬季施工准备工作

1）合理安排冬季施工项目

一般情况下，尽量安排费用增加较少、易保证工程质量、对施工条件要求低的项目在冬季施工，如吊装、打桩、室内装修等；而土方工程、基础工程、外墙装修工程、屋面防水工程等则不宜在冬季施工。

2）落实各种热源的供应工作

提前落实供热渠道，准备热源设备，储备和供应冬季施工用的保温材料。

3）做好保温防冻工作

重视冬季施工对临时设施（给水管道、临时道路等）保温防冻、工程成品及拟施工部分的保温防冻工作。

2. 雨季施工准备工作

1）合理安排雨季施工项目

在施工组织设计中要充分考虑雨季对施工的影响。一般情况下，雨季之前多安排土方、基础、室外及屋面等不宜在雨季施工的项目，多留室内工作在雨季进行，以免造成雨季窝工。

2）做好现场的排水工作

施工现场雨季来临前，做好排水沟、准备好抽水设备、防止场地积水、最大限度地避免因雨水造成的损失。

3) 做好运输道路的维护和物质储备工作

雨季前检查道路边坡排水,防止路面凹陷,并尽量按照要求储备一些物质,减少雨季运输量,节约施工费用。

4) 做好机具设备等的保护工作

雨季施工如脚手架、塔式起重机、井架等要采取切实有效的技术性保护措施。

5) 加强安全教育,做好施工管理工作

认真编制雨季施工的安全措施,加强现场施工人员的安全教育,防止各种事故发生。

训练 2-2 编制施工准备工作计划与开工报告

1. 编制施工准备工作计划

施工准备工作涉及的范围广、内容多,应视该工程本身及其具备的条件不同而不同,一般可归纳为六个方面:原始资料的收集、施工技术资料的准备、施工现场的准备、生产资料的准备、施工现场人员的准备、冬雨季施工的准备。

为了落实各项施工准备工作,做到有步骤、有安排、有组织全面搞好施工准备,必须根据各项施工准备的内容、时间和人员,编制施工准备工作计划(表 2-10)。

表 2-10 施工准备工作计划表

序号	施工准备工作	简要内容	要求	负责单位	负责人	配合单位	起止时间		备注
							月 日	月 日	

施工准备工作计划是施工组织设计的重要组成部分,应根据施工方案、施工进度计划、资源需要量等进行编制。除了上述表格和形象计划外,还可采用网络计划(后续实训内容)进行编制,以明确各项准备工作之间的关系并找出关键工作,并可以在网络计划上进行施工准备期的调整。

2. 准备开工(填写开工报审表)

施工准备工作计划编制完成后,应进行落实和检查到位情况。因此开工前应建立严格的施工准备工作责任制和施工准备工作检查制度,不断协调和调整施工准备工作计划,把开工前的准备工作落到实处。工程开工还应具备相关开工条件和遵循工程基本建设程序。

国家发改委关于基本建设大中型项目开工条件的规定如下。

(1) 项目法人已经成立。项目组织管理机构和规章制度健全,项目经理和管理机构成员已经到位,项目经理已经过培训,具备承担项目施工工作的资质条件。

(2) 项目初步设计及总概算已经批复。若项目总概算批复时间至项目申请开工时间超过两年以上(含两年),或自批复至开工时间,动态因素变化大,总投资超出原批概算

10%以上的，须重新核定项目总概算。

（3）项目资本金和其他建设资金已经落实，资金来源符合国家有关规定，承诺手续完备，并经审计部门认可。

（4）项目施工组织设计大纲已经编制完成。

（5）项目主体工程（或控制性工程）的施工单位已经通过招标确定，施工承包合同已经签订。

（6）项目法人与项目设计单位已签订设计图纸交付协议。项目主体工程（或控制性工程）的施工图纸至少可以满足连续三个月施工的需要。

（7）项目施工监理单位已经通过招标选定。

（8）项目征地、拆迁的施工场地"七通一平"（即供电、供水、道路、通信、燃气、排水、排污和场地平整）工作已经完成，有关外部配套生产条件已签订协议。项目主体工程（或控制性工程）施工准备工作已经做好，具备连续施工的条件。

（9）项目建设需要的主要设备和材料已经订货，项目所需建筑材料已落实来源和运输条件，并已备好连续施工三个月的材料用量。需要进行招标采购的设备、材料，其招标组织机构落实，采购计划与工程进度相衔接。

国务院各主管部门负责对本行业中央项目开工条件进行检查，各省（自治区、直辖市）计划部门负责对本地区地方项目开工条件进行检查。凡上报国家发改委申请开工的项目，必须附有国务院有关部门或地方计划部门的开工条件检查意见。国家发改委将按本规定申请开工的项目进行核查，其中大中型项目批准开工前，国家发改委将派人去现场检查落实开工条件。凡未达到开工条件的，不予批准新开工。

小型项目的开工条件，各地区、各部门可参照本规定制定具体管理办法。

工程项目开工条件的一般规定如下：

依据《建设工程监理规范》（GB/T 50319—2013），工程项目开工前，施工准备工作具备了以下条件时，施工单位应向监理单位报送工程开工报审表及开工报告、证明文件等，由总监理工程师签发，并报建设单位。

① 施工许可证已获政府主管部门批准。

② 征地拆迁工作能满足工程进度的需要。

③ 施工组织设计已获总监理工程师批准。

④ 施工单位现场管理人员已到位，机具、施工人员已进场，主要工程材料已落实。

⑤ 进场道路及水、电、通风等已满足开工要求。

工程开工报审表格式示例如图 2.6 所示。

3. 填写开工报告

当施工准备工作的各项内容已完成，满足开工条件，已经办理了施工许可证，项目经理部应申请开工报告，报上级批准后才能开工。实行监理的工程，还应将开工报告送监理工程师审批，由监理工程师签发开工通知书。开工报审表和开工报告可采用《建设工程监理规范》（GB/T 50319—2013）中规定的施工阶段工作的基本表式。

开工报告格式示例如图 2.7 所示。

工程开工报审表		
		表号：
工程名称：		编号：

致_____项目监理部：
  我方承担的_____工程，已完成了开工前的各项准备工作，特申请于_____年___月___日开工，请审查。
  □ 项目管理实施规划（施工组织设计）已审批；
  □ 施工图会检已进行；
  □ 各项施工管理制度和相应的作业指导书已制定并审查合格；
  □ 安全文明施工二次策划满足要求；
  □ 施工技术交底已进行；
  □ 施工人力和机械已进场，施工组织已落实到位；
  □ 物资、材料准备能满足连续施工的需要；
  □ 计量器具、仪表经法定单位检验合格；
  □ 特殊工种作业人员能满足施工需要。

承包单位（章）：
项目经理：
日　期：

项目监理部审查意见：

项目监理部（章）：
总监理工程师
日　期：

建设管理单位审批意见：

建设管理单位（章）：
项目经理：
日　期：

注：本表由施工单位填报，建设单位、监理单位、施工单位各存一份。

图 2.6　工程开工报审表格式示例

开 工 报 告							
						表号：	
						编号：	
工程名称		建设单位		设计单位		施工单位	
工程地点		结构类型		建筑面积		层　数	
工程批准文号		施工准备工作情况	施工许可证办理情况				
预算造价			施工图纸会审情况				
计划开工日期	年　月　日		主要物质准备情况				
计划竣工日期	年　月　日		施工组织设计编审情况				
实际开工日期	年　月　日		"七通一平"情况				
合同工期			工程预算编审情况				
合同编号			施工队伍进场情况				
审核意见	建设单位		监理单位		施工企业		施工单位
	负责人　（公章） 年　月　日		负责人　（公章） 年　月　日		负责人　（公章） 年　月　日		负责人　（公章） 年　月　日

注：本表由施工单位填报，建设单位、监理单位、施工单位各存一份。

图 2.7　开工报告格式示例

特别提示

开工报告属于建筑工程技术资料编制的范畴,各地区各部门都有自己的编制格式和标准,应根据实际工程所处的地域和要求选择合适的表式进行填写。

项目小结

建筑工程施工准备工作是工程生产经营管理的重要组成部分,是对拟建工程目标、资源供应和施工方案的选择,及其空间布置和时间排列等诸方面进行的施工决策。

在拟建工程开工之后,每个施工阶段正式开工之前都必须进行施工准备工作。其目的是为施工阶段正式开工创造必要的施工条件。例如,混合结构的民用住宅的施工,一般可分为地下工程、主体工程、装饰工程和屋面工程等施工阶段,每个施工阶段的施工内容不同,所需要的技术条件、物资条件、组织要求和现场布置等方面也不同,因此在每个施工阶段开工之前,都必须做好相应的施工准备工作。施工准备工作既要有阶段性,又要有连贯性,因此施工准备工作必须有计划、有步骤、分期和分阶段地进行,要贯穿拟建工程整个生产过程的始终。

建筑工程施工准备工作内容通常包括原始施工资料的收集和整理、施工现场人员准备、技术准备、物资准备、劳动组织准备、施工现场准备和施工场外准备。

习 题

思考题

1. 试述原始施工资料的收集包括哪几方面的内容?
2. 建筑施工准备工作应包含哪些内容?你认为还需要做哪些准备工作?
3. 什么是施工现场准备工作?何谓"三通一平"?
4. 什么是图样会审?图样会审的程序如何?

项目 3 施工方案

能力目标	知识要点	权重
能对施工技术方案进行选择	1. 主要施工方法的选择； 2. 施工机械的选择	50%
能确定施工组织方案	1. 划分施工区段； 2. 确定施工程序； 3. 确定施工起点、流向； 4. 确定施工顺序； 5. 划分施工段	50%

 任务引入

【背景】

某高层住宅楼，施工单位根据地质资料进行深基坑支护方案设计。在多方案比较的基础上，初选甲方案"灌注桩止水帷幕方案"和乙方案"综合支护方案"。施工单位将上述甲、乙方案进行经济效益比较（表 3-1），最终采用"综合支护方案"。

表 3-1 某基坑支护方案经济效益比较

支护方案 费用 项目	灌注桩架 止水帷幕	综合支护方案		
		灌注桩加 止水帷幕	放坡加钉墙 喷锚支护	井点降水
单价/(万元/m)	1.13	1.13	0.14	—
长度/m	120（四周全长）	48（东北方向）	72（其余三面）	—
合价/万元	135.6	54.24	10.08	15
		79.32		

【提出问题】

1. 施工方案是单位工程施工组织设计的核心，因此必须进行多方案比较，请最终选择技术上可行、经济上合理的施工方案。
2. 根据施工图样，决定用什么施工方法和机械设备。
3. 根据施工图样，决定用何种施工程序和作业组织形式来组织项目施工活动。

知识点提要

施工方案是施工组织设计的核心。施工方案确定的合理与否，直接影响到施工进度计划的安排与施工平面图的布置，而且还关系到工程项目的施工效率、质量、工期和技术经济效果。因此，选定施工方案，必须在施工上可行、技术上先进、经济上合理，并且符合施工现场的实际情况。

施工方案的选择一般包括施工区段的划分、施工程序和施工流程的确定、施工顺序的确定、施工段的划分以及施工方法与施工机械的合理选择。

本项目系统地讲述了施工方案选择的原则，同时介绍了基础、主体、屋面防水和装饰工程施工方案的编制方法与技巧。

任务 3.1　施工方案的制订步骤

施工方案是施工组织设计的核心，一般包含在施工组织设计中。施工方案制订步骤，如图 3.1 所示。

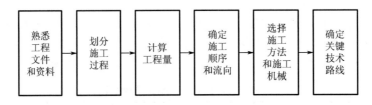

图 3.1　施工方案制订步骤流程图

施工方案制订步骤的有关说明如下。

（1）熟悉工程文件和资料。制订施工方案之前，应广泛收集工程有关文件及资料，包括政府的批文、有关政策和法规、业主方的有关要求、设计文件、技术和经济等方面的文件和资料，当缺乏某些技术参数时，应进行工程实验以取得第一手资料。

（2）划分施工过程。划分施工过程是进行施工管理的基础工作，施工过程划分的方法可以与项目分解结构、工作分解结构结合进行。施工过程划分后，就可对各个施工过程的技术进行分析。

（3）计算工程量。计算工程量应结合施工方案按工程量计算规则来进行。

(4) 确定施工顺序和流向。施工顺序和流向的安排应符合施工的客观规律,并且处理好各施工过程之间的关系和相互影响。

(5) 选择施工方法和施工机械。拟订施工方法时,应着重考虑影响整个单位工程施工的分部分项工程的施工方法,对于常规做法的分项工程则不必详细拟订。在选择施工机械时,应首先选择主导工程的机械,然后根据建筑特点及材料、构件种类配备辅助机械。最后确定与施工机械相配套的专用工具设备。例如:垂直运输机械的选择,它直接影响工程的施工进度。一般根据标准层垂直运输量来编制垂直运输量表,然后据此选择垂直运输方式和机械数量,再确定水平运输方式和与之配套的辅助机械数量。最后布置运输设施的位置及水平运输路线。垂直运输量如表3-2所示。

(6) 确定关键技术路线。关键技术路线的确定是对工程环境和条件及各种技术选择的综合分析的结果。

表 3-2 垂直运输量表

序 号	项 目	单 位	数 量		需要吊次
			工程量	每吊工程量	

关键技术路线是指在大型、复杂工程中对工程质量、工期、成本影响较大、施工难度又大的分部分项工程中所采用的施工技术的方向和途径,它包括施工所采取的技术指导思想、综合的系统施工方法及重要的技术措施等。

大型工程关键技术难点往往不止一个,这些关键技术是工程中的主要矛盾,关键技术路线正确应用与否,直接影响到工程的质量、安全、工期和成本。施工方案的制订应紧紧抓住施工过程中的各个关键技术路线的制订。例如,在高层建筑施工方案制订时,应着重考虑如下的关键技术问题:深基坑的开挖及支护体系,高耸结构混凝土的输送及浇捣,高耸结构垂直运输,结构平面复杂的模板体系,高层建筑的测量、机电设备的安装和装修的交叉施工安排等。

任务 3.2 施工方案的选择

3.2.1 施工技术方案的选择

建筑施工中,由于工程特点、施工条件、施工工期、质量要求和技术经济等条件不同,采用的施工技术方案也不相同。不合理的施工技术方案甚至可能导致整个工程建设的失败,造成巨大的经济和社会损失,因此,选择一个合理的施工技术方案是工程建设得以快速、安全和顺利进行的保证。

施工方案是施工组织设计的核心，科学、合理的施工方案是工程建设得以快速、安全和顺利进行的保证。本项目将系统阐述施工方案选择的原则，配套教材《建筑工程施工组织实训》中将介绍基础、主体、屋面防水和装饰工程施工方案编制的方法和技巧。

1. 施工方法的选择

1) 施工方法的主要内容

拟订主要的操作过程和方法，包括施工机械的选择、提出质量要求和达到质量要求的技术措施、制定切实可行的安全施工措施等。

2) 确定施工方法的重点

确定施工方法时应着重考虑影响整个单位工程施工的分部分项工程的施工方法。如在单位工程中占重要地位的分部分项工程，施工技术复杂或采用新工艺、新材料、新技术对工程质量起关键作用的分部分项工程，不熟悉的特殊结构工程或由专业施工单位施工的特殊专业工程等的施工方法。而对于按照常规做法和工人熟悉的分项工程，只要提出应注意的特殊问题即可，不必详细拟定施工方法。对于下列一些项目的施工方法则应详细、具体。

（1）工程量大，在单位工程中占重要地位，对工程质量起关键作用的分部分项工程，如基础工程、钢筋混凝土工程等隐蔽工程。

（2）施工技术复杂、施工难度大，或采用新技术、新工艺、新结构、新材料的分部分项工程。如大体积混凝土结构施工、模板早拆体系、无黏结预应力混凝土等。

（3）施工人员不太熟悉的特殊结构，专业性很强、技术要求很高的工程，如仿古建筑、大跨度空间结构、大型玻璃幕墙、薄壳、悬索结构等。

2. 施工机械的选择

施工机械对施工工艺、施工方法有直接的影响，施工机械化是现代化大生产的显著标志，对加快建设速度、提高工程质量、保证施工安全、节约工程成本起着至关重要的作用。因此，选择施工机械成为确定施工方案的一个重要内容。

1) 大型机械设备选择的原则

机械化施工是施工方法选择的中心环节，施工方法和施工机械的选择是紧密联系的，一定的方法配备一定的机械，在选择施工方法时应当协调一致。大型机械设备的选择主要是选择施工机械的型号和确定其数量，在选择其型号时要符合以下原则。

（1）满足施工工艺的要求。

（2）有获得的可能性。

（3）经济合理且技术先进。

2) 大型机械设备选择应考虑的因素

（1）选择施工机械应首先根据工程特点，选择适宜主导工程的施工机械。

例如，在选择装配式单层厂房结构安装用的起重机械时，若工程量大而集中，可选用生产效率高的塔式起重机或桅杆式起重机，若工程量较小或虽然较大但却较分散时，则采用无轨自行式起重机械；在选择起重机型号时，应使起重机性能满足起重量、起重高度、起重半径和起重臂长等的要求。

（2）施工机械之间的生产能力应协调一致。

要充分发挥主导施工机械的效率，同时，在选择与之配套的各种辅助机械和运输工具时，应注意它们之间的协调。

例如，挖土机与运土汽车的配套协调，使挖土机能充分发挥其生产效率。

（3）在同一建筑工地上施工机械的种类和型号应尽可能少。

为了便于现场施工机械的管理及减少转移，对于工程量大的工程应采用专用机械；对于工程量小而分散的工程，则应尽量采用多用途的施工机械。

例如，挖土机既可用于挖土也可用于装卸、起重和打桩。

（4）在选用施工机械时，应尽量选用施工单位现有的机械，以减少资金的投入，充分发挥现有机械效率。若施工单位现有机械不能满足工程需要，则可考虑租赁或购买。

（5）对于高层建筑或结构复杂的建筑物（构筑物），其主体结构施工的垂直运输机械最佳方案往往是多种机械的组合。

例如，塔式起重机和施工电梯，塔式起重机、施工电梯和混凝土泵，塔式起重机、施工电梯和井架，井架、快速提升机和施工电梯等。

3）大型机械设备的选择

根据工程特点，按施工阶段正确选择最适宜的主导工程的大型施工机械设备，各种机械型号、数量确定之后，列出设备的规格、型号、主要技术参数及数量，可汇总成表，参见表 3-3。

表 3-3 大型机械设备选择

项　　目	大型机械名称	机械型号	主要技术参数	数　　量	进、退场日期
基础阶段					
结构阶段					
装修阶段					

3.2.2 施工组织方案的确定

在施工方案的制订过程中，除了考虑技术方案即施工方法和机械选择之外，还要研究施工区段的划分、施工流向和顺序的确定、劳动组织的安排等问题。

1. 施工区段的划分

现代工程项目规模较大，时间较长。为了达到平行搭接施工、节省时间的目的，需要将整个施工现场分成平面上或空间上的若干个区段，组织工业化流水作业，在同一时间段内安排不同的项目、不同的专业工种在不同区域同时施工。现分不同工程类型进行分析。

1) 大型工业项目施工区段的划分

大型工业项目按照产品的生产工艺过程划分施工区段，一般有生产系统、辅助系统和附属生产系统。相应每一生产系统是由一系列的建筑物组成的。因此，把每一生产系统的建筑工程分别称之为主体建筑工程、辅助建筑工程及附属建筑工程。

例如，某热电厂工程由16个建筑物和16个构筑物组成，分为热电站和碱回收两组建筑物和构筑物。现根据其生产工艺系统的要求，将其分为四个施工区域。

第一施工区域：汽轮机房、主控楼和化学处理车间等。

第二施工区域：贮存罐、沉淀池、栈桥、空气压缩机房、碎煤机室等。

第三施工区域：黑液提取工段、蒸发工段、仪器维修车间等。

第四施工区域：燃烧工段、苛化工段、泵房及钢筋混凝土烟囱等附属工程。

图 3.2 单层工业厂房施工

例如，图 3.2 表示的是一个多跨单层装配式工业厂房，其生产工艺的顺序如图上罗马数字所示。从施工角度来看，从厂房的任何一端开始施工都是一样的，但是按照生产工艺的顺序来进行施工，可以保证设备安装工程分期进行，从而达到分期完工、分期投产，提前发挥基本建设投资的效益。所以在确定各个单元（跨）的施工顺序时，除了应该考虑工期、建筑物结构特征等问题以外，还应该很好地了解工厂的生产工艺过程。

2) 大型公共项目施工区段的划分

大型公共项目按照其功能设施和使用要求来划分施工区段。

例如，飞机场可以分为航站工程、飞行区工程、综合配套工程、货运食品工程、航油工程、导航通信工程等施工区段；火车站可以分为主站层、行李房、邮政转运、铁路路轨、站台、通信信号、人行隧道、公共广场等施工区段。

3) 民用住宅及商业办公建筑施工区段的划分

民用住宅及商业办公建筑可按照其现场条件、建筑特点、交付时间及配套设施等情况划分施工区段。

例如，某工程为高层公寓小区，由9栋高层公寓和地下车库、热力变电站、餐厅、幼儿园、物业管理楼、垃圾站等服务用房组成。

由于该工程为群体工程，工期比较长，按合同要求9栋公寓分三期交付使用，即每年竣工3栋。在组织施工时，以3栋高层和配套的地下车库为一个施工区，分三期施工。每期工程施工中，以3栋高层配备1套大模板组织流水施工，适当安排配套工程。在结构阶段每幢公寓楼平面上又分成5个流水施工段，常温阶段每天完成一段，5天完成一层。既保证工程均衡流水施工，又确保了施工工期。

对于独立式商业办公楼，可以从平面上将主楼和裙房分为两个不同的施工区段，从立面上再按层分解为多个流水施工段。

在设备安装阶段，也可以按垂直方向进行施工段划分，每几层组成一个施工段，分别安排水、电、风、消防、保安等不同施工队的平行作业，定期进行空间交换。

2. 施工程序的确定

施工程序可以指施工项目内部各施工区段的相互关系和先后次序,也可以指一个单位工程内部各施工工序之间相互联系和先后顺序。

单位工程施工中应遵循的程序一般如下。

1) 先地下后地上

指首先完成管道、管线等地下设施、土方工程和基础工程,然后开始地上工程施工;对于地下工程也应按先深后浅的程序进行,以免造成返工或对上部工程的干扰,使施工不便,影响质量,造成浪费。但"逆作法"施工除外。

2) 先主体后围护

指在框架结构或排架结构的建筑物中,应首先施工主体结构,再进行围护结构的施工。对于高层建筑应组织主体与围护结构平行搭接施工,以有效地节约时间,缩短工期。

3) 先结构后装修

指首先进行主体结构施工,然后进行装饰装修工程的施工。但是,必须指出,有时为了缩短工期,也有结构工程先施工一段时间之后,装饰工程随后搭接进行施工。如有些商业建筑,在上部主体工程施工的同时,下部一层或数层即进行装修,使其尽早开门营业。另外,随着新型建筑体系的不断涌现和建筑工业化水平的提高,某些装饰与结构构件均在工厂完成,此时结构与装饰同时完成。

4) 先土建后设备

指一般的土建工程与水暖电卫等工程的总体施工程序,是先进行土建工程施工,然后再进行水、暖、电、卫等建筑设备的施工。至于设备安装的某一工序要穿插在土建的某一工序之前,实际应属于施工顺序问题。工业建筑的土建工程与设备安装工程之间的程序,主要取决于工业建筑的种类,如对于精密仪器厂房,一般要求土建、装饰工程完成后安装工艺设备;重型工业厂房,一般先安装工艺设备,后建设厂房或设备安装与土建施工同时进行,如冶金车间、发电厂的主厂房、水泥厂的主车间等。

在编制施工方案时,应按照施工程序的要求,结合工程的具体情况,明确各施工阶段的主要工作内容及顺序。

3. 确定施工起点和流向

指单位工程在平面和空间上开始施工的部位及其流动的方向,这主要取决于生产需要、缩短工期和保证质量等要求。一般来说,对单层建筑物,只要按其跨间分区分段地确定平面上的施工流向;对多层建筑物,除了要确定每层平面上的施工流向外,还要确定其层间或单元空间上的施工流向。施工流向的确定,牵涉一系列施工过程的开展和进程,是组织施工的重要环节,为此,一般应考虑下列主要问题。

(1) 车间的生产工艺流程,往往是确定施工流向的关键因素。应从生产工艺上考虑,工艺流程上要先期投入生产或需先期投入使用者,应先施工。

(2) 根据建设单位对生产和使用的要求,生产上或使用上要求急的工段或部位应先施工。

(3) 平面上各部分施工的繁简程度。对技术复杂、工期较长的分部分项工程应先施工,如地下工程等。

(4) 当有高低跨并列时,应从并列跨处开始吊装。如柱子的吊装应从高低跨并列处开始；屋面防水层施工应按先高后低的方向施工；基础有深浅时，应按先深后浅的顺序施工。

（5）工程现场条件和施工方案。施工场地的大小、道路布置和施工方案中采用的施工方法和机械是确定施工起点和流向的主要因素。如土方工程边开挖边余土外运，则施工起点应确定在离道路远的部位及由远而近的进展方向。

（6）分部分项工程的特点及其相互关系。如多层建筑的室内装饰工程除了应确定平面上的起点和流向以外，在竖向上也要确定其流向，而且竖向流向的确定更显得重要。密切相关的分部分项工程的流向，如果前导施工过程的起点流向确定，则后续施工过程也便随其而定了。如单层工业厂房的挖土工程的起点流向决定柱基础施工过程和某些预制、吊装施工过程的起点流向。

（7）考虑主导施工机械的工作效益及主导施工过程的分段情况。

（8）保证施工现场内施工和运输的畅通。如单层工业厂房预制构件，宜从离混凝土搅拌机最远处开始施工，吊装时应考虑起重机退场等。

（9）划分施工层、施工段的部位，如伸缩缝、沉降缝、施工缝等也可决定施工起点流向。

在流水施工中，施工起点流向决定了各施工段的施工顺序。因此确定施工起点流向的同时，应当将施工段的划分和编号也确定下来。在确定施工流向时除了要考虑上述因素外，组织施工的方式、施工工期等因素也对确定施工流向有影响。

4. 确定施工顺序

指施工过程或分项工程之间施工的先后次序。施工顺序的确定既是为了按照客观的施工规律组织施工，也是为了解决工种之间在时间上的搭接问题，从而在保证质量与安全施工的前提下，以期达到充分利用空间、争取时间、缩短工期的目的，取得较好的经济效益。组织单位工程施工时，应将其划分为若干个分部工程或施工阶段，每一分部工程又划分为若干个分项工程（施工过程），并对各个分部分项工程的施工顺序做出合理安排。

1）确定施工顺序的原则

（1）施工工艺要求。各施工过程之间存在一定的工艺顺序，这是由客观规律所决定的。当然工艺顺序会因施工对象、结构部位、构造特点、使用功能及施工方法不同而变化。即在确定施工顺序时，应着重分析该施工对象各施工过程的工艺关系。工艺关系是指施工过程与施工过程之间存在的相互依赖、相互制约的关系。

（2）施工方法和施工机械的要求。例如，在建造装配式单层工业厂房时，如果采用分件吊装法，施工顺序应该是先吊柱，后吊吊车梁，最后吊屋架和屋面板；如果采用综合吊装方法，则施工顺序应该是吊装完一个节间的柱，在吊车梁、屋架、屋面板之后，再吊装另一节间的构件。另外，如果一幢大楼采用逆作法施工，就和顺作法施工的程序完全不一样了。

（3）考虑施工工期的要求。合理的施工顺序与施工工期有较密切的关系，施工工期影响到施工顺序的确定。有些建筑物由于工期要求紧，采用逆作法施工，这样便导致施工顺序的较大变化。一般情况下，满足施工工艺条件的施工方案可能有多个，因此，通过对方案的分析、对比，选择经济合理的施工顺序。

（4）施工组织顺序的要求。在建造某些重型车间时，由于这种车间内通常都有较大、较深的设备基础，如果先建造厂房，然后再建造设备基础，在设备基础挖土时可能破坏厂房的柱基础，在这种情况下，必须先进行设备基础的施工，然后再进行厂房柱基础的施工；或者两者同时进行。

（5）施工质量的要求。例如，基坑的回填土，特别是从一侧进行的回填土，必须在砌体达到必要的强度以后才能开始，否则砌体的质量会受到影响。又如卷材屋面，必须在找平层充分干燥后铺设。

（6）当地的气候条件。例如在广东、中南地区施工时，应当考虑雨季施工的特点；在华北、东北、西北地区施工时，应当考虑冬季施工的特点。土方、砌墙、屋面等工程应当尽量安排在雨季或冬季到来之前施工，而室内工程则可以适当推后。

（7）安全技术的要求。合理的施工顺序，必须使各施工过程的搭接不至于引起安全事故。例如，不能在同一施工段上一面在铺屋面板，一面又进行其他作业。多层房屋施工，只有在已经有层间楼板或坚固的临时铺板把一个一个楼层分隔开的条件下，才允许同时在各个楼层展开工作。

2）确定总的施工顺序

一般工业和民用建筑总的施工顺序为：基础→主体工程→屋面防水工程→装饰工程。

3）施工顺序的分析

按照房屋各分部工程的施工特点一般分为地下工程、主体结构工程、装饰与屋面工程三个阶段。一些分项工程通常采用的施工顺序如下。

（1）地下工程是指室内地坪（±0.000）以下所有的工程。

浅基础的施工顺序为：清除地下障碍物→软弱地基处理（需要时）→挖土→垫层→砌筑（或浅筑）基础→回填土。其中基础常用砖基础和钢筋混凝土基础（条基或片筏基础）。砖基础的砌筑中有时要穿插进行地梁的浇筑，砖基础的顶面还要浇筑防潮层。钢筋混凝土基础则包括支撑模板→绑扎钢筋→浇筑混凝土→养护→拆模。如果基础开挖深度较大、地下水位较高，则在挖土前尚应进行土壁支护及降水工作。

桩基础的施工顺序为：打桩（或灌注桩）→挖土→垫层→承台→回填土。承台的施工顺序与钢筋混凝土浅基础类似。

（2）主体结构常用的结构形式有混合结构、装配式钢筋混凝土结构（单层厂房居多）、现浇钢筋混凝土结构（框架、剪力墙、筒体）等。

混合结构的主导工程是砌墙和安装楼板。混合结构标准层的施工顺序为：弹线→砌筑墙体→浇过梁及圈梁→板底找平→安装楼板（浇筑楼板）。

装配式结构的主导工程是结构安装。单层厂房的柱和屋架一般在现场预制，预制构件达到设计要求的强度后可进行吊装。单层厂房结构安装可以采用分件吊装法或综合吊装法，但基本安装顺序都是相同的，即：吊装柱→吊装基础梁、连系梁、吊车梁等，扶直屋架→吊装屋架、天窗架、屋面板。支撑系统穿插在其中进行。

现浇框架、剪力墙、筒体等结构的主导工程均是现浇钢筋混凝土。标准层的施工顺序为弹线→绑扎墙体钢筋→支墙体模板→浇筑墙体混凝土→拆除墙模→搭设楼面模板→绑扎楼面钢筋→浇筑楼面混凝土。其中柱、墙的钢筋绑扎在支模之前完成，而楼面的钢筋绑扎则在支模之后进行。此外，施工中应考虑技术间歇。

（3）一般的装饰及屋面工程包括抹灰、勾缝、饰面、喷浆、门窗扇安装、玻璃安装、油漆、屋面找平、屋面防水层等。其中抹灰和屋面防水层是主导工程。

装饰工程没有严格一定的顺序。同一楼层内的施工顺序一般为地面→天棚→墙面，有时也可采用天棚→墙面→地面的顺序。又如内外装饰施工，两者相互干扰很小，可以先外后内，也可先内后外，或者两者同时进行。

卷材屋面防水层的施工顺序为铺保温层（如需要）→铺找平层→刷冷底子油→铺卷材→撒绿豆砂。屋面工程在主体结构完成后开始，并应尽快完成，为顺利进行室内装饰工程创造条件。

任务 3.3　基础工程施工方案

3.3.1　施工顺序的确定

【砖基础施工】

基础工程施工是指室内地坪（±0.000）以下所有工程的施工。基础的类型有很多，基础的类型不同，施工顺序也不一样。

1. 砖基础

砖基础的施工顺序一般如图 3.3 所示。

图 3.3　砖基础的一般施工顺序

当在挖槽和勘探过程中发现地下有障碍物，如洞穴、防空洞、枯井、软弱地基等，还应进行地基局部加固处理。

因基础工程受自然条件影响较大，各施工过程安排应尽量紧凑。挖土与垫层施工之间间隔时间不宜太长，垫层施工完成后，一定要留有技术间歇时间，使其具有一定强度之后，再进行下一道工序施工。回填土应在基础完成后一次分层回填压实，对（±0.000）以下室内回填土，最好与基槽（坑）回填土同时进行，如不能同时回填，也可留在装饰工程之前，与主体结构施工同时交叉进行。各种管道沟挖土和管道铺设等工程，应尽可能与基础工程配合平行搭接施工。

铺设防潮层等零星工作的工程量比较小，也可不必单独列为一个施工过程项目，可以合并在砌砖基础施工中。砖基础的施工顺序也可为：挖土→做垫层→砌砖基础→回填土。

【混凝土基础施工】

2. 混凝土基础

混凝土基础的类型较多，有柱下独立基础、墙下（柱下）钢筋混凝土条形基础、杯口基础、筏形基础、箱形基础等，但其施工顺序基本相同。

钢筋混凝土基础的施工顺序如图 3.4 所示。

基坑（槽）在开挖过程中，如果开挖深度较大，地下水位较高，则在挖土前应进行土壁支护和施工降水等工作。

图 3.4 钢筋混凝土基础的一般施工顺序

箱形基础工程的施工顺序如图 3.5 所示。

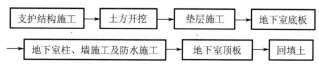

图 3.5 箱形基础工程的一般施工顺序

含有地下室工程的高层建筑的基础均为深基础,在工期要求很紧的情况下也可采用逆作法施工,通常施工顺序如图 3.6 所示。

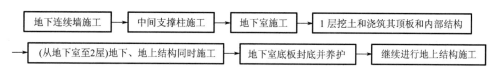

图 3.6 逆作法的一般施工顺序

3. 桩基础

1）预制桩施工

预制桩的施工顺序如图 3.7 所示。

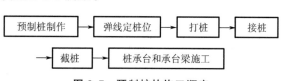

图 3.7 预制桩的施工顺序

【桩基础施工】

桩承台和承台梁的施工顺序如图 3.8 所示。

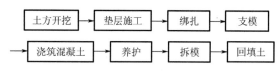

图 3.8 桩承台和承台梁的施工顺序

2）灌注桩施工

灌注桩的施工顺序如图 3.9 所示。

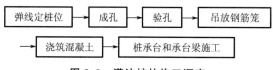

图 3.9 灌注桩的施工顺序

灌注桩桩承台和承台梁施工的施工顺序基本与预制桩相同,灌注桩钢筋笼的绑扎可以和灌注桩成孔同时进行。如果采用人工挖孔桩,还要进行护壁的施工,护壁与成孔挖土交替进行。

3.3.2 施工方法及施工机械

【土石方工程施工】

1. 土石方工程

土石方工程是建筑施工中主要工程之一，土石方工程包括土石方的开挖、运输、填筑、平整和压实等主要施工过程，以及排水、降水和土壁支撑等准备工作和辅助工作。土石方工程施工的特点是工程量大、施工工期长、施工条件复杂。土石方工程又多为露天作业，施工受地区的气候条件、地质和水文条件的影响很大，难以确定的因素较多。因此在组织土方工程施工前，必须做好施工组织设计，合理地选择施工方案，实行科学管理，对缩短工期、降低工程成本、保证工程质量有很重要的意义。

1) 确定土石方开挖方法

土石方工程有人工开挖、机械开挖和爆破三种开挖方法。人工开挖只适用于小型基坑（槽）、管沟及土方量少的场所，对大量土方一般均选择机械开挖。当开挖难度很大，如冻土、岩石土的开挖，也可以采用爆破技术进行爆破。如果采用爆破，则应选择炸药的种类、进行药包量的计算、确定起爆的方法和器材，并拟定爆破安全措施等。

土方开挖应遵循"开槽支撑，先撑后挖，分层开挖，严禁超挖"的原则。开挖基坑（槽）按规定的尺寸合理确定开挖顺序和分层开挖深度，连续地进行施工，尽快地完成。挖出的土除预留一部分用于回填外，应把多余的土运到弃土区或运出场外，以免妨碍施工。基坑（槽）挖好后，应立即做垫层，否则挖土时应在基底标高以上保留150~300mm厚的土层，待基础施工时再行开挖。当采用机械施工时，为防止基础基底土被扰动，结构被破坏，不应直接挖至坑（槽）底，应根据机械类型，在基底标高以上200~300mm的土层，待基础施工前用人工铲平修整。挖土时不得超挖，如个别超挖处，应用与地基土相同的土料填补，并夯实到要求的密实度。若用原土填补不能达到要求的密实度时，可采用碎石类土填补，并仔细夯实。重要部位若被超挖时，可用低强度等级的混凝土填补。

深基坑土方的开挖，常见的开挖方式有分层全开挖、分层分区开挖、中心岛法开挖、土壕沟式开挖等。实际施工时应根据开挖深度和开挖机械确定开挖方式。

2) 土方施工机械的选择

土方施工机械选择的内容包括：确定土方施工机械型号、数量和行走路线，以充分利用机械能力，达到最高的机械效率。

在土方工程施工中应合理地选择土方机械，充分发挥机械效能，并使各种机械在施工中协调配合。土方机械的选择，通常先根据工程特点和技术条件提出几种可行方案，然后进行技术经济比较，选择效率高、费用低的机械进行施工，一般可选用土方单价最小的机械。

（1）常用的土方施工机械。

土方施工中常用的土方施工机械有推土机、铲运机和单斗挖土机。单斗挖土机是土方工程施工中最常用的一种挖土机械，按其工作装置不同，又分为正铲、反铲、拉铲和抓铲挖土机。

（2）选择土方施工机械的要点。

① 当地形起伏不大（坡度在20°以内），挖填平整土方的面积较大，平均运距较短（一般在1500m以内），土的含水量适当时，采用铲运机较为合适。

② 在地形起伏较大的丘陵地带，挖土高度在3m以上，运输距离超过2000m，土方工程量较大又较集中时，一般选择正铲挖土机挖土，自卸汽车配合运土，并在弃土区配备推土机平整土堆。也可采用推土机预先把土堆成一堆，再采用装载机把土卸到自卸汽车上运走。

③ 基坑开挖机械的选择。当土的含水量较小，可结合运距长短、挖掘深浅，分别采用推土机、铲运机或正铲挖土机配合自卸汽车进行施工。基坑深度在1~2m，而长度又不太长时可采用推土机；对于深度在2m以内的线状基坑，宜用铲运机开挖；当基坑面积较大，工程量又集中时，可选用正铲挖土机。当地下水位较高，又不采取降水措施时，或土质松软时，可能造成正铲挖土机和铲运机陷车，则可采用反铲、拉铲或抓铲挖土机施工，其中又以反铲挖土机为最优选择。

④ 移挖作填及基坑和管沟的回填土，当运距在100m以内时，可采用推土机施工。

3）确定土壁放坡开挖的边坡坡度或土壁支护方案

当土质较好或开挖深度不是很深时，可以选择放坡开挖，根据土的类别及开挖深度，确定放坡的坡度。这种方法较经济，但是需要很大的工作面。

当土质较差或开挖深度大时，或受场地条件的限制不能选择放坡开挖时，可以采用土壁支护，进行支护的计算，确定支护形式、材料及其施工方法，必要时绘制支护施工图。土壁支护方法，根据工程特点、土质条件、开挖深度、地下水位和施工方法等不同情况，可以选择钢（木）支撑、钢（木）板桩、钢筋混凝土桩、土层锚杆、地下连续墙等。

4）地下水、地表水的处理方法及有关配套设备

选择排除地面水和降低地下水位的方法，确定排水沟、集水井或井点的类型、数量和布置（平面布置和高程布置），确定施工降、排水所需设备。

地面水的排除通常采用设置排水沟、截水沟或修筑土堤等设施来进行。应尽量利用自然地形来设置排水沟，以便将水直接排至场外，或流入低洼处再用水泵抽走。主排水沟最好设置在施工区域或道路的两旁，其横断面和纵向坡度根据最大流量确定。一般排水沟的横断面不小于0.5m×0.5m，纵向坡度根据地形确定，一般不小于3‰。在山坡地区施工，应在较高一面的坡上，先做好永久性截水沟，或设置临时截水沟，阻止山坡水流入施工现场。在低洼地区施工时，除开挖排水沟外，必要时还需修筑土堤，以防止场外水流入施工场地。出水口应设置在远离建筑物或构筑物的低洼地点，并保证排水通畅。

降低地下水位的方法有集水坑降水法和井点降水法两种。集水坑降水法一般宜用于降水深度较小且地层为粗粒土层或黏性土的情况；井点降水法一般宜用于降水深度较大，或土层为细砂和粉砂，或是软土地区的情况。

采用集水坑降水法施工，是在基坑（槽）开挖时，沿坑底周围或中央开挖排水沟，在沟底设置集水井，使坑（槽）内的水经排水沟流向集水井，然后用水泵抽走。抽出的水应引开，以防倒流。排水沟和集水井应设置在基础范围以外，一般排水沟的横断面不小于0.5m×0.5m，纵向坡度宜为1‰~2‰；根据地下水量的大小，基坑平面形状及水泵能力，集水井每隔20~40m设置一个，其直径和宽度一般为0.6~0.8m，其深度随着挖土的加深而加深，要始终低于挖土面0.7~1.0m。井壁可用竹、木等简易加固。当基坑挖至设计标高后，集水井底应低于坑底1~2m，并铺设0.3m左右的碎石滤水层，以免抽水时将泥沙抽走，并防止集水井底的土被扰动。

采用井点降水法施工，是在基坑（槽）开挖前，预先在基坑（槽）周围埋设一定数量

的滤水管（井），利用抽水设备不断抽水，使地下水位降低到坑底以下，直至基础工程施工结束为止。井点降水的方法有：轻型井点、喷射井点、电渗井点、管井井点和深井井点。施工时可根据土的渗透系数、要求降水的深度、工程特点、设备条件及技术经济比较等来选择合适的降水方法，其中轻型井点应用最广泛。由于降低地下水对周围建筑有影响，应在降水区域和原有建筑物之间的土层中设置一道固体抗渗屏幕，也可采用回灌井点法保持地下水位，来防止降水使周围建筑物基础下沉或开裂等不利影响。

5）确定回填压实的方法

在土方填筑前，应清除基底的垃圾、树根等杂物，抽出坑穴中的水、淤泥。在水田、沟渠或池塘上填方前，应根据实际情况采用排水疏干、挖除淤泥或抛填块石、砂砾等方法处理后再进行回填。填土区如遇有地下水或滞水时，必须设置排水措施，以保证施工顺利进行。

（1）填方土料的选择。含水量符合压实要求的黏性土，可用作各层填料；碎石土、石渣和砂土，可用作表层以下填料，在使用碎石土和石渣作填料时，其最大粒径不得超过每层铺填厚度的2/3；碎块草皮和有机质含量大于8%的土，以及硫酸盐含量大于5%的土均不能作填料用；淤泥和淤泥质土不能作填料。

（2）土方填筑方法。土方应分层回填，并尽量采用同类土填筑。每层铺土厚度，根据所采用的压实机械及土的种类而定。填方工程若采用不同土填筑时，必须按类分层铺填，并将透水性大的土层置于透水性小的土层之下，不得将各种土料任意混杂使用。当填方位于倾斜的山坡上时，应将斜坡挖成阶梯状，阶宽不小于1m，然后分层回填，以防填土横向移动。

（3）填土压实方法。填方施工前，必须根据工程特点、填料种类、设计要求的压实系数和施工条件等合理地选择压实机械和压实方法，以确保填土压实质量。填土的压实方法有：碾压法、夯实法、振动压实以及利用运土工具压实。碾压法主要适用于场地平整和大面积填土工程，压实机械有平碾、羊足碾和振动碾。平碾对砂类土和黏性土均可压实；羊足碾只适用于压实黏性土，对砂土不宜使用；振动碾适用于压实爆破石渣、碎石类土、杂填土或粉土的大型填方，当填料为粉质黏土或黏土时，宜用振动凸块碾压。对小面积的填土工程，则宜采用夯实法，可人工夯实，也可机械夯实。人工夯土用的工具有木夯、石夯等；机械夯实常用的机械主要有蛙式打夯机、夯锤和内燃夯土机。

6）确定土石方平衡调配方案

根据实际工程规模和施工期限，确定调配的运输机械的类型和数量，选择最经济合理的调配方案。在地形复杂的地区进行大面积平整场地时，除确定土石方平衡调配方案外，还应绘制土方调配图表。

2. 基础工程

1）砖基础

在施工之前，应明确砌筑工程施工中的流水分段和劳动组合形式；确定砖基础的组砌方法和质量要求；选择砌筑形式和方法；确定皮数杆的数量和位置；明确弹线及皮数杆的控制方法和要求。基础需设施工缝时，应明确施工缝的留设位置和技术要求。

（1）基础弹线。

垫层施工完毕后，即可进行基础的弹线工作。弹线之前应先将表面清扫干净，并进行一次抄平，检查垫层顶面是否与设计标高相同。如符合要求，即可按下列步骤进行弹线工作。

第一步：在基槽四角各相对龙门板（也可是其他控制轴线的标志桩）的轴线标钉处拉线绳。

第二步：沿线绳挂线锤，找出线锤在垫层面上的投影点（数量根据需要选取）。

第三步：用墨斗弹出这些投影点的连线，即外墙基轴线。

第四步：根据基础平面图尺寸，用钢尺量出各内墙基的轴线位置，并用墨斗弹出，即内墙基的轴线，所用钢尺必须事先校验，防止变形误差。

第五步：根据基础剖面图，量出基础砌体的扩大部分的外边沿线，并用墨斗弹出（根据需要可弹出一边或两边）。

第六步：按图纸和设计要求进行复核，无误后即可进行砖基础的砌筑。

(2) 砖基础砌筑。

砖基础大放脚一般采用一顺一丁的砌筑形式和"三一"砌筑方法。施工时先在垫层上找出墙轴线和基础砌体的扩大部分边线，然后在转角处、丁字交接处、十字交接处及高低踏步处立基础皮数杆（皮数杆上画出了砖的皮数，大放脚退台情况及防潮层的位置）。皮数杆应立在规定的标高处，因此，立皮数杆时要利用水准仪进行抄平。砌筑前，应先用干砖试摆，以确定排砖方法和错缝的位置。砖基础的水平灰缝厚度和竖向灰缝宽度一般控制在8~12mm。砌筑时，砖基础的砌筑高度是用皮数杆来控制的，可依皮数杆先在转角及交接处砌几皮砖，然后在其间拉准线砌中间部分。内外墙砖基础应同时砌起，如不能同时砌筑时应留置斜槎，斜槎长度不应小于斜槎高度。如发现垫层表面水平标高有高低偏差时，可用砂浆或细石混凝土找平后再开始砌筑。如果偏差不大，也可在砌筑过程中逐步调整。砌大放脚时，先砌好转角端头，然后以两端为标准拉好线绳进行砌筑。砌筑不同深度的基础时，应从低处砌起，并由高处向低处搭接，搭接长度不应小于大放脚的高度，在基础高低处要砌成踏步式，踏步长度不小于1m，高度不大于0.5m。基础中若有洞口、管道等，砌筑时应及时按设计要求留出或预埋。砖基础水平灰缝的砂浆饱满度不得小于80%，竖缝要错开。要注意丁字及十字接头处暗块的搭接，在这些交接处，纵横墙要隔皮砌通。大放脚的最下一皮及每层的最上一皮应以丁砌为主。基础砌完验收合格后，应及时回填。回填土要在基础两侧同时进行，并分层夯实。

2）混凝土基础

(1) 混凝土基础的施工方案。

① 基础模板施工方案。根据基础结构形式、荷载大小、地基土类别、施工设备和材料供应等条件进行模板及其支架的设计；并确定模板类型，支模方法，模板的拆除顺序、拆除时间及安全措施；对于复杂的工程还需绘制模板放样图。

② 基础钢筋工程。选择钢筋的加工（调直、切断、除锈、弯曲、成型、焊接）、运输、安装和检测方法；如钢筋做现场预应力张拉时，应详细制定预应力钢筋制作、安装和检测的方法；确定钢筋加工所需要设备的类型和数量；确定形成钢筋保护层的方法。

③ 基础混凝土工程。选择混凝土的制备方案，如采用现场制备混凝土或商品混凝土；确定混凝土原材料准备、拌制及输送方法；确定混凝土的浇筑顺序、振捣、养护方法；确定施工缝的留设位置和处理方法；确定混凝土的搅拌方式，运输或泵送方案，振捣设备的类型、规格和数量。

对于大体积混凝土，一般有三种浇筑方案：全面分层、分段分层、斜面分层。为防止大体积混凝土的开裂，根据结构特点的不同，确定浇筑方案；拟定防止混凝土开裂的措施。

在选择施工方法时，应特别注意大体积混凝土、特殊条件下混凝土、高强度混凝土及冬期混凝土施工中的技术方法，注重模板的早拆化、标准化，钢筋加工中的联动化、机械化。混凝土运输中应考虑采用大型搅拌运输车、泵送混凝土、计算机控制混凝土配料等。

箱形基础施工还包括地下室施工的技术要求以及地下室防水的施工方法。

(2) 工业厂房基础与设备基础的施工方案。

工业厂房的现浇钢筋混凝土杯形基础和设备基础的施工，通常有以下两种施工方案。

当厂房柱基础的埋置深度大于设备基础埋置深度时，则采用"封闭式"施工方案，即厂房柱基础先施工，设备基础待上部结构全部完工后再施工。这种施工顺序的特点是：现场构件预制，起重机开行和构件运输较方便；设备基础在室内施工，不受气候影响；但会出现土方重复开挖、设备基础施工场地狭窄、工期较长的缺点。通常"封闭式"施工顺序多用于厂房施工处于雨期或冬期施工时，或设备基础不大时，在厂房结构安装完毕后对厂房结构稳定性并无影响时，或对于较大较深的设备基础采用了特殊的施工方案（如采用沉井等特殊施工方法施工的较大较深的设备基础），可采用"封闭式"施工。

当设备基础埋置深度大于厂房基础的埋置深度时，通常采用"开敞式"施工，即厂房柱基础和设备基础同时施工。这种施工顺序的优缺点与"封闭式"施工相反。通常，当厂房的设备基础较大较深，基坑的挖土范围连成一体，以及地基的土质情况不明时，才采用"开敞式"施工顺序。

如果设备基础与柱基础埋置深度相同或接近时，两种施工顺序均可选择。只有当设备基础比柱基深很多时，其基坑的挖土范围已经深于厂房柱基础，以及厂房所在地点土质很差时，也可采用设备基础先施工的方案。

【预制桩施工】

3. 桩基础

1) 预制桩的施工方法

确定预制桩的制作程序和方法：明确预制桩起吊、运输、堆放的要求；选择起吊、运输的机械；确定预制桩打设的方法，选择打桩设备。

较短的预制桩多在预制厂生产，较长的桩一般在打桩现场或附近就地预制。现场预制桩多用叠浇法施工，重叠层数一般不宜超过 4 层。桩在浇筑混凝土时，应由桩顶向桩尖一次性连续浇筑完成。制桩时，应做好浇筑日期、混凝土强度、外观检查、质量鉴定等记录。混凝土预制桩在达到设计强度 70% 后方可起吊，达到 100% 后方可运输。桩在起吊和搬运时，吊点应符合设计规定。预制桩在打桩前应先做好准备工作，并确定合理的打桩顺序，其打桩顺序一般有：逐排打设、从中间向四周打设、分段打设、间隔跳打等。打入时还应根据基础的设计标高和桩的规格，采用先浅后深、先大后小、先长后短的施工顺序。预制桩按打桩设备和打桩方法，可分为锤击法、振动法、水冲法和静力压桩等。

锤击法是最常用的打桩方法，有重锤轻击和轻锤重击两种，但对周围环境的影响较大；静力压桩适用于软土地区工程的桩基施工；振动法沉桩在砂土中施工效率较高；水冲法沉桩是锤击沉桩的一种辅助方法，适用于砂土和碎石土或其他坚硬的土层。施工时应根据不同的情况选择合理的沉桩方法。

根据不同的土质和工程特点，施工中打桩的控制主要有两种：一是以贯入度控制为主，桩尖进入持力层或桩尖标高做参考；二是以桩尖设计标高控制为主，贯入度做参考。确定施工方案时，打桩的顺序和对周围环境的不利影响是两个主要考虑的因素。打桩的顺序是否合理，直接影响打桩的速度和质量，同时对周围环境的影响也很大。根据桩群的密集程度，可选用下列打桩顺序（图 3.10）：由一侧向单一方向逐排打设；自中间向两个方向对称打设；自中间向四周打设。

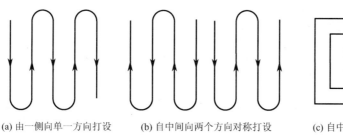

(a) 由一侧向单一方向打设　　(b) 自中间向两个方向对称打设　　(c) 自中间向四周打设

图 3.10　打桩顺序

大面积的桩群多分成几个区域,由多台打桩机采用合理的顺序同时进行打设。

2) 灌注桩的施工方法

根据灌注桩的类型确定施工方法,选择成孔机械的类型和其他施工设备的类型及数量,明确灌注桩的质量要求,拟定安全措施等。

【灌注桩施工】

灌注桩按成孔方法可分为:泥浆护壁灌注桩、干作业成孔灌注桩、沉管灌注桩、人工挖孔灌注桩和爆扩灌注桩等。

施工中通常要根据土质、地下水位等情况选择不同的施工工艺和施工设备。干作业成孔灌注桩适用于地下水位较低,在成孔深度内无地下水的土质。目前,常用螺旋钻机成孔,亦有用洛阳铲成孔的。不论地下水位高低,泥浆护壁成孔灌注桩皆可使用,多用于含水量高的软土地区。锤击沉管灌注桩宜用于一般黏性土、淤泥质土、砂土和人工填土地基。振动沉管施工法有单打法、反插法和复打法,单打法适用于含水量较小的土层;反插法和复打法适用于软弱饱和土层,但在流动性淤泥以及坚硬土层中不宜采用反插法。大直径人工挖孔桩采用人工开挖,质量易于保证,即使在狭窄地区也能顺利施工。当土质复杂时,可以边挖边用肉眼验证土质情况,但人工消耗大,开挖效率低且有一定的危险。爆扩灌注桩适用于地下水位以上的黏性土、黄土、碎石土以及风化岩。

不同的成孔工艺在施工过程中需要着重考虑的因素不同,如钻孔灌注桩要注意孔壁塌陷和钻孔偏斜,而套管灌注桩则常易发生断桩、缩颈、桩靴进水或进泥等问题。如出现问题,则应采取相应的措施予以及时补救。

任务 3.4　主体工程施工方案

3.4.1　施工顺序的确定

1. 砖混结构

砖混结构主体的楼板既可预制也可现浇,楼梯一般都现浇。

若楼板为预制构件时,砖混结构主体工程的施工顺序一般如图 3.11 所示。

当楼板现浇时,其主体工程的施工顺序一般如图 3.12 所示。

【砖混结构】

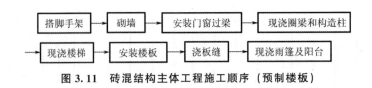

图 3.11 砖混结构主体工程施工顺序（预制楼板）

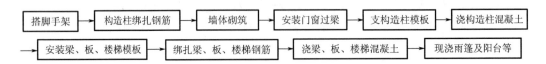

图 3.12 砖混结构主体工程施工顺序（现浇楼板）

主导施工过程有两种划分形式：

一种是划分为砌墙和浇筑混凝土（或安装混凝土构件）两个主导施工过程。砌墙施工过程中包括：搭脚手架、运砖、砌墙、安门窗框、浇筑圈梁和构造柱、现浇楼梯等。浇筑混凝土（或安装混凝土构件）包括：安装（或现浇）楼板及板缝处理、安装其他预制过梁、部分现浇楼盖等。墙体砌筑与安装楼板这两个主导施工过程，它们在各楼层之间的施工是先后交替进行的。砌筑墙体时，一般以每个自然层作为一个砌筑层，然后分层进行流水作业。现浇卫生间楼板的支模、绑筋可安排在墙体砌筑的最后一步插入，在浇筑圈梁、构造柱的同时浇筑厨房、卫生间楼板。

另一种是划分为砌墙、浇混凝土和楼板施工三个主导施工过程。砌墙施工过程中包括：搭脚手架、运砖、砌墙、安门窗框等。浇混凝土施工过程包括：浇筑圈梁和构造柱、现浇楼梯等。楼板施工包括：安装（或现浇）楼板及板缝处理、安装其他预制过梁等。

【钢筋混凝土框架结构】

2. 多层钢筋混凝土框架结构

（1）当楼层不高或工程量不大时，柱、梁、板可一次整体浇筑，柱与梁板间不留施工缝。柱浇筑后，须停顿 1~1.5h，待混凝土初步沉实后，再浇筑其上的梁板，以避免因柱混凝土下沉在梁、柱接头处形成裂缝。

梁板柱整体现浇时，框架结构主体的施工顺序一般如图 3.13 所示。

图 3.13 框架结构主体工程施工顺序（梁板柱整体现浇）

（2）当楼层较高或工程量较大时，柱与梁、板间分两次浇筑，柱与梁、板间施工缝留在梁底（或梁托下）。待柱混凝土强度达 $1.2N/mm^2$ 以上后，再浇筑梁和板。

先浇柱后浇梁板时，框架结构主体的施工顺序一般如图 3.14 所示。

图 3.14 框架结构主体工程施工顺序（先浇柱后浇梁板）

（3）浇筑钢筋混凝土电梯井的施工顺序一般如图 3.15 所示。

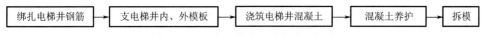

图 3.15　钢筋混凝土电梯井施工顺序

（4）柱的浇筑顺序。

柱宜在梁板模板安装后钢筋未绑扎前浇筑，以便利用梁板模板作横向支撑和柱浇筑操作平台用。一施工段内的柱应按排或列由外向内对称地依次浇筑，不要从一端向另一端推进，以避免柱模因混凝土单向浇筑受推倾斜而使误差积累难以纠正。

与墙体同时浇筑的柱子，两侧浇筑的高差不能太大，以防柱子中心移动。

（5）梁和楼板的浇筑顺序。

肋形楼板的梁板应同时浇筑，顺次梁方向从一端向前推进。根据梁高分层浇筑成阶梯形，当达到板底位置时即与板的混凝土一起浇筑，而且倾倒混凝土的方向与浇筑方向相反。

梁高大于 1m 时，可先单独浇筑梁，其施工缝留在板底以下 20～30mm 处，待梁混凝土强度达到 $1.2N/mm^2$ 以上时再浇筑楼板。

无梁楼盖浇筑时，在柱帽下 50mm 处暂停，然后分层浇筑柱帽，待混凝土接近楼板底面时，再连同楼板一起浇筑。

（6）楼梯浇筑顺序。

楼梯宜自下而上一次浇筑完成，当必须留置施工缝时，其位置应在楼梯中间 1/3 长度范围内。

3. 剪力墙结构

剪力墙结构浇筑前应先浇墙后浇板，同一段剪力墙应先浇中间后浇两边。门窗洞口应以两侧同时下料，浇筑高差不能太大，以免门窗洞口发生位移或变形。窗台标高以下应先浇筑窗台下部，后浇筑窗间墙，以防窗台下部出现蜂窝孔洞。

【剪力墙结构】

主体结构为现浇钢筋混凝土剪力墙，可采用大模板或滑模工艺。

现浇钢筋混凝土剪力墙结构采用大模板工艺，分段组织流水施工，施工速度快，结构整体性和抗震性好。其标准层的施工顺序一般如图 3.16 所示。随着楼层施工，电梯井、楼梯等部位也逐层插入施工。

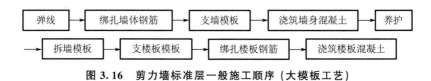

图 3.16　剪力墙标准层一般施工顺序（大模板工艺）

采用滑升模板工艺时，其施工顺序一般如图 3.17 所示。

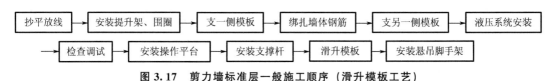

图 3.17　剪力墙标准层一般施工顺序（滑升模板工艺）

【装配式工业厂房】

4. 装配式工业厂房

1) 预制阶段的施工顺序

现场预制钢筋混凝土柱的施工顺序如图 3.18 所示。
现场预制预应力屋架的施工顺序如图 3.19 所示。

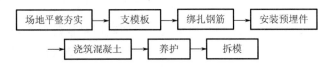

图 3.18　现场预制钢筋混凝土柱的施工顺序

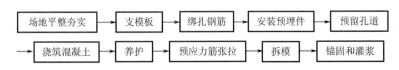

图 3.19　现场预制预应力屋架的施工顺序

2) 结构安装阶段的施工顺序

装配式工业厂房的结构安装是整个厂房施工的主导施工过程，其他施工过程应配合安装顺序。结构安装阶段的施工顺序如图 3.20 所示。每个构件的安装工艺顺序如图 3.21 所示。

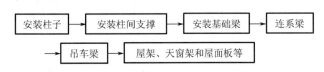

图 3.20　结构安装阶段的施工顺序

图 3.21　每个构件的安装工艺顺序

构件吊装顺序取决于吊装方法，单层工业厂房结构安装法有分件吊装法和综合吊装法两种。分件吊装法的构件吊装顺序如图 3.22 所示；综合吊装法的构件吊装顺序如图 3.23 所示。

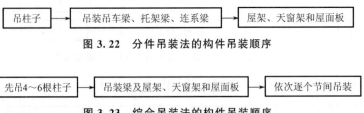

图 3.22　分件吊装法的构件吊装顺序

图 3.23　综合吊装法的构件吊装顺序

5. 装配式大板结构

装配式大板结构标准层施工顺序如图 3.24 所示。

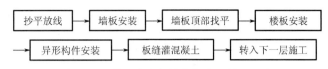

图 3.24 装配式大板结构标准层施工顺序

3.4.2 施工方法及施工机械

1. 测量控制工程

1) 说明测量工作的总要求

测量工作应由专人操作,操作人员必须按照操作程序、操作规程进行操作,经常进行仪器、观测点和测量设备的检查验证,配合好各工序的穿插和检查验收工作。

2) 工程轴线的控制和引测

说明实测前的准备工作、建筑物平面位置的测定方法,首层及各层轴线的定位、放线方法及轴线控制要求。

3) 标高的控制和引测

说明实测前的准备工作、标高的控制的引测的方法。

4) 垂直度控制

说明建筑物垂直度控制的方法,包括外围垂直度和内部每层垂直度的控制方法,并说明确保控制质量的措施。

5) 沉降观测

可根据设计要求,说明沉降观测的方法、步骤和要求。

2. 脚手架工程

脚手架应在基础回填土之后,配合主体工程搭设,在室外装饰之后,散水施工前拆除。

【脚手架工程】

1) 明确脚手架的要求

脚手架应由架子工搭设,应满足工人操作、材料堆置和运输的需要;要坚固稳定,安全可靠;搭设简单,搬移方便;尽量节约材料,能多次周转使用。

2) 选择脚手架的类型

选择脚手架的依据主要有:

(1) 工程特点,包括建筑物的外形、高度、结构形式、工期要求等;

(2) 材料配备情况,如是否可用拆下待用的脚手架或是否可就地取材;

(3) 施工方法,是斜道、井架还是采用塔式起重机等;

(4) 安全、坚固、适用、经济等因素。

在高层建筑施工中经常采用如下方案:裙房或低于 30~50m 的部分采用落地式单排或双排脚手架;高于 30~50m 的部分采用外挂脚手架。外挂脚手架的种类非常多,目前,常用的主要形式有支承于三角托架上的外挂脚手架、附壁套管式外挂脚手架、附壁轨道式外挂脚手架和整体提升式脚手架等。

3) 确定脚手架的搭设方法和技术要求

多立杆式脚手架有单排和双排两种形式,一般采用双排;确定脚手架的搭设宽度和每步架高；为了保证脚手架的稳定，要设置连墙杆、剪刀撑、抛撑等支撑体系，并确定其搭设方法和设置要求。

4）脚手架的安全防护

为了保证安全，脚手架通常要挂安全网，确定安全网的布置，并对脚手架采用避雷措施。

3. 垂直运输机械的选择

1）垂直运输体系的选择

高层建筑施工中垂直运输作业具有运输量大、机械费用大、对工期影响大的特点。施工的速度在一定程度上取决于施工所需物料的垂直运输速度。垂直运输体系的组合一般有组合：①施工电梯＋塔式起重机；②施工电梯＋塔式起重机＋混凝土泵（带布料杆）；③施工电梯＋高层井架（带拔杆）；④施工电梯＋高层井架＋塔式起重机；⑤塔式起重机＋普通井架。

（1）施工电梯＋塔式起重机。

塔式起重机负责吊送模板、钢筋、混凝土，人员和零散材料由电梯运送。其优点是供应范围大，易调节安排；缺点是集中运送混凝土的效率不高。该垂直运输体系适用于混凝土量不是特别大而吊装量大的结构。

（2）施工电梯＋塔式起重机＋混凝土泵（带布料杆）。

混凝土泵运送混凝土，塔式起重机吊送模板、钢筋等大件材料，人员和零散材料由电梯运送。其优点是供应范围大，供应能力强，更易调节安排；缺点是投资和费用很高。该垂直运输体系适用于工程量大、工期紧的高层建筑。

（3）施工电梯＋高层井架（带拔杆）。

井架负责运送混凝土，拔杆负责运送模板，电梯负责运送人员和散料。其优点是垂直输送能力强，费用不高；缺点是供应范围和吊装能力较小，需要增加水平运输设施。该垂直运输体系适用于吊装量不大，特别是无大件吊装的情况且工程量不是很大、工作面相对集中的结构。

（4）施工电梯＋高层井架＋塔式起重机。

井架负责运送大宗材料，塔式起重机负责吊送模板、钢筋等大件材料，人员和散料由电梯运送。其优点是供应范围大，供应能力强；缺点是投资和费用较高，有时设备能力过剩。该垂直运输体系适用于吊装量、现浇工程量较大的结构。

（5）塔式起重机＋普通井架。

塔式起重机吊送模板、钢筋等大件材料，井架运送混凝土等大宗材料，人员通过室内楼梯上下。其优点是费用较低，且设备比较常见；缺点是人员上下不太方便。该垂直运输体系适用于建筑物高度 50m 以下的建筑。

选择垂直运输体系时，应全面考虑以下几个方面：

① 运输能力要满足规定工期的要求；

② 机械费用低；

③ 综合经济效益好。

从我国的现状及发展趋势看，采用塔式起重机＋混凝土泵＋施工电梯方案的越来越多，国外情况也类似。

2）塔式起重机的选择

（1）选择方法：根据结构形式（附墙位置）、建筑物高度、采用的模板体系、现场周边情况、平面布局形式及各种材料的吊运次数，以起重量 Q、起重高度 H 和回转半径 R 为主要参数，经吊次、台班费用分析比较，选择塔式起重机的型号和台数。

（2）塔式起重机的平面定位原则：塔式起重机施工消灭死角；塔式起重机相互之间不干涉（塔臂与塔身不相碰）；塔式起重机立、拆安全方便。

3）施工电梯的选择

（1）选择方法：以定额载重量、最大架设高度为主要性能参数满足本工程使用要求，可靠性高，经济效益，能与塔式起重机组成完善的垂直运输系统。

（2）平面定位原则：布置便于人员上下及物料集散，距各部位的平均距离最近，且便于安装附着。

拓展讨论

先进的机器制造已经席卷全球，它强硬的是一个国家民族的脊梁。结合党的二十大报告，实施产业基础再造工程和重大技术装备攻关工程，支持专精特新企业发展，推动制造业高端化、智能化、绿色化发展。谈一谈推动制造业高端化、智能化、绿色化发展对建筑施工有什么影响。

4. 砌筑工程

砌筑工程是一个综合的施工过程，它包括砂浆制备、材料运输、搭脚手架和墙体砌筑等。

【砌筑工程】

1）明确砌筑质量和要求

砌体一般要求灰缝横平竖直，砂浆饱满，厚薄均匀，上下错缝，内外搭接，接槎牢固，墙面垂直。

2）明确砌筑工程施工组织形式

砌筑工程施工采用分段组织流水施工，明确流水分段和劳动组合形式。

3）确定墙体的组砌形式和方法

【大国重器】

普通砖墙的砌筑形式主要有一顺一丁、三顺一丁、两平一侧、梅花丁和全顺式。

普通砖墙的砌筑方法主要有："三一"砌砖法、挤浆法、刮浆法和满口灰法。

4）确定砌筑工程施工方法

（1）砖墙的砌筑方法。

砖墙的砌筑一般有抄平放线、摆砖、立皮数杆、挂线盘角、砌筑和勾缝清理等工序。

砌墙前先在基础防潮层或楼面上定出各层标高，并用 M7.5 水泥砂浆或 C10 细石混凝土找平，然后根据龙门板上标志的轴线，弹出墙身轴线、边线及门窗洞口位置。二楼以上墙体的轴线可以用经纬仪或垂球将轴线引测上去。然后根据墙身长度和组砌方式，先用干砖在放线的基面上试摆，使其符合模数，排列及灰缝均匀，以尽可能减少砍砖次数。一般在房屋外纵墙方向摆顺砖，在山墙方向摆丁砖，摆砖由一个大角摆到另一个大角，砖与砖留 10mm 缝隙。

皮数杆一般设置在房屋的四大角、纵横墙的交接处、楼梯间及洞口多的地方，如墙过长时，应每隔 10~15m 立一根。砌砖前，先在皮数杆上挂通线，一般一砖墙、一砖半墙可单面挂线，一砖半以上墙体应双面挂线。墙角是控制墙面横平竖直的主要依据，一般砌筑前先盘角，每次盘角不得超过六皮砖，在盘角过程中应随时用托线板检查墙角是否竖直平整,砖层高度和灰缝是否与皮数杆相符合,做到"三皮一吊,五皮一靠"。

砌筑时全部砖墙应平行砌起,砖层必须水平,砖层正确位置用皮数杆控制,基础和每楼层砌完后必须校对一次水平、轴线和标高,在允许偏差范围内,其偏差值应在基础或楼板顶面调整。砖墙的水平灰缝厚度和竖缝宽度一般为10mm,但不小于8mm,也不大于12mm。水平灰缝的砂浆饱满度不低于80%,砂浆饱满度用百格网检查。竖向灰缝宜用挤浆或加浆方法,使其砂浆饱满,严禁用水冲浆灌缝。

砖墙的转角处和交接处应同时砌筑。不能同时砌筑处,应砌成斜槎,斜槎长度不应小于高度的2/3。如临时间断处留斜槎确有困难,除转角处外,也可以留直槎,但必须做成阳槎,并加设拉结筋。拉结筋的数量为每120mm墙厚设置一根直径为6mm的钢筋;间距沿墙高不得超过500mm;埋入长度从墙的留槎处算起,每边不应小于500mm;末端应有90°弯钩。抗震设防地区建筑的临时间断处不得留直槎。

隔墙与墙或柱若不能同时砌筑而又不留成斜槎时,可于墙或柱中引出直槎,或于墙或柱的灰缝中预埋拉结筋(其构造与上述相同,但每道不得少于2根)。抗震设防地区建筑物的隔墙,除应留直槎外,沿墙高每500mm配置2φ6钢筋与承重墙或柱拉结,伸入每边墙内的长度不应小于500mm。

砖砌体接槎时,必须将接槎处的表面清理干净,浇水湿润,并应填实砂浆,保持灰缝平直。

每层承重墙的最上一皮砖、梁或梁垫的下面及挑檐、腰线等处,应是整砖丁砌。填充墙砌至接近梁、板底时,应留一定空隙,待填充墙砌筑完并应至少间隔7d后,再将其补砌挤紧。设有钢筋混凝土构造柱的抗震多层砖混房屋,应先绑扎钢筋,而后砌砖墙,最后浇筑柱混凝土。墙与柱应沿高度方向500mm设2φ6钢筋,每边伸入墙内不应少于1m;构造柱应与圈梁连接;砖墙应砌成马牙槎,每一马牙槎沿高度方向的尺寸不超过300mm,马牙槎从每层柱脚开始,应先退后进。该层构造柱混凝土浇完之后,才能进行上一层的施工。砖墙每天砌筑高度不宜超过1.8m,雨天施工时,每天砌筑高度不宜超过1.2m。砖砌体相邻工作段的高度差,不得超过一个楼层的高度,也不宜大于4m。工作段的分段位置宜设在伸缩缝、沉降缝、防震缝或门窗洞口处。砌体临时间断处的高度差不得超过一步脚手架的高度。砌筑时宽度小于1m的窗间墙应选用整砖砌筑。半砖或破损的砖,应分散使用于墙心和受力较小的部位。砌好的墙体,当横隔墙很少不能安装楼板或屋面板时,要设置必要的支撑,以保证其稳定性,防止大风刮倒。

施工洞口必须按尺寸和部位进行预留。不允许砌成后再凿墙开洞,那样会振动墙身,影响墙体的质量。对于大的施工洞口,必须留在不重要的部位,如窗台下可暂时不砌,作为内外运输通道用;在山墙上留洞应留成尖顶形状,才不致影响墙体质量。

(2) 砌块的砌筑方法。

在施工之前,应确定大规格砌块砌筑的方法和质量要求,选择砌筑形式,确定皮数杆的数量和位置,明确弹线及皮数杆的控制方法和要求。绘制砌块排列图,选择专门设备吊装砌块。

砌块安装的主要工序为:铺灰、吊砌块就位、校正、灌缝和镶砖。砌块墙在砌筑吊装前,应先画出砌块排列图。

砌块安装有两种方案:①轻型塔式起重机负责砌块、砂浆运输,砌块由台灵架吊装;

②井架负责材料、砌块、砂浆的运输，台灵架负责砌块吊装。

(3) 砖柱的砌筑方法。

矩形砖柱的砌筑方法，应使柱面上下皮砖的竖缝至少错开 1/4 砖长，柱心无通缝。少砍砖并尽量利用 1/4 砖。不得采用光砌四周后填心的包心砌法。砖柱砌筑前应检查中心线及柱基顶面标高，多根柱子在一条直线上要拉通线。如发现中间柱有高低不平时，要用 C10 号细石混凝土和砖找平，使各个柱第一层砖都在同一标高上。砌柱用的脚手架要牢固，不能靠在柱子上，更不能留脚手眼，影响砌筑质量。柱子每天砌筑高度不宜超过 1.8m。砌完一步架要刮缝，清扫柱子表面。在楼层上砌砖柱时，要检查弹的墨线位置与下层柱是否对中，防止砌筑的柱子不在同一轴线上。有网状配筋的砖柱，砌入的钢筋网在柱子一侧要露出 1~2mm，以便检查。

(4) 砖垛的砌筑方法。

砖垛的砌法，要根据墙厚不同及垛的大小而定，无论哪种砌法都应使垛与墙身逐皮搭接，切不可分离砌筑，搭接长度至少为 1/4 砖长。根据错缝需要可加砌 3/4 砖或半砖。

当砌完一个施工层后，应进行墙面、柱面的勾缝和清理，以及落地灰的清理。

5) 确定施工缝留设位置

施工段的分段位置应设在伸缩缝、沉降缝、防震缝或门窗洞口处。

5. 钢筋混凝土工程

现浇钢筋混凝土工程由模板、钢筋、混凝土三个工种相互配合进行。

1) 模板工程

(1) 木模板施工。

① 柱子模板。柱模板是由两块相对的内拼板夹在两块外拼板之间钉成。

安装柱模板前，应先绑扎好钢筋，测出标高并标在钢筋上，同时在已浇筑的基础顶面或楼面上弹出边线，并固定好柱模板底部的木框。根据柱边线及木框位置竖立模板，并用支撑临时固定，然后从顶部用垂球校正垂直度。检查无误后，将柱箍箍紧，再用支撑钉牢。同一轴线上的柱，应先校正两端的柱模板，然后在柱模板上口拉中心线来校正中间的柱模。柱模之间用水平撑及剪刀撑相互撑牢。

② 梁模板。梁模板主要由侧模、底模及支撑系统组成。梁底模下有支架（琵琶撑）支撑，支架的立柱最好做成可以伸缩的，以便调整高度，底部应支承在坚实的地面、楼板上或垫木板。在多层框架结构施工中，上下层支架的立柱应对准。支架间用水平和斜向拉杆拉牢，当层间高度大于 5m 时，宜选桁架作模板的支架。梁侧模板底部用钉在支架顶部的夹条夹住，顶部可由支承楼板的搁栅或支撑顶住。高大的梁，可在侧模板中上位置用钢丝或螺栓相互撑拉。梁跨度在 4m 及 4m 以上时，底模应起拱，若设计无规定时，起拱高度宜为全跨长度的 (1~3)/1000。

③ 楼板模板。楼板模板是由底模和支架系统组成。底模支承在搁栅上，搁栅支承在梁侧模外的横档上，跨度大的楼板，搁栅中间加支撑作为支架系统。楼板模板的安装顺序是，在主次梁模板安装完毕后，按楼板标高往下减去楼板底模板的厚度和楞木的高度，在楞木和固定夹板之间支好短撑。在短撑上安装托板，在托板上安装楞木，在楞木上铺设楼板底模。铺好后核对楼板标高、预留孔洞及预埋件的尺寸和位置，然后对梁的顶撑和楼板中间支架进行水平和剪刀撑的连接。

④ 楼梯模板。楼板模板安装时，在楼梯间的墙上按设计标高画出楼梯段、楼梯踏步及平台板、平台梁的位置。先立平台梁和平台板的模板及支撑，然后在楼梯段基础梁侧模上钉托木，楼梯模板的斜楞钉在基础梁和平台梁侧模板的托木上。在斜楞上铺钉楼梯底模板，下面设杠木和斜向支撑，斜向支撑的间距为 1~1.2m，其间用拉杆拉结。再沿楼梯边立外帮板，用外帮板上的横档木、斜撑和固定夹木将外帮板钉固在杠木上。再在靠墙的一面把反三角模立起，反三角模板的两端可钉在平台梁和梯基的侧板上。然后在反三角板与外帮板之间逐块钉上踏步侧板。如果楼梯较宽，应在梯段中间再加设反三角板。在楼梯段模板放线时，特别要注意每层楼梯的第一踏步和最后一个踏步的高度，常出现因疏忽了楼地面面层厚度不同而造成高低不同的现象。

肋形楼盖模板安装的全过程：安装柱模底框→立柱模→校正柱模→水平和斜撑固定柱模→安主梁底模→立主梁底模的琵琶撑→安主梁侧模→安次梁底模→立次梁模板的琵琶撑→安次梁固定夹板→立次梁侧模→在次梁固定夹板立短撑→在短撑上放楞木→楞木上铺楼板底模板→纵横方向用水平撑和剪刀撑连接主次梁的琵琶撑→成为稳定坚实的临时性空间结构。

(2) 钢模板施工。

定型组合钢模板由钢模板、连接件和支撑件组成。施工时可在现场直接组装，也可预拼装成大块模板用起重机吊运安装。组合钢模板的设计应使钢模板的块数最少，木板镶拼补量最少，并合理使用转角模板，使支撑件布置简单，钢模板尽量采用横排或竖排，不用横竖兼排的方式。

(3) 模板拆除。

现浇结构模板的拆除时间，取决于结构的性质、模板的用途和混凝土的硬化速度。模板的拆除顺序一般是先支后拆、后支先拆，先拆除非承重部分后拆除承重部分，一般谁安谁拆。重大复杂的模板拆除，事先应制定拆除方案。框架结构模板的拆除顺序：柱模板→楼板底模→梁侧模板→梁底模板。多层楼板模板支架的拆除，应按下列要求进行：上层楼板正在浇筑混凝土时，下一层楼板支柱不得拆除，再下一层楼板的支柱仅可拆除一部分；跨度在 4m 及 4m 以上的梁下均应保留支柱，其间距不得大于 3m。

2) 钢筋工程

(1) 钢筋加工。

钢筋加工工艺流程：材质复验及焊接试验→配料→调直→除锈→断料→焊接→弯曲成型→成品堆放。

由配料员在现场钢筋加工棚内完成配料；钢筋的冷加工包括钢筋冷拉和钢筋冷拔。

钢筋冷拉控制方法采用控制应力和控制冷拉率两种方法。用作预应力钢筋混凝土结构的预应力筋采用控制应力的方法，不能分清炉批的钢筋采用控制应力的方法。钢筋冷拉采用控制冷拉率的方法时，冷拉率必须由试验确定。预应力钢筋如由几段对焊而成，应在焊接后再进行冷拉。

钢筋调直的方法有人工调直和机械调直两种。对于直径在 12mm 以下的圆盘钢筋，一般用铰磨、卷扬机或调直机，调直时要控制冷拉率；大直径钢筋可用卷扬机、弯曲机、平直机、平直锤或人工锤击法调直。经过调直的钢筋基本已达到除锈目的，但已调直除锈的钢筋时间长了又生锈的，其除锈方法有机械除锈（电动除锈机除锈）、手工除锈（钢丝刷、砂盘等)、喷砂及酸洗除锈等。

钢筋切断的方法有钢筋切断机和手动切断器两种,手动切断器一般用于切断直径小于12mm的钢筋,大直径钢筋的切断一般采用钢筋切断机。

钢筋弯曲成型的方法分人工和机械两种。手工弯曲是在成型工作台上进行,施工现场经常采用;大量钢筋加工时,应采用钢筋弯曲机。

(2) 钢筋的连接。

钢筋的连接方法有:绑扎连接、焊接和机械连接。施工规范规定,受力钢筋优先选择焊接和机械连接,并且接头应相互错开。

钢筋的焊接方法有:闪光对焊、电弧焊、电阻点焊、电渣压力焊和气压焊等。

【钢筋的连接】

① 闪光对焊广泛用于钢筋接长及预应力钢筋与螺栓端杆的焊接。热轧钢筋的焊接优先选择闪光对焊,条件不可能时才用电弧焊。闪光对焊适用于焊接直径10～40mm的钢筋。钢筋闪光对焊后,除对接头进行外观检查外,还应按《钢筋焊接及验收规程》(JGJ 8—2012)的规定进行抗拉强度和冷弯试验。

② 电弧焊可分为帮条焊、搭接焊、坡口焊和熔槽帮条焊四种接头形式。帮条焊适用于直径10～40mm的各级热轧钢筋;搭接焊接头只适用于直径10～40mm的HPB300、HRB335级钢筋;坡口焊接头有平焊和立焊两种,适用于在现场焊接装配式构件接头中直径18～40mm的各级热轧钢筋。帮条焊、搭接焊和坡口焊的焊接接头,除应进行外观质量检查外,还需抽样做抗拉试验。

③ 电阻点焊主要用于焊接钢筋网片、钢筋骨架,适用于直径6～14mm的HPB300、HRB335级钢筋和直径3～5mm的冷拔低碳钢丝。电阻点焊的焊点应进行外观检查和强度试验,热轧钢筋的焊点应进行抗剪试验,冷处理钢筋除进行抗剪试验外,还应进行抗拉试验。

④ 电渣压力焊主要适用于现浇钢筋混凝土框架结构中竖向钢筋的连接,宜采用自动或手工电渣压力焊焊接直径14～40mm的HPB300、HRB335钢筋。电渣压力焊的接头应按规范规定的方法检查外观质量和进行抗拉试验。

⑤ 气压焊属于热压焊,适用于各种位置的钢筋。气压焊接的钢筋要用砂轮切割机切断,不能用钢筋切断机切断,要求断面与钢筋轴线垂直。气压焊的接头,应按规定的方法检查外观质量和进行抗拉试验。

钢筋机械连接常用挤压连接和螺纹连接形式,是大直径钢筋现场连接的主要方法。

(3) 钢筋的绑扎和安装。

钢筋绑扎的程序是:划线、摆筋、穿箍、绑扎、安放垫块等。划线时应注意间距、数量,标明加密箍筋位置。板类摆筋顺序一般先排主筋后排负筋;梁类一般先摆纵筋;有变截面的箍筋,应事先将箍筋排列清楚,然后安装纵向钢筋。绑扎钢筋用钢丝,可采用20～22号钢丝或镀锌钢丝,当绑扎楼板钢筋网时一般用单根22号钢丝;绑扎梁柱钢筋骨架则用双根钢丝绑扎。板和墙的钢筋网,除靠近外围两行钢筋的相交点全部扎牢外,中间部分的相交点可相隔交错扎牢;双向受力的钢筋,须所有交叉点全部扎牢。

(4) 钢筋保护层施工。

控制钢筋的混凝土保护层可采用水泥胶砂垫块或塑料卡。水泥砂浆垫块的厚度等于保护层厚度,其平面尺寸:当保护层的厚度≤20mm时为30mm×30mm;当保护层的厚度≥20mm时为50mm×50mm。在垂直方向使用的垫块,应在垫块中埋入20号钢丝,用钢丝把垫块绑在钢筋上。塑料卡的形状有塑料垫块和塑料环圈两种，塑料垫块用于水平构件，塑料环圈用于垂直构件。

3) 混凝土工程

确定混凝土制备方案（商品混凝土或现场拌制混凝土），确定混凝土原材料准备、搅拌、运输及浇筑顺序和方法，以及泵送混凝土和普通垂直运输混凝土的机械选择；确定混凝土搅拌、振捣设备的类型和规格、养护制度及施工缝的位置和处理方法。

(1) 混凝土的搅拌。

拌制混凝土可采用人工或机械拌和方法，人工拌和一般用"三干三湿"法。只有当混凝土用量不多或无机械时采用人工拌和，一般都用搅拌机拌和混凝土。

(2) 混凝土的运输。

混凝土运输分为地面运输、垂直运输和楼面运输。

混凝土地面运输，如采用商品混凝土运输距离较远时，我国多用混凝土搅拌运输车；混凝土如来自工地搅拌站，则多用载重约1t的小型机动翻斗车，近距离亦用双轮手推车，有时还用皮带运输机和窄轨翻斗车。混凝土垂直运输多用塔式起重机、混凝土泵、快速提升斗和井架。混凝土楼面运输以双轮手推车为主，亦用小型机动翻斗车，如用混凝土泵则用布料机布料。

施工中常常使用商品混凝土，用混凝土搅拌运输车运送到施工现场，再由塔式起重机或混凝土泵运至浇筑地点。

塔式起重机运输混凝土应配备混凝土料斗联合使用；用井架和龙门架运输混凝土时，应配备手推车。

(3) 混凝土的浇筑。

混凝土浇筑前应检查模板、支架、钢筋和预埋件，并进行验收。浇筑混凝土时一定要防止分层离析，为此需控制混凝土自高处倾落的自由倾落高度不宜超过2m，在竖向结构中自由倾落高度不宜超过3m，否则应采用串筒、溜槽、溜管等下料。浇筑竖向结构混凝土前先要在底部填筑一层50～100mm厚与混凝土成分相同的水泥砂浆。

浇捣混凝土应连续进行，若需长时间间歇，则应留置混凝土施工缝。混凝土施工缝宜留在结构剪力较小的部位，同时要方便施工。柱子宜留在基础顶面、梁或吊车梁牛腿的下面、吊车梁的上面、无梁楼盖柱帽的下面，和板连成整体的大截面梁应留在板底面以下20～30mm处，当板下有梁托时，留置在梁托下部。单向板可留在平行于板短边的任何位置。有主次梁的楼盖宜顺着次梁方向浇筑，施工缝应留在次梁跨度的中间1/3长度范围内。墙可留在门洞口过梁跨中1/3长度范围内，也可留在纵横墙的交接处。双向受力的楼板、大体积混凝土结构、拱、薄壳、多层框架等及其他复杂结构，应按设计要求留置施工缝。在施工缝处继续浇筑混凝土时，应除掉水泥浮浆和松动石子，并用水冲洗干净，待已浇筑的混凝土的强度不低于1.2MPa时才允许继续浇筑，在结合面应先铺抹一层水泥浆或与混凝土砂浆成分相同的砂浆。

① 现浇多层钢筋混凝土框架的浇筑。

浇筑这种结构首先要划分施工层和施工段，施工层一般按结构层划分，而每一施工层如何划分施工段，则要考虑工序数量、技术要求、结构特点等。要做到木工在第一施工层安装完模板，准备转移到第二施工层的第一施工段上时，该施工段所浇筑的混凝土强度应达到允许工人在上面操作的强度（1.2MPa）。施工层与施工段确定后，就可求出每班（或每小时）应完成的工程量，据此选择施工机具和设备并计算其数量。混凝土浇筑前应做好必要的准备工作，如模板、钢筋和预埋管线的检查和清理以及隐蔽工程的验收；浇筑用脚手架、走道的搭设和安全检查；根据实验室下达的混凝土配合比通知单准备和检查材料；并做好施工用具的准备等。浇筑柱子时，施工段内的每排柱子应由外向内对称地顺序浇筑，不要由一端向另一端推进，预防柱子模板因湿胀造成受推倾斜而误差积累难以纠正。截面在400mm×400mm以内，或有交叉箍筋的柱子，应在柱子模板侧面开孔用斜溜槽分段浇筑，每段高度不超过2m。截面在400mm×400mm以上、无交叉箍筋的柱子，如柱高不超过4.0m，可从柱顶浇筑；如用轻骨料混凝土从柱顶浇筑，则柱高不得超过3.5m。柱子开始浇筑时，底部应先浇筑一层厚50～100mm与所浇筑混凝土成分相同的水泥砂浆。浇筑完毕，如柱顶处有较大厚度的砂浆层，则应加以处理。柱子浇筑后，应间隔1～1.5h，待所浇混凝土拌合物初步沉实，再筑浇上面的梁板结构。梁和板一般应同时浇筑，从一端开始向前推进。只有当梁高大于1m时才允许将梁单独浇筑，此时的施工缝留在楼板板面下20～30mm处。梁底与梁侧面注意振实，振动器不要直接触及钢筋和预埋件。楼板混凝土的虚铺厚度应略大于板厚，用表面振动器或内部振动器振实，用铁插尺检查混凝土厚度，振捣完后用长的木抹子抹平。

② 大体积混凝土结构的浇筑。

选择大体积混凝土结构的施工方案时，主要考虑三方面的内容：一是应采取防止产生温度裂缝的措施；二是合理的浇筑方案；三是施工过程中的温度监测。为防止产生温度裂缝，应着重在控制混凝土温升、延缓混凝土降温速率、减少混凝土收缩、提高混凝土极限拉伸值、改善约束和完善构造设计等方面采取措施。大体积混凝土结构的浇筑方案需根据结构大小、混凝土供应等实际情况决定。一般有全面分层、分段分层和斜面分层浇筑等方案。

对不同的工程，由于工程特点、工期、质量要求、施工季节、地域、施工条件的不同，采用的防止产生温度裂缝的措施和混凝土的浇筑方案、温度监测设备和监测方法也不相同。

拓展讨论

结合上海中心大厦的基础浇筑，以及党的二十大报告，以国家战略需求为导向，集聚力量进行原创性引领性科技攻关，坚决打赢关键核心技术攻坚战。谈一谈上海中心大厦基础浇筑是否体现科技攻关，施工中有哪些注意事项。

【超级工程】

（4）混凝土的振捣。

混凝土的捣实方法有人工和机械两种。人工捣实是用钢钎、捣锤或插钎等工具，这种方法仅适用于塑性混凝土，当缺少振捣机械或工程量不大的情况下采用。有条件时尽量采用机械振捣的方法，常用的振捣机械有内部振动器（振动棒）、表面振动器（平板振动器）。振动棒可振捣塑性和干硬性混凝土，适用于振捣梁、墙、基础和厚板，不适用于楼板、屋面板等构件。振捣时振动棒不要碰撞钢筋和模板，重点要振捣好下列部位：钢筋主筋的下面、钢筋密集处、石料多的部位、模板阴角处、钢筋与侧模之间等。表面振动器适用于捣实楼板、地面、板形构件和薄壳等厚度小、面积大的构件。

（5）混凝土的养护。

混凝土养护方法分自然养护和人工养护。现浇构件多采用自然养护，只有在冬期施工温度很低时，才采用人工养护。采用自然养护时，在混凝土浇筑完毕后一定时间（12h）内要覆盖并浇水养护。

4）预应力混凝土的施工方法、控制应力和张拉设备

预应力钢材、锚夹具、张拉设备的选用和验收，成孔材料及成孔方法（包括灌浆孔、泌水孔），端部和梁柱节点处的处理方法，预应力张拉力、张拉程序，以及灌浆方法、要求等；混凝土的养护及质量评定。如钢筋现场预应力张拉时，应详细制定预应力钢筋的制作、安装和检测方法。

6. 结构安装工程

根据起重量、起重高度、起重半径、选择起重机械，确定结构安装方法，拟定安装顺序，起重机开行路线及停机位置；构件平面布置设计，工厂预制构件的运输、装卸、堆放方法；现场预制构件的就位、堆放的方法，吊装前的准备工作，主要工程量和吊装进度的确定。

1）确定起重机类型、型号和数量

在单层工业厂房结构安装工程中，如采用自行式起重机，一般选择分件吊装法，起重机在厂房内三次开行才能吊装完厂房结构构件；而选择桅杆式起重机，则必须采用综合吊装法。综合吊装法与分件吊装法开行路线及构件平面布置是不同的。

当厂房面积较大时，可采用两台或多台起重机安装，柱子和吊车梁、屋盖系统分别流水作业，可加速工期。对一般中、小型单层厂房，选用一台起重机为宜，这在经济上比较合理，对于工期要求特别紧迫的工程，则作为特殊情况考虑。

2）确定结构构件安装方法

工业厂房结构安装法有分件吊装法和综合吊装法两种。单层厂房安装顺序通常采用分件吊装法，即先顺序安装和校正全部柱子，然后安装屋盖系统等。采用这种方式，起重机在同一时间安装同一类型的构件，包括就位、绑扎、临时固定、校正等工序，并且使用同一种索具，劳动力组织不变，可提高安装效率；缺点是增加起重机开行路线。另一种方式是综合吊装法，即逐开间安装，连续向前推进。方法是先安装四根柱子，立即校正后安装吊车梁与屋盖系统，一次性安装好纵向一个柱距的开间。采用这种方式可缩短起重机开行路线，并且可为后续工序提前创造工作面，尽早搭接施工；缺点是安装索具和劳动力组织有周期性变化而影响生产率。上述两种方法在单层厂房安装工程中均有采用，或者也有采用混合式，即柱子安装用大流水，而其余构件包括屋盖系统在内用综合安装。这些均取决于具体条件和安装队的施工经验。抗风柱可随一般柱子的开行路线从单层厂房一端开始安装，由于抗风柱的长度较大，安装后立即校正、灌浆，并用上下两道缆绳四周锚固。另一种方法是待单层厂房全部屋盖安装完之后再吊装全部抗风柱。

3）构件制作平面布置、拼装场地、机械开行路线

当采用分件吊装法时，预制构件的施工有三种方案。

（1）当场地狭小而工期又允许时，构件制作可分别进行，首先预制柱和吊车梁，待柱和梁安装完毕再进行屋架预制。

（2）当场地宽敞时，在柱、梁预制完后即进行屋架预制。

（3）当场地狭小而工期又紧时，可将柱和梁等预制构件在拟建厂房内就地预制，同时在拟建厂房外进行屋架预制。

4）其他

确定构件运输、装卸、堆放和所需机具设备型号、数量和运输道路要求。

7. 围护工程

围护工程的施工包括搭脚手架、内外墙体砌筑、安装门窗框等。在主体工程结束后，

或完成一部分区段后即可开始内外墙砌筑工程的分段施工。此时，不同工程之间可组织立体交叉、平行流水施工，内隔墙的砌筑则应根据内隔墙的基础形式而定；有的需在地面工程完成后进行，有的则可以在地面工程之前与外墙同时进行。

任务 3.5 屋面防水工程施工方案

3.5.1 施工顺序的确定

屋面防水工程的施工顺序手工操作多、需要时间长，应在主体结构封顶后尽快完成，使室内装饰尽早进行。一般情况下，屋面工程可以和装饰工程搭接或平行施工。

屋面防水工程可分为柔性防水和刚性防水两种。防水工程施工工艺要求严格细致、一丝不苟，应避开雨期和冬期施工。

1. 柔性防水屋面的施工顺序

南方温度较高，一般不做保温层。无保温层、架空层的柔性防水屋面的施工顺序一般为：结构基层处理→找平找坡→冷底子油结合层→铺卷材防水层→做保护层。

北方温度较低，一般要做保温层。有保温层的柔性防水屋面的施工顺序一般为：结构基层处理→找平层→隔汽层→铺保温层→找平找坡→冷底子油结合层→铺卷材防水层→做保护层。

柔性防水屋面的施工待找平层干燥后才能刷冷底子油、铺贴卷材防水层。若是工业厂房，在铺卷材之前应将天窗扇及玻璃安装好，特别要注意天窗架部分的屋面防水、天窗围护工作等，确保屋面防水的质量。

2. 刚性防水屋面的施工顺序

刚性防水屋面最常用细石混凝土屋面。细石混凝土防水屋面的施工顺序为：结构基层处理→隔离层→细石混凝土防水层→养护→嵌缝。对于刚性防水屋面的现浇钢筋混凝土防水层，分格缝的施工应在主体结构完成后开始，并应尽快完成，以便为室内装饰创造条件。季节温差大的地区，混凝土受温差的影响易开裂，故一般不采用刚性防水屋面。

3.5.2 施工方法及施工机械

确定屋面材料的运输方式，屋面工程各分项工程的施工操作及质量要求；材料运输及储存方式，各分项工程的操作及质量要求，新材料的特殊工艺及质量要求，确定工艺流程和劳动组织进行流水施工。

【卷材防水屋面施工】

1. 卷材防水屋面的施工方法

卷材防水屋面又称为柔性防水屋面，是用胶结材料粘贴卷材进行防水。常用的卷材有沥青防水卷材、高聚物改性沥青防水卷材和合成高分子防水卷材三大系列。

卷材防水层施工应在屋面上其他工程完工后进行。铺设多跨和高低跨房屋卷材防水层时，应按先高后低、先远后近的顺序进行；在铺设同一跨时应先铺设排水比较集中的水落口、檐口、斜沟、天沟等部位及油毡附加层，按标高由低到高的顺序进行；坡面与立面的油毡，应由下开始向上铺贴，使油毡按流水方向搭接。油毡铺设的方向应根据屋面坡度或屋面是否存在振动来确定。当坡度小于3%时，油毡宜平行于屋脊方向铺贴；当坡度在3%～15%之间时，油毡可平行或垂直于屋脊方向铺贴；当坡度大于15%或屋面受振动时，应垂直于屋脊铺贴。卷材防水屋面坡度不宜超过25%。油毡平行于屋脊铺贴时，长边搭接不小于70mm；短边搭接平屋顶不应小于100mm，坡屋顶不宜小于150mm。当第一层油毡采用条粘、点粘或空铺时，长边搭接不应小于500mm，上下两层油毡应错开1/3或1/2幅宽；上下两层油毡不宜相互垂直铺贴；垂直于屋脊的搭接缝应顺主导风向搭接；接头顺水流方向，每幅油毡铺过屋脊的长度应不小于200mm。铺贴油毡时应弹出标线，油毡铺贴前应使找平层干燥。

1）油毡的铺贴方法

（1）油毡热铺贴施工。

该法分为满贴法、条贴法、空铺法和点粘法四种。满贴法是指在油毡下满涂玛蹄脂使油毡与基层全部黏结。铺贴的工序为：浇油铺贴和收边滚压；条贴法是在铺贴第一层油毡时，不满涂浇玛蹄脂而是用蛇形或条形撒贴的做法，使第一层油毡与基层之间形成若干互相连通的空隙构成"排汽屋面"，可从排汽孔处排出水蒸气，避免油毡起泡，空铺法、点粘法铺贴防水卷材的施工方法与条贴法相似。

（2）油毡冷粘法施工。

冷粘法是指在油毡下采用冷玛蹄脂做黏结材料使之与基层黏结。施工方法与热铺法相同。冷玛蹄脂使用时应搅拌均匀，可加入稀释剂调释稠度。每层厚度为1～1.5mm。

（3）油毡自粘法施工。

自粘法施工是指采用带有自粘胶的防水卷材，不用热施工，也不需涂胶结材料而进行黏结的方法。铺贴前，基层表面应均匀涂刷基层处理剂，待干燥后及时铺贴卷材。铺贴时，应先将自粘胶底面隔离纸完全撕净，排除卷材下面的空气，并辗压黏结牢固，不得空鼓。搭接部位必须采用热风焊枪加热后随即粘贴牢固，溢出的自粘胶随即刮平封口。接缝口用不小于10mm宽的密封材料封严。

（4）高聚物改性沥青卷材热熔法施工。

该法又可分为滚铺法和展铺法两种。滚铺法是一种不展开卷材，而采用边加热边烤边滚动卷材铺贴，然后用排气辊滚压使卷材与基层黏结牢固。展铺法是先将卷材平铺于基层，再沿边缘掀开卷材予以加热粘贴，此法适用于条粘法铺贴卷材。所有接缝应用密封材料封严，涂封宽度不应小于10mm。对厚度小于3mm的高聚物改性沥青防水卷材，严禁采用热熔法施工。

（5）高聚物改性沥青卷材冷粘法施工。

该法是在基层或基层和卷材底面涂刷胶粘剂进行卷材与基层或卷材与卷材的黏结。主要工序有胶粘剂的选择和涂刷、铺粘卷材、搭接缝处理等。卷材铺贴要控制好胶粘剂涂刷与卷材铺贴的间隔时间，一般可凭经验，当胶粘剂不粘手时即可开始粘贴卷材。

(6) 合成高分子防水卷材施工。

合成高分子防水卷材可用冷粘法、自粘法、热风焊接法施工。冷粘法是指在常温下采用胶粘剂等材料进行卷材与基层、卷材与卷材间黏结的施工方法。常用冷玛蹄脂或冷胶料粘贴沥青玻璃布或玻纤胎油毡、高聚物改性沥青防水卷材和合成高分子防水卷材。自粘贴卷材施工方法是施工时只要剥去隔离纸后即可直接铺贴；带有防粘层时，在粘贴搭接缝前应将防粘层先溶化掉，方可达到黏结牢固。热风焊接法是利用热空气焊枪进行防水卷材搭接黏合的方法。焊接前卷材铺放应平整顺直，搭接尺寸正确；施工时焊接缝的结合面应清扫干净，应无水滴、油污及附着物。先焊长边搭接缝，后焊短边搭接缝，焊接处不得有漏焊、缺焊、焊焦或焊接不牢的现象，也不得损害非焊接部位的卷材。

铺贴卷材防水屋面时，檐口、女儿墙、檐沟、天沟、斜沟、变形缝、天窗壁、板缝、泛水和雨水管等处均为重点防水部位，均需铺贴附加卷材，做到黏结严密，然后由低标高处往上进行铺贴、压实，表面平整，每铺完一层立即检查，发现有皱纹、开裂、粘贴不牢不实、起泡等缺陷，应立即割开，浇油灌填严实，并加贴一块卷材盖住。屋面与突出屋面结构的连接处，卷材贴在立面上的高度不宜小于250mm，一般用叉接法与屋面卷材相连接；每幅油毡贴好后，应立即将油毡上端固定在墙上。如用铁皮泛水覆盖时，泛水与油毡的上端应用钉子钉牢在墙内的预埋木砖上。在无保温层装配式屋面上，沿屋架、支承梁和支承墙上的屋面板端缝上，应先点贴一层宽度为200～300mm的附加卷材，然后再铺贴油毡，以避免结构变形将油毡防水层拉裂。

2) 保护层施工

(1) 绿豆砂保护层施工：油毡防水层铺设完毕并经检查合格后，应立即进行绿豆砂保护层施工，以免油毡表面遭受破坏。施工时，应选用色浅、耐风化、清洁、干燥、粒径为3～5mm的绿豆砂，加热至100℃左右后均匀撒铺在涂刷过2～3mm厚的沥青胶结材料的油毡防水层上，并使其1/2粒径嵌入到表面沥青胶中。未黏结的绿豆砂应随时清扫干净。

(2) 预制板块保护层施工：当采用砂结合层时，铺砌块体前应将砂洒水压实刮平；块体应对接铺砌，缝隙宽度为10mm左右；板缝用1：2水泥砂浆勾成凹缝；为防止砂子流失，保护层四周500mm范围内，应改用低强度等级水泥砂浆做结合层。若采用水泥砂浆做结合层时，应先在防水层上做隔离层，隔离层可用单层油毡空铺，搭接边宽度不小于70mm。块体预先湿润后再铺砌，铺砌可用铺灰法或摆铺法。块体保护层每100m^{2}以内应留设分格缝，缝宽20mm，缝内嵌填密封材料，可避免因热胀冷缩造成板块拱起或板缝开裂。

2. 细石混凝土刚性防水屋面的施工方法

刚性防水屋面最常用细石混凝土防水屋面，它是由结构层、隔离层和细石混凝土防水层三层组成。

1) 结构层施工

当屋面结构层为装配式钢筋混凝土屋面板时，应采用细石混凝土灌缝，强度等级不应小于C20级，并可掺微膨胀剂。板缝内应设置构造钢筋，板端缝应用密封材料嵌缝处理。找坡应采用结构找坡，坡度宜为2%～3%，天沟、檐沟应用水泥砂浆找坡，找坡厚度大于20mm时，宜采用细石混凝土。刚性防水屋面的结构层宜为整体浇筑的钢筋混凝土结构。

2) 隔离层施工

在结构层与防水层之间设有一道隔离层，以便结构层与防水层的变形互不制约，从而减少防水层受到的拉应力,避免开裂。隔离层可用石灰黏土砂浆或纸筋灰、麻筋灰、卷材、塑料薄膜等起隔离作用的材料制成。

(1) 石灰黏土砂浆隔离层施工。

基层板面清扫干净、洒水湿润后,将石灰膏:砂:黏土配合质量比为1:2.4:3.6的配制料铺抹在板面上,厚度10~20mm,表面压实、抹光、平整、干燥后进行防水层施工。

(2) 卷材隔离层施工。

在干燥的找平层上铺一层3~8mm的干细砂滑动层,再铺一层卷材,搭接缝用热沥青玛蹄脂胶结,或在找平层上铺一层塑料薄膜作为隔离层,注意保护隔离层。

刚性防水层与山墙、女儿墙、变形缝两侧墙体交接处应留有宽度为30mm的缝隙,并用密封材料嵌填。泛水处应铺设卷材或涂膜附加层,收头和变形缝做法应符合设计或规范要求。

3) 刚性防水层施工

刚性防水层宜设分格缝,分格缝应设在屋面板支撑处、屋面转折处或交接处。分格缝间距一般宜不大于6m,或"一间一格"。分格面积不超过36m²为宜,缝宽宜为20~40mm,分格缝中应嵌填密封材料。

(1) 现浇细石混凝土防水层施工。首先清理干净隔离层表面,支分格缝隔板,不设隔离层时,可在基层上刷一遍1:1素水泥浆,放置双向冷拔低碳钢丝网片,间距为100~200mm,位置宜居中稍偏上,保护层厚度不小于10mm,且在分格缝处断开。混凝土的浇筑按先远后近、先低后高的顺序,一次浇完一个分格,不留施工缝,防水层厚度不宜小于50mm,泛水高度不应低于120mm应同屋面防水层同时施工,泛水转角处要做成圆弧或钝角。混凝土宜用机械振捣,直至密实和表面泛浆,泛浆后用铁抹子压实抹平。混凝土收水初凝后,及时取出分格缝隔板,修补缺损,二次压实抹光;终凝前进行第三次抹光;终凝后,立即养护,养护时间不得少于14d,施工合适气温为5~35℃。

(2) 补偿收缩混凝土防水层施工。在细石混凝土中掺入膨胀剂,硬化后产生微膨胀来补偿混凝土的收缩;混凝土中的钢筋约束混凝土膨胀,又使混凝土产生预压自应力,从而提高其密实性和抗裂性,提高抗渗能力。膨胀剂的掺量按配合比准确称量,膨胀剂与水泥同时投料,连续搅拌时间应不少于3min。

任务3.6 装饰工程施工方案

3.6.1 施工顺序的确定

1. 室内装饰与室外装饰的施工顺序

装饰工程可分为室外装饰(外墙装饰、勒脚、散水、台阶、明沟、水落管等)和室内装饰（顶棚、墙面、楼地面、楼梯抹灰、门窗扇安装、门窗油漆、安玻璃、做墙裙、做踢脚线等）。室内外装饰工程的施工顺序通常有先内后外、先外后内、内外同时进行三种顺序，具体确定哪种顺序，应视施工条件和气候条件而定。通常室外装饰应避开冬期和雨期。当室内为水磨石楼面时，为防止楼面施工时水的渗漏对外墙面的影响，应先完成水磨石的施工；如果为了加快脚手架周转或要赶在冬期或雨期来之前完成外装修，则应采取先外后内的顺序。

2. 室内装饰的施工流向和施工顺序

1）室内装饰的施工流向

室内装饰工程一般有自上而下、自下而上、自中而下再自上而中三种施工流向。

（1）自上而下的施工流向。

指主体结构封顶、屋面防水层完成后，从屋顶开始，逐层向下进行。其优点是主体恒载已到位，结构物已有一定沉降时间；屋面防水完成后，可以防止雨水对屋面结构的渗透，有利于室内抹灰的质量；工序之间交叉作业少，互相影响小，有利于成品保护，施工安全。其缺点是不能尽早地与主体搭接施工，工期相对较长。该种顺序适用于层数不多且工期要求不太紧迫的工程，如图 3.25 所示。

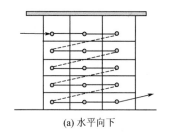
(a) 水平向下

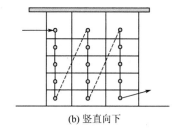
(b) 竖直向下

图 3.25　自上而下的施工流向

（2）自下而上的施工流向。

指主体结构已完成三层以上时，室内抹灰自底层逐层向上进行。其优点是主体工程与装饰工程交叉进行施工，工期较短；其缺点是工序之间交叉作业多，质量、安全、成品保护不易保证。因此，采取这种流向，必须有一定的技术组织措施做保证，如相邻两层中，先做好上层地面，确保不会渗水，再做好下层顶棚抹灰。这种方法适用于层数较多，且工期紧迫的工程，如图 3.26 所示。

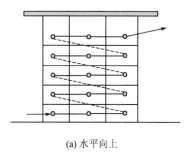
(a) 水平向上

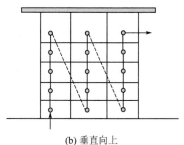
(b) 垂直向上

图 3.26　自下而上的施工流向

(3) 自中而下、再自上而中施工流向。

该工序集中了前两种施工顺序的优点，适用于高层建筑的室内装饰施工。

2) 室内装饰的整体施工顺序

室内装饰工程施工顺序随装饰设计的不同而不同。例如，某框架结构主体室内装饰工程施工顺序为：结构基层处理→放线→做轻质隔墙→贴灰饼冲筋→立门窗框→各类管道水平支管安装→墙面抹灰→管道试压→墙面喷涂贴面→吊顶→地面清理→做地面、贴地砖→安门窗扇→安风口、灯具、洁具→调试→清理。

3) 同一层室内装饰的施工顺序

同一层的室内抹灰施工顺序有：楼地面→顶棚→墙面和顶棚→墙面→楼地面两种。前一种顺序便于清理地面和保证地面质量，且便于收集墙面和顶棚的落地灰，节省材料。但由于地面需要养护时间及采取保护措施，使墙面和顶棚抹灰时间推迟，影响后续工序，工期较长。后一种顺序在做地面前，必须将楼板上的落地灰扫清洗净后，再做面层，否则会影响地面面层与混凝土楼板间的黏结，引起地面起鼓。

底层地面一般多是在各层顶棚、墙面、楼面做好之后进行。楼梯间和踏步抹面由于其在施工期间较易损坏，通常在整个抹灰工程完成后，再自上而下统一施工。门窗扇的安装一般在抹灰之前或抹灰之后进行，视气候和施工条件而定，一般是先抹灰后安装门窗扇。若室内抹灰在冬期施工，为防止抹灰层冻结和加速干燥，则门窗扇和玻璃应在抹灰前安装好。门窗安玻璃一般在门窗扇油漆之后进行。

3. 室外装饰的施工流向和施工顺序

1) 室外装饰的施工流向

室外装饰工程一般都采用由上而下施工流向，即从女儿墙开始，逐层向下进行。在由上往下每层所有分项工程（工序）全部完成后，即开始拆除该层的脚手架，拆除外脚手架后，填补脚手眼，待脚手眼灰浆干燥后，再进行室内装饰。各层完工后，则可以进行勒脚、散水及台阶的施工。

2) 室外装饰的整体施工顺序

室外装饰工程施工顺序随装饰设计的不同而不同。例如，某框架结构主体室外装饰工程施工顺序为：结构基层处理→放线→贴灰饼冲筋→立门窗框→抹墙面底层抹灰→墙面中层找平抹灰→墙面喷涂贴面→清理→拆本层外脚手架→进行下一层施工。

由于大模板墙面平整，只需在板面刮腻子，面层刷涂料。大模板不采用外脚手架，结构室外装饰采用吊式脚手架（吊篮）。

3.6.2 施工方法及施工机械

1. 室外装饰施工方法和施工机具

室外装饰施工方法和室内装饰大致相同，不同的是外墙受温度影响较大，通常需设置分格缝，就多了分格条的施工过程。

2. 室内装饰施工方法和施工机具

1) 楼地面工程

(1) 水泥砂浆地面。

① 水泥砂浆地面施工工艺：基层处理→找规矩→基层湿润、刷水泥浆→铺水泥砂浆面层→拍实并分三遍压光→养护。

② 施工方法和施工机具的选择。在基层处理后，进行弹准线、做标筋，然后铺抹砂浆并压光。铺水泥砂浆，用刮尺赶平，并用木抹子压实，待砂浆初凝后终凝前，用铁抹子反复压光三遍，不允许撒干灰砂收水抹压。面层抹完后，在常温下铺盖草垫或锯末屑进行浇水养护。水泥砂浆地面施工常用机具有铁抹子、木抹子、刮尺、地面分格器等。

（2）细石混凝土地面。

① 细石混凝土地面施工工艺：基层处理→找规矩→基层湿润、刷水泥浆→铺细石混凝土面层→刮平拍实→用铁滚筒滚压密实并进行压光→养护。

② 施工方法和施工机具的选择。混凝土铺设时，预先在地坪四周弹出水平线，并用木板隔成宽小于3m的条形区段，先刷水灰比为0.4~0.5的水泥浆，随刷随铺混凝土，用刮尺找平，用表面振动器振捣密实或采用滚筒交叉来回滚压3~5遍，至表面泛浆为止，然后进行抹平和压光。混凝土面层应在初凝前完成抹平工作，终凝前完成压光工作。混凝土面层三遍压光成活及养护同水泥砂浆地面面层。常用的施工机具有铁抹子、木抹子、刮尺、地面分格器、振动器、滚筒等。

（3）现浇水磨石地面。

① 现浇水磨石地面施工工艺：基层找平→设置分格条、嵌固分格条→养护及修复分格条→基层湿润、刷水泥素浆→铺水磨石粒浆→拍实并用滚筒滚压→铁抹抹平→养护→试磨→初磨→补粒上浆养护→细磨→补粒上浆养护→磨光→清洗、晾干、擦草酸→清洗、晾干、打蜡→养护。

② 施工方法和施工机具的选择。水磨石面层施工一般在完成顶棚、墙面抹灰后进行，也可以在水磨石磨光两遍后进行顶棚、墙面的抹灰，然后进行水磨石面层的细磨和打蜡工作，但水磨石半成品必须采取有效的保护措施。铺设水泥石粒浆面层时，如在同一平面上有几种颜色的水磨石，应先做深色，后做浅色；先做大面，后做镶边；待前一种色浆凝固后，再抹后一种色浆。水磨石的磨光一般常用"二浆三磨"法，即整个磨光过程为磨光三遍，补浆两次。现浇水磨石地面的施工常用一般磨石机、湿式磨光机、滚筒、铁抹子、木抹子、刮尺、水平尺等。

（4）块材地面。

块材地面主要包括陶瓷锦砖、瓷砖、地砖、大理石、花岗岩、碎拼大理石以及预制混凝土、水磨石地面等。

① 块材地面施工工艺。

大理石、花岗岩、预制水磨石板施工工艺：基层清理→弹线→试拼、试铺→板块浸水→刷浆→铺水泥砂浆结合层→铺块材→灌缝、擦缝→上蜡。

碎拼大理石施工工艺：基层清理→抹找平层→铺贴→浇石碴浆→磨光→上蜡。

陶瓷地砖楼地面施工工艺：基层处理→做灰饼、冲筋→做找平层→板块浸水阴干→弹线→铺板块→压平拔缝→嵌缝→养护。

② 施工方法和施工机具的选择。铺设前一般应在干净湿润的基层上浇水灰比为0.5的素水泥浆，并及时铺抹水泥砂浆找平层。贴好的块材应注意养护，粘贴1d后，每天洒水少许，并防止地面受外力振动，需养护3~5d。块材地面常用的施工机具有：石材切割

机、钢卷尺、水平尺、方尺、墨斗线、尼龙线靠尺、木刮尺、橡皮锤或木锤、抹子、喷水壶、灰铲、台钻、砂轮、磨石机等。

(5) 木质地面。

① 木质地面施工工艺。

普通实木搁栅式地板的施工工艺：基层处理→安装木搁栅、撑木→钉毛地板（找平、刨平）→弹线→钉硬木地板→钉踢脚板→刨光、打磨→油漆。

普通实木粘贴式地板的施工工艺：基层处理→弹线定位→涂胶→粘贴地板→刨光、打磨→油漆。

复合地板的施工工艺：基层处理→弹线找平→铺垫层→试铺预排→铺地板→安装踢脚板→清洁表面。

② 施工方法和施工机具的选择。木地板施工之前，应在墙四周弹水平线，以便于找平。面板的铺设有两种方法：钉固法和粘贴法。复合地板只能悬浮铺装，不能将地板粘贴或者钉在地面上。铺装前需要铺设一层垫层，如聚乙烯泡沫塑料薄膜或较厚的发泡底垫等材料，然后铺设复合地板。木地板铺设常用的机具有小电锯、小电刨、平刨、电动圆锯（台锯）、冲击钻、手电钻、磨光机、手锯、手刨、锤子、斧子、凿子、螺丝刀、撬棍、方尺、木折尺、墨斗、磨刀石、回力钩等。

(6) 地毯地面。

① 地毯地面施工工艺。

固定式地毯地面的施工工艺：基层处理→裁割地毯→固定踢脚板→固定倒刺钉板条→铺设垫层→拼接地毯→固定地毯→收口、清理。

活动式地毯地面的施工工艺：基层处理→裁割地毯→（接缝缝合）→铺设→收口、清理。

② 施工方式和施工工具的选择。地毯铺设方式可分为满铺和局部铺设两种。铺设的方法有固定式与活动式。活动式铺设是将地毯直接铺在地面上，不需要将地毯与基层固定。固定式铺设是将地毯裁边，黏结拼缝成为整片，摊铺后四周与房间地面加以固定。固定方式又分为粘贴法和倒刺板条固定法。活动式铺设是将地毯直接铺在地面上，不需要将地毯与基层固定的一种铺设方法。活动式铺设地毯的方法是：首先是基层处理，然后进行地毯的铺设。若采用方块地毯，先按地毯方块在基层上弹出方格控制线，然后从房间中间向四周展开铺排，逐块就位放平并且相互靠紧，收口部位应按设计要求选择适当的收口条。在人活动频繁且容易被人掀起的部位，也可以在地毯背面少刷一点胶，以增加地毯的耐久性，防止被掀起。常用的施工机具有：裁毯刀、地毯撑子、扁铲、墩拐。用于缝合的尖嘴钳、烫斗、地毯修边器、直尺、米尺、手枪式电钻、调胶容器、修绒电铲、吸尘器等。

2) 内墙装饰工程

内墙装饰的类型，按材料和施工方法不同可分为抹灰类、贴面类、涂刷类、裱糊类。

(1) 抹灰类内墙饰面。

① 内墙一般抹灰的施工工艺：基层处理→做灰饼、冲筋→阴阳角找方→门窗洞口做护角→抹底层灰及中层灰→抹罩面灰。

② 施工方法和施工机具的选择。做灰饼是在墙面的一定位置上抹上砂浆团，以控制抹灰层的平整度、竖直度和厚度，凡窗口、垛角处必须做灰饼。冲筋厚度同灰饼，应抹成八字形（底宽面窄）。中级抹灰要求阳角找方，高级抹灰要求阴阳角都要找方。方

法是用阴阳角方尺检查阴阳角的直角度，并检查竖直度，然后定抹灰厚度，浇水湿润。或者用木制阴角器和阳角器分别进行阴阳角处抹灰，先抹底层灰，使其基本达到直角，再抹中层灰，使阴阳角方正。阴阳角找方应与墙面抹灰同时进行。标筋达到一定强度后即可抹底层及中层灰，这道工序也叫装档或刮糙，待底层灰七八成干时即可抹中层灰，其厚度以垫平标筋为准，也可以略高于标筋。中层灰要用刮尺刮平，并用木抹子来回搓抹，去高补低。搓平后用2m靠尺检查，超过质量标准允许偏差时应修整至合格。在中层灰七八成干后即可抹罩面灰，普通抹灰应用麻刀灰罩面，中高级抹灰应用纸筋灰罩面。抹灰前先在中层灰上洒水，然后将面层砂浆分遍均匀抹涂上去，一般也应按从上到下、从左到右的顺序。抹满后用铁抹子分遍压实压光。铁抹子各遍地运行方向应互相垂直，最后一遍宜竖直方向。常用的施工机具有：木抹子、塑料抹子、铁抹子、钢抹子、压板、阴角抹子、阳角抹子、托灰板、挂线板、方尺、八字靠尺及钢筋卡子、刮尺、筛子、尼龙线等。

（2）内墙饰面砖。

① 内墙饰面砖（板）的施工工艺：基层处理→做找平层→弹线、排砖→浸砖→贴标准点→镶贴→擦缝。

② 施工方法和施工机具的选择。不同的基体应进行不同的处理，以解决找平层与基层的黏结问题。基体基层处理好后，用1:3水泥砂浆或1:1:4的混合砂浆打底找平。待找平层六七成干时，按图纸要求，结合瓷砖规格进行弹线。先量出镶贴瓷砖的尺寸，立好皮数杆，在墙面上从上到下弹出若干条水平线，控制好水平皮数，再按整块瓷砖的尺寸弹出竖直方向的控制线。先按颜色的深浅不同进行归类，然后再对其几何尺寸的大小进行分选。在同一墙面上的横竖排列，不宜有一行以上的非整砖，且非整砖要排在次要位置或阴角处。瓷砖在镶贴前应在水中充分浸泡，一般浸水时间不少于2h，取出阴干备用，阴干时间以手摸无水感为宜。内墙面砖镶贴排列的方法主要有直缝排列和错缝排列。当饰面砖尺寸不一时，极易造成缝不直，这种砖最好采用错缝排列。若饰面砖厚薄不一时，按厚度分类，分别贴在不同的墙面上，如果分不开，则先贴厚砖，然后用面砖背面填砂浆加厚的方法贴薄砖。瓷砖铺贴方式有离缝式和无缝式两种。无缝式铺贴要求阳角转角铺贴时要倒角，即将瓷砖的阳角边厚度用瓷砖切割机打磨成30°~45°以便对缝。依砖的位置，排砖有矩形长边水平排列和竖直排列两种。大面积饰面砖铺贴顺序是：由下向上，从阳角开始向另一边铺贴。饰面砖铺贴完毕后，应用棉纱或棉质毛巾蘸水将砖面灰浆擦净。常用的施工机具有：手提切割机、橡皮锤（木锤）、铅锤、水平尺、靠尺、开刀、托线板、硬木拍板、刮杠、方尺、墨斗、铁铲、拌灰桶、尼龙线、薄钢片、手动切割器、细砂轮片、棉丝、擦布、胡桃钳等。

（3）涂料类内墙面。

① 涂料类内墙饰面的施工工艺：基层清理→填补腻子、局部刮腻子→磨平→第一遍满刮腻子→磨平→第二遍满刮腻子→磨平→第一遍喷涂涂料→第二遍喷涂涂料→局部喷涂涂料。

② 施工方法和施工机具的选择。内墙涂料品种繁多，其施涂方法基本上都是采用刷涂、喷涂、滚涂、抹涂、刮涂等。不同的涂料品种会有一些微小的差别。常用的施工机具有：刮铲、钢丝刷、尖头锤、圆头锉、弯头刮刀、棕毛刷、羊毛刷、排笔、涂料辊、喷

枪、高压无空气喷涂机、手提式涂料搅拌器等。

(4) 裱糊类内墙饰面。

① 裱糊类内墙饰面的施工工艺。

壁纸裱糊的施工工艺：基层处理→弹线→裁纸编号→焖水→刷胶→上墙裱糊→清理修整表面。

金属壁纸的施工工艺：基层表面处理→刮腻子→封闭底层→弹线→预拼→裁纸、编号→刷胶→上墙裱贴→清理修整表面。

墙布及锦缎裱糊的施工工艺：基层表面处理→刮腻子→弹线→裁剪、编号→刷胶→上墙裱贴→清理修整墙面。

② 施工方法和施工机具的选择。裱糊壁纸的基层表面为了达到平整光洁、颜色一致的要求，应视基层的实际情况，采取局部刮腻子、满刮一遍或满刮两遍腻子，每遍干透后用0~2号砂纸磨平。不同基体材料的相接处，如石膏板和木基层相接处，应用穿孔纸带粘糊，处理好的基层表面要喷或刷一遍汁浆。按壁纸的标准宽度找规矩，弹出水平及垂直准线。为了使壁纸花纹对称，应在窗户上弹好中线，再向两侧分弹。如果窗户不在中间，为保证窗间墙的阳角花饰对称，应弹窗间墙中线，由中心线向两侧再分格弹线。根据壁纸规格及墙面尺寸进行裁纸，裁纸长度应比实际尺寸大20~30mm。壁纸上墙前，应先在壁纸背面刷清水一遍，立即刷胶，或将壁纸浸入水中3~5min后，取出将水擦净，静置约15min后，再进行刷胶。塑料壁纸背面和基层表面都要涂刷胶粘剂。裱糊时先贴长墙面，后贴短墙面。每面墙从显眼处墙角开始，至阴角处收口，由上而下进行。上端不留余量，包角压实。遇有墙面上卸不下来的设备或附件，裱糊时可在壁纸上剪口裱上去。常用的施工机具：活动裁纸刀、刮板、薄钢片刮板、胶皮刮板、塑料刮板、胶滚、铝合金直尺、裁纸案台、钢卷尺、水平尺、2m直尺、普通剪刀、粉线包、软布、毛巾、排笔及板刷、注射用针管及针头等。

(5) 大型饰面板的安装。

大型饰面板的安装多采用浆锚法和干挂法施工。

3) 顶棚装饰工程

顶棚的做法有抹灰、涂料以及吊顶。抹灰及涂料顶棚的施工方法与墙面大致相同。吊顶顶棚主要是悬挂系统、龙骨架、饰面层及其相配套的连接件和配件组成。

【吊顶工程施工】

(1) 吊顶工程的施工工艺：弹线→固定吊筋→吊顶龙骨的安装→罩面板的安装。

(2) 施工方法和施工机具的选择。安装前，应先按龙骨的标高沿房屋四周在墙上弹出水平线，再按龙骨的间距弹出龙骨中心线，找出吊杆中心点。吊杆用$\phi 6\sim 10$mm的钢筋制作，上人吊顶吊杆间距一般为900~1200mm，不上人吊顶吊杆间距一般为1200~1500mm。按照已找出的吊杆中心点，计算好吊杆的长度，将吊杆上端焊接固定在预埋件上，下端套丝，并配好螺帽，以便与主龙骨连接。木龙骨需做防腐处理和防火处理，现常用轻钢龙骨。轻钢龙骨的断面形状可分为U形、T形、C形、Y形、L形等，分别作为主龙骨、次龙骨、边龙骨配套使用。吊顶轻钢龙骨架作为吊顶造型骨架，由大龙骨（主龙骨、承载龙骨）、次龙骨（中龙骨）、横撑龙骨及其相应的连接件组装而成。主龙骨安装，用吊挂件将主龙骨连接在吊杆上，拧紧螺栓卡牢，然后以一个房间为单位，将大龙骨调整平直。调整方法可用60mm×60mm方木按主龙骨间距钉圆钉，将主龙骨卡住，临时固定。中龙骨安装时，中龙骨垂直于主龙骨，在交叉点用中龙骨吊挂件将其固定在主龙骨上，吊挂件上端搭在主龙骨上，挂件U形腿用钳子卧入龙骨内。中龙骨的间距因饰面板是密缝安装还是离缝安装而异，中龙骨间距应计算准确并要翻样确定。横撑龙骨安装时，横撑龙骨应由中龙骨截取。安装时，将截取的中龙骨的端头插入挂插件，扣在纵向龙骨上，并用钳子将挂插件弯入纵向龙骨内。组装好后，纵向龙骨和横撑龙骨底面（即饰面板背面）要求平齐。横撑龙骨间距应视实际使用的饰面板规格尺寸而定。灯具处理，一般轻型灯具可固定在中龙骨或附加的横撑龙骨上，较重的需吊于大龙骨或附加大龙骨上；重型的应按设计要求决定，且不得与轻钢龙骨连接。

铝合金龙骨的安装，主、次龙骨安装时宜从同一方向同时安装，按主龙骨（大龙骨）已确定的位置及标高线，先将其大致基本就位。次龙骨（中、小龙骨）与主龙骨应紧贴安装就位。龙骨接长一般选择用配套连接件，连接件可用铝合金，也可用镀锌钢板，在其表面冲成倒刺，与龙骨方孔相连。龙骨架基本就位后，以纵横两个方向满拉控制标高线（十字线），从一端开始边安装边进行调整，直至龙骨调平调直为止。如面积较大，在中间应适当起拱，起拱高度应不少于房间短向跨度的1/300～1/200。钉固边龙骨，沿标高线固定角铝边龙骨，其底面与标高线齐平。一般可用水泥钉直接将角铝钉在墙面或柱面上，或用膨胀螺栓等方法固定，钉距宜小于500mm。罩面板安装前应对吊顶龙骨架安装质量进行检验，符合要求后，方可进行罩面板安装。

罩面板的安装，一般采用黏合法、钉子固定法、方板搁置式、方板卡入式安装等。

吊顶常用的施工机具有：电动冲击钻、手电钻、电动修边机、木刨、槽刨、无齿锯、射钉枪、手锯、手刨、螺丝刀、扳手、方尺、钢尺、钢水平尺、锯、锤、斧、卷尺、水平尺、墨线斗等。

3.6.3　划分施工段

划分施工段的目的是适应流水施工的需要，单位工程划分施工段时，还应注意以下几点要求。

（1）要有利于结构的整体性，尽量利用伸缩缝或沉降缝、平面上有变化处、留槎不影响质量处以及可留施工缝处等作为施工段的分界线。住宅可按单元、楼层划分；厂房可按跨、按生产线划分；建筑群还可按区、栋分段。

（2）要使各段工程量大致相等，以便组织有节奏的流水施工，使劳动组织相对稳定、各班组能连续均衡施工，减少停歇和窝工。

（3）施工段数应与施工过程数相协调，尤其在组织楼层结构流水施工时，每层的施工段数应大于或等于施工过程数。段数过多可能延长工期或使工作面过窄，段数过少则无法流水，使劳动力窝工或机械设备停歇。

（4）分段施工的大小应与劳动组织（或机械设备）及其生产能力相适应，保证足够的工作面，以便于操作，发挥生产效率。

实际施工时，基础工程和主体工程一般进行分段流水作业，施工段的划分可相同也可不同,为了便于组织施工,基础和主体工程施工段的数目和位置基本一致。屋面工程施工时若没有高低层,或没有设置变形缝,一般不分段施工,而是采用依次施工的方式组织施工。装饰工程平面上一般不分段,立面上分层施工,一个结构层可作为一个施工层。

项目小结

本项目阐述了施工方案选择的具体内容,包括施工方案的制订步骤、施工技术方案和施工组织方案的选择。

施工方案是单位工程施工组织设计的核心部分。施工方案制订的步骤:熟悉工程文件和资料、划分施工过程、计算工程量、确定施工顺序和流向、选择施工方法和施工机械、确定关键技术路线。

施工方案包括施工技术方案和施工组织方案两大部分:施工技术方案的选择主要是根据工程图纸、施工条件、施工工期和质量要求及技术经济条件,合理选择施工方法和选择施工机械。

施工组织方案是根据工程的特点,科学划分施工区段、确定施工程序、确定施工起点和流向、确定施工顺序、划分施工流水段。

科学合理的施工方案是工程建设得以快速、安全和顺利进行的保证,因此,务必高度重视,万万不可粗心大意。

习 题

一、思考题

1. 施工方案的选择应解决哪些主要问题?
2. 施工方案设计的内容有哪些?为什么说施工方案是施工组织设计的核心?
3. 如何确定单位工程的施工流向和施工顺序?
4. 试述多层砖混结构建筑的施工顺序。
5. 试述多层框架结构建筑的施工顺序。
6. 试述装配式单层工业厂房的施工顺序。

二、实操题

根据《建筑工程施工组织实训》的实训要求及附录图纸(由授课教师指定),编制预应力混凝土管桩基础和主体结构工程的施工方案。

项目 4 建筑工程流水施工

能力目标	知识要点	权 重
能通过比较了解流水施工组织施工生产的优势,并熟悉流水施工的表示方法	1. 组织施工的三种基本方式; 2. 流水施工的特点与技术经济效果分析; 3. 流水施工的分类与表示方法	20%
通过学习能掌握流水施工参数的计算	工艺参数、空间参数、时间参数的意义及计算	40%
能独立完成各种流水施工方式的组织设计计算及在建筑工程中的初步应用	1. 有节奏流水施工; 2. 异节拍流水施工; 3. 成倍节拍流水施工; 4. 无节奏流水施工	40%

 任务引入

【背景】

某建筑公司承建一住宅小区,该小区由 4 栋 16 层楼组成,建筑面积 75500m²;在编制施工组织设计时,考虑到工程规模大、工期紧、质量要求高,因此选用流水施工方法来组织施工,组织了专业班组进行平行流水施工;同时在每栋楼内又组织了立体交叉作业。施工中编制了横道图进度计划和标准层网络图,采取了各项措施确保了关键线路上的各项工作均提前或按期完成。因此,不仅保障了工程进度,提前了 35 天竣工交工,而且保证了工程质量,有效地控制了工程生产成本。

【提出问题】

1. 如采用其他的组织方式效果如何?
2. 怎样组织流水施工?
3. 如何绘制流水施工横道图进度计划和双代号网络图?

 知识点提要

流水施工方法是组织施工的一种科学方法,它源于工业生产中的"流水作业",但二者又有区别。工业生产中,原料、配件或工业产品在生产线上流动,工人和生产设备的位置保持相对固定;而建筑产品在生产过程中,工人和生产机具在建筑物的空间上进行移动,而建筑产品的位置是固定不动的。

在长期的生产实践中,流水施工已经发展成为一种十分有效的施工组织方式,建筑施工中的流水作业方式,极大地促进了建筑业劳动生产率的提高,缩短了工期,节约了施工费用,是一种科学的生产组织方式。

【流水施工概述讲解】

任务 4.1 流水施工概述

4.1.1 组织施工的基本方式

建筑工程施工中常用的组织方式有三种:顺序施工、平行施工和流水施工。通过对这三种施工组织方式的比较,可以更清楚地看到流水施工的科学性所在。例如,现有三栋同类型建筑的基础工程施工,每一栋的基础工程施工包括开挖基槽、混凝土垫层、砌砖基础、回填土四个施工过程,每个施工过程的工作时间见表 4-1。其施工顺序为 A—B—C—D,试组织此基础施工。

表 4-1 某基础工程施工资料

序号	施工过程	工作时间/天
1	开挖基槽(A)	3
2	混凝土垫层(B)	2
3	砌砖基础(C)	3
4	回填土(D)	2

1. 顺序施工

顺序施工又称依次施工,是按照建筑工程内部各分项、分部工程内在的联系和必须遵循的施工顺序,不考虑后续施工过程在时间上和空间上的相互搭接,而依照顺序组织施工的方式。顺序施工往往是前一个施工过程完成后,下一个施工过程才开始,一个工程全部完成后,另一个工程的施工才开始。其施工进度表安排如图 4.1 所示。

顺序施工的特点是:同时投入的劳动资源较少,组织简单,材料供应单一,但劳动生产率低,工期较长,难以在短期内提供较多的产品,不能适应大型工程的施工。

2. 平行施工

平行施工是将一个工作范围内的相同施工过程同时组织施工,完成以后再同时进行下一个施工过程的施工组织方式。其施工进度安排如图 4.2 所示。

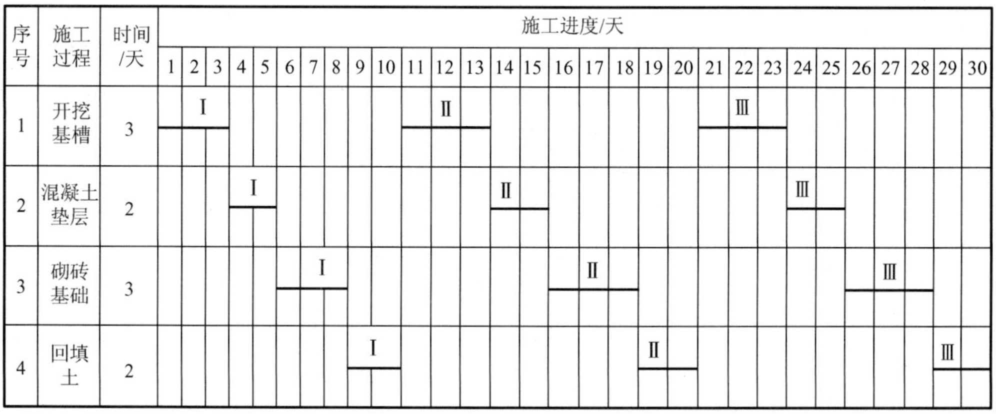

序号	施工过程	时间/天	施工进度/天																												
			1	2	3	4	5	6	7	8	9	10	11	12	13	14	15	16	17	18	19	20	21	22	23	24	25	26	27	28	29	30
1	开挖基槽	3	Ⅰ										Ⅱ										Ⅲ								
2	混凝土垫层	2			Ⅰ										Ⅱ											Ⅲ						
3	砌砖基础	3					Ⅰ									Ⅱ												Ⅲ				
4	回填土	2							Ⅰ										Ⅱ										Ⅲ			

图 4.1　顺序施工进度安排

注：图中的Ⅰ、Ⅱ、Ⅲ为栋数。

序号	施工过程	时间/天	施工进度/天									
			1	2	3	4	5	6	7	8	9	10
1	开挖基槽	3	Ⅰ Ⅱ Ⅲ	Ⅰ Ⅱ Ⅲ	Ⅰ Ⅱ Ⅲ							
2	混凝土垫层	2				Ⅰ Ⅱ Ⅲ	Ⅰ Ⅱ Ⅲ					
3	砌砖基础	3						Ⅰ Ⅱ Ⅲ	Ⅰ Ⅱ Ⅲ	Ⅰ Ⅱ Ⅲ		
4	回填土	2								Ⅰ Ⅱ Ⅲ	Ⅰ Ⅱ Ⅲ	

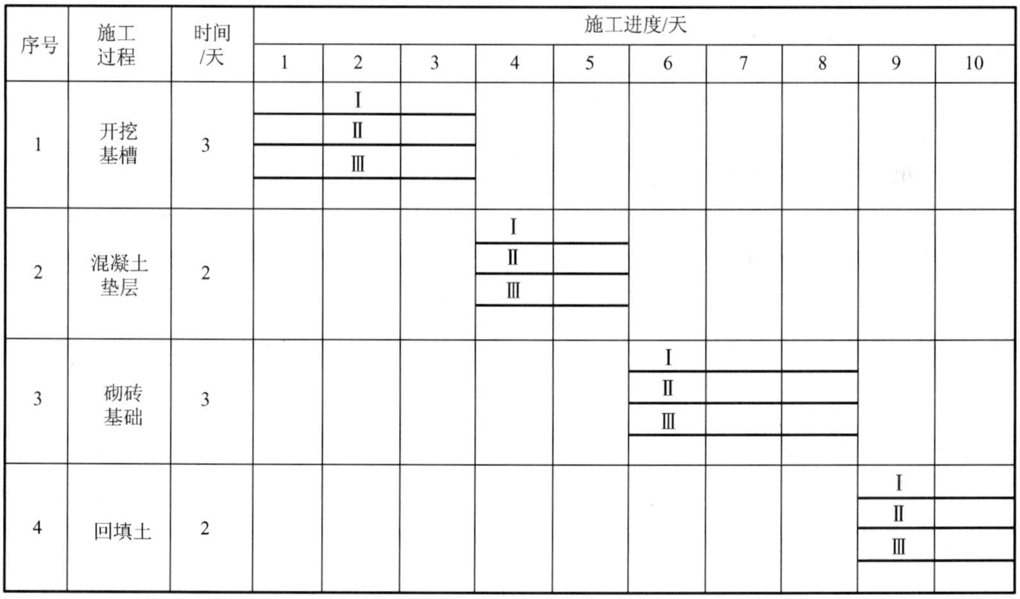

图 4.2　平行施工进度安排

注：图中的Ⅰ、Ⅱ、Ⅲ为栋数。

平行施工的特点是：最大限度地利用了工作面，工期最短，但在同一时间内需要提供的相同劳动资源成倍增加，这给实际施工管理带来一定的难度。因此，只有在工程规模较大或工期较紧的情况下采用才是合理的。

3. 流水施工

流水施工是把若干个同类型建筑或一栋建筑在平面上划分成若干个施工区段（施工段），组织若干个在施工工艺上有密切联系的专业班组相继进行施工，依次在各施工区段上重复完成相同的工作内容，不同的专业队伍利用不同的工作面尽量平行施工的施工组织方式。其施工进度安排如图4.3所示。

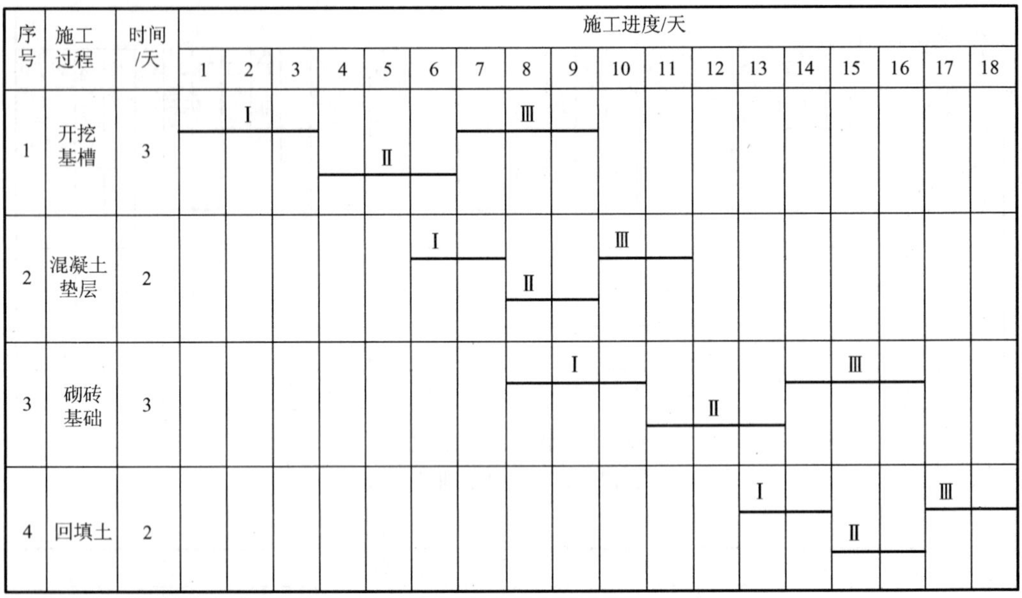

序号	施工过程	时间/天	施工进度/天																
			1	2	3	4	5	6	7	8	9	10	11	12	13	14	15	16	17	18
1	开挖基槽	3		Ⅰ			Ⅱ			Ⅲ											
2	混凝土垫层	2					Ⅰ		Ⅱ			Ⅲ								
3	砌砖基础	3								Ⅰ			Ⅱ			Ⅲ				
4	回填土	2												Ⅰ		Ⅱ		Ⅲ		

图 4.3 流水施工进度安排

注：图中的Ⅰ、Ⅱ、Ⅲ为栋数。

4. 三种施工方式的比较

由上面分析可知，顺序施工、平行施工和流水施工是组织施工的三种基本方式，其特点及适用的范围不尽相同，三者的比较见表4-2。

表4-2 三种组织施工方式的比较

方式	工期	资源投入	评价	适用范围
顺序施工	最长	投入强度低	劳动力投入少，资源投入不集中，有利于组织工作。现场管理工作相对简单，可能会产生窝工现象	规模较小，工作面有限的工程适用
平行施工	最短	投入强度最大	资源投入集中，现场组织管理复杂，不能实现专业化生产	工程工期紧迫，有充分的资源保障及工作面允许的情况下可采用
流水施工	较短，介于顺序施工与平行施工之间	投入连续均衡	结合了顺序施工与平行施工的优点，作业队伍连续，充分利用工作面，是较理想的组织施工方式	一般项目均可适用

由表4-2可以看出，流水施工综合了顺序施工和平行施工的优点，是建筑施工中最合理、最科学的一种施工组织方式。

4.1.2 流水施工的特点

建筑生产流水施工的实质是：由生产作业队伍并配备一定的机械设备，沿着建筑物的水平或垂直方向，用一定数量的材料在各施工段上进行生产，使最后完成的产品成为建筑物的一部分，然后再转移到另一个施工段上去进行同样的工作，所空出的工作面，由下一施工过程的生产作业队伍采用相同的形式继续进行生产。如此不断地进行确保了各施工过程生产的连续性、均衡性和节奏性。

建筑生产的流水施工有如下主要特点。

（1）生产工人和生产设备从一个施工段转移到另一个施工段，代替了建筑产品的流动。

（2）建筑生产的流水施工既沿建筑物的水平方向流动（平面流水），又沿建筑物的垂直方向流动（层间流水）。

（3）在同一施工段上，各施工过程保持了顺序施工的特点，不同施工过程在不同的施工段上又最大限度地保持了平行施工的特点。

（4）同一施工过程保持了连续施工的特点，不同施工过程在同一施工段上尽可能保持连续。

（5）单位时间内生产资源的供应和消耗基本均衡。

4.1.3 流水施工的技术经济效果

流水施工的连续性和均衡性方便了各种生产资源的组织，使施工企业的生产能力可以得到充分的发挥，劳动力、机械设备可以得到合理的安排和使用，进而提高了生产的经济效率，具体归纳为以下几点。

（1）便于施工中的组织与管理。由于流水施工的均衡性，因此避免了施工期间劳动力和其他资源使用过分集中，有利于资源的组织。

（2）施工工期比较理想。由于流水施工的连续性，保证各专业队伍连续施工，减少了间歇，充分利用工作面，缩短了工期。

（3）有利于提高劳动生产率。由于流水施工实现了专业化的生产，为工人提高技术水平、改进操作方法以及革新生产工具创造了有利条件，因而改善了工作的劳动条件，促进了劳动生产率的不断提高。

（4）有利于提高工程质量。专业化的施工提高了工人的专业技术水平和熟练程度，为推行全面质量管理创造了条件，有利于保证和提高工程质量。

（5）有效降低工程成本。由于工期缩短、劳动生产率提高、资源供应均衡，各专业施工队连续均衡作业，减少了临时设施数量，从而节约了人工费、机械使用费、材料费和施工管理费等相关费用，有效降低了工程成本。

4.1.4 流水施工的表示方法

流水施工的表示方法有三种：水平图表（横道图）、垂直图表（斜线图）和网络图。网络图表示方法可参看本书后面的有关内容。这里仅介绍前两种方法。

1. 水平图表

水平图表由纵、横坐标两个方向的内容组成，图表左侧的纵坐标用以表示施工过程，图表下侧的横坐标用以表示施工进度，施工进度的单位可根据施工项目的具体情况和图表的应用范围来确定，可以是日、周、月、旬、季或年等，日期可以按自然数的顺序排列，还可以采用奇数或偶数的顺序排列，也可以采用扩大的单位数来表示，比如以5天或10天为基数进行编排，以简洁、清晰为标准。用标明施工段的横线段来表示具体的施工进度。水平图表具有绘制简单、形象直观的特点。横道图形式如前述图4.3所示。

2. 垂直图表

垂直图表是以纵坐标由下往上表示出施工段数，以横坐标表示各施工过程在各施工段上的施工持续时间，若干条斜线段表示施工过程。垂直图表可以直观地从施工段的角度反映出各施工过程的先后顺序以及时空状况。通过比较各条斜线的斜率可以看出各施工过程的施工速度。垂直图表的实际应用不及水平图表普遍。流水施工垂直图表示实例如图4.4所示。

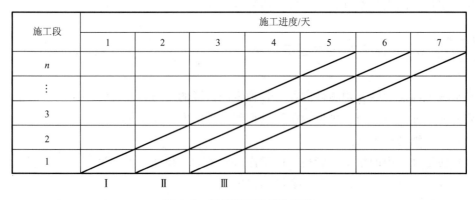

图4.4 平行施工进度表安排

注：图中的Ⅰ、Ⅱ、Ⅲ为栋数。

4.1.5 流水施工的分类

流水施工的分类是组织流水施工的基础，其分类方法按不同的流水特征进行划分。

1. 按流水施工组织范围（组织方法）划分

根据组织流水施工的工程对象的范围大小，流水施工可以划分为分项工程流水施工、分部工程流水施工、单位工程流水施工和群体工程流水施工。其中，最重要的是分部工程流水施工，又称专业流水施工，它是组织流水施工的基本方法。单位工程或群体工程的流水施工常采用分别流水法。分别流水法是指将若干个分别组织的分部工程流水（专业流水或专业大流水),按照施工工艺的顺序和要求最大限度地搭接起来,组成一个单位工程或群体工程的流水施工。它是组织单位工程或群体工程流水施工的重要方法。

1) 分项工程流水施工

分项工程流水施工又叫施工过程流水或细部流水。它是在一个专业施工队伍内部组织起来的流水施工。在施工进度计划表上,它是一条标有施工段或施工队编号的水平或斜向进度指示线段。它是组织流水施工的基本单元。

2) 分部工程流水施工

分部工程流水施工又称专业流水。它是在一个分部工程内部各分项工程(施工过程)之间组织起来的流水施工。在施工进度计划表上,它是一组标有施工段或施工队伍编号的水平或斜向进度指示线段。它是组织流水施工的基本方法。

3) 单位工程流水施工

单位工程流水施工是在一个单位工程内部组织起来的流水施工。它一般由若干个分部工程流水组成。

4) 群体工程流水施工

群体工程流水施工是在单位工程之间组织起来的流水施工。一般首先是针对其分部工程来组织专业大流水。

2. 按流水施工节奏特征划分(针对专业流水或专业大流水)

根据流水施工的节奏特征,流水施工(主要指专业流水或专业大流水)可以划分为有节奏流水和无节奏流水,其中有节奏流水又可分为等节奏流水和异节奏流水,具体叙述详见后面的内容。

任务 4.2 流水施工的基本参数计算

【流水施工的基本参数讲解】

流水施工的主要参数,按其性质的不同,一般可分为工艺参数、空间参数和时间参数三种。

4.2.1 工艺参数

工艺参数是指参与流水施工的施工过程数目,以符号"n"表示。

施工过程划分的数目多少、粗细程度一般与下列因素有关。

1. 施工计划的性质和作用

对长期计划及建筑群体、规模大、结构复杂、工期长的工程施工控制性进度计划,其施工过程划分可粗些,综合性大些。对中、小型单位工程及工期不长的工程施工实施性计划,其施工过程划分可细些、具体些,一般划分至分项工程。对月度作业性计划,有些施工过程还可分解为工序,如安装模板、绑扎钢筋等。

2. 施工方案及工程结构

厂房的柱基础与设备基础挖土，如同时施工，可合并为一个施工过程；如先后施工，可分为两个施工过程。承重墙与非承重墙的砌筑，也是如此。砖混结构、大墙板结构、装配式框架与现浇钢筋混凝土框架等不同结构体系，其施工工程划分及内容也各不相同。

3. 劳动组织及劳动量大小

施工过程的划分与施工习惯有关。例如，安装玻璃、油漆施工可合也可分，因为有的是混合班组，有的是单一工种的班组。施工过程的划分还与劳动量大小有关。劳动量小的施工过程，当组织流水施工有困难时，可与其他施工过程合并。例如，垫层劳动量较小时可与挖土合并为一个施工过程，这样可以使各个施工过程的劳动量大致相等，便于组织流水施工。

4. 劳动内容和范围

施工过程的划分与其劳动内容和范围有关。如直接在工程对象上进行的劳动过程，可以划入流水施工过程，而场外劳动内容（如预制加工、运输等）可以不划入流水施工过程。

4.2.2 空间参数

空间参数一般包括施工段数、施工层数和工作面。

组织流水施工时，拟建工程在平面上划分的若干个劳动量大致相等的施工区段，称为施工段，它的数目一般以"m"表示。

划分施工段的目的是组织流水施工，保证不同的施工班组能在不同的施工段上同时进行施工，并使各施工班组能按一定的时间间隔转移到另一个施工段进行连续施工，既消除等待、停歇现象，又互不干扰。

所谓施工层是指为满足竖向流水施工的需要，在建筑物垂直方向上划分的施工区段，常用"c"表示。施工层的划分视工程对象的具体情况而定，一般以建筑物的结构层作为施工层。例如，一个五层砖混结构的房屋，其结构层数就是施工层数，即 $c=5$。如果该房屋每层划分为 3 个施工段，那么其总的施工段数：$m=5\times 3=15$。

1. 划分施工段的基本要求

（1）施工段的数目要合理。施工段过多，会增加总的施工持续时间，而且工作面不能充分利用；施工段过少，则会引起劳动力、机械和材料供应的过分集中，有时还会造成"断流"的现象。

（2）各施工段的劳动量（或工程量）一般应大致相等（相差宜在 15% 以内），以保证各施工班组连续、均衡地施工。

（3）施工段的划分界限要以保证施工质量且不违反操作规程要求为前提。例如，结构上不允许留施工缝的部位不能作为划分施工段的界限。

（4）当组织楼层结构的流水施工时，为使各施工班组能连续施工，上一层的施工必须在下一层对应部位完成后才能开始。即各施工班组做完第一段后，才能立即转入第二段；做完第一层的最后一段后，才能立即转入第二层的第一段。因此，每一层的施工段数 m 必须大于或等于其施工过程数 n，即

$$m \geqslant n \tag{4-1}$$

当 $m=n$ 时，施工班组连续施工，施工段上始终有施工班组，工作面能充分利用，无停歇现象，也不会产生窝工现象，比较理想。

当 $m>n$ 时，施工班组仍是连续施工，虽然有停歇的工作面，但不一定是不利的，有时还是必要的，如利用停歇的时间做养护、备料、弹线等工作。

当 $m<n$ 时，施工班组不能连续施工而窝工。因此，对一个建筑物组织流水施工是不适宜的，但是，在建筑群中可与另一些建筑物组织大流水。

2. 施工段划分的一般部位

施工段划分的部位要有利于结构的整体性，应考虑施工工程对象的轮廓形状、平面组成及结构构造上的特点。在满足施工段划分基本要求的前提下，可按下述情况划分施工段的部位。

（1）设置有伸缩缝、沉降缝的建筑工程，可按此缝为界划分施工段。
（2）单元式的住宅工程，可按单元为界分段，必要时以半个单元处为界分段。
（3）道路、管线等按长度方向延伸的工程，可按一定长度作为一个施工段。
（4）多栋同类型建筑，可以一栋房屋作为一个施工段。

4.2.3 时间参数

时间参数一般有流水节拍、流水步距和工期等。

1. 流水节拍

流水节拍是指从事某一施工过程的施工班组在一个施工段上完成施工任务所需的时间，用符号 t_i 表示（$i=1, 2, 3, \cdots$）。

1）流水节拍的确定

流水节拍的大小直接关系到投入的劳动力、材料和机械的多少，决定着施工进度和施工的节奏性。因此，合理确定流水节拍，具有重要意义。通常有三种确定方法：定额计算法、经验估算法、工期计算法。

（1）定额计算法。根据现有能够投入的资源（劳动力、机械台班和材料量）确定流水节拍，但须满足最小工作面的要求。流水节拍的计算式为

$$t_i = \frac{P_i}{R_i b} = \frac{Q_i}{S_i R_i b} \tag{4-2}$$

或

$$t_i = \frac{P_i}{R_i b} = \frac{Q_i H_i}{R_i b} \tag{4-3}$$

式中：t_i——某施工过程的流水节拍；

Q_i——某施工过程在某流水段上的工作量；

S_i——某施工过程的每工日（或每台班）产量定额；

R_i——某施工过程的施工班组人数或机械台班；

b——每天工作班数；

H_i——某施工过程采用的时间定额；

P_i——在一个施工段上完成某施工过程所需的劳动量（工日数）或机械台班量（台班数）。

（2）经验估算法。经验估算表达式为：

$$t = \frac{a + 4b + c}{6} \quad (4-4)$$

式中：t——某施工过程在某施工段上的流水节拍；
a——某施工过程在某施工段上的最短估算时间；
b——某施工过程在某施工段上的正常估算时间；
c——某施工过程在某施工段上的最长估算时间。

这种方法多适用于采用新工艺、新方法和新材料等没有时间定额可循的工程项目。

（3）工期计算法。对某些施工任务在规定日期内必须完成的工程项目，往往采用倒排进度法计算流水节拍，具体步骤如下：

第一步：根据工期倒排进度，确定某施工过程的工作持续时间。

第二步：确定某施工过程在某施工段上的流水节拍。

若同一施工过程的流水节拍不相等，则用经验估算法进行计算；若流水节拍相等，则按式（4-5）进行计算。

$$t = \frac{T}{m} \quad (4-5)$$

式中：t——流水节拍；
T——某施工过程的工作持续时间；
m——某施工过程划分的施工段数。

若流水节拍根据工期要求来确定时，必须检查劳动力和机械供应的可能性，物资供应能否相适应。

2）确定流水节拍的要点

（1）施工班组人数应符合施工过程最少劳动组合人数的要求。例如，现浇钢筋混凝土施工过程，它包括上料、搅拌、运输、浇捣等施工操作环节，如果人数太少，是无法组织施工的。

（2）要考虑工作面的大小或某种条件的限制。施工班组人数也不能太多，每个工人的工作面要符合最小工作面的要求。否则，就不能发挥正常的施工效率或不利于安全生产。工作面是表明施工对象上可能安置多少工人操作或布置施工机械场所的大小。

主要工种的最小工作面可参考表4-3的有关数据。

① 要考虑各种机械台班的效率（吊装次数）或机械台班产量的大小。

② 要考虑各种材料、构件等施工现场堆放量、供应能力及其他有关条件的制约。

③ 要考虑施工及技术条件的要求。例如，不能留施工缝必须连续浇筑的钢筋混凝土工程，有时要按三班制工作的条件决定流水节拍，以确保工程质量。

④ 确定一个分部工程各施工过程的流水节拍时，首先应考虑主要的、工程量大的施工过程的节拍（它的节拍最大，对工程起主要作用），其次确定其他施工过程的节拍值。

⑤ 节拍值一般取整数，必要时可保留0.5天（台班）的小数值。

表 4-3　主要工种最小工作面参考数据表

工作项目	每个技工的工作面	说　　明
砖基础	7.6m/人	以 $1\frac{1}{2}$ 砖计，2 砖乘以 0.8，3 砖乘以 0.55
砌砖墙	8.5m/人	以 1 砖计，$1\frac{1}{2}$ 砖乘以 0.71，3 砖乘以 0.55
混凝土柱、墙基础	8m³/人	机拌、机捣
混凝土设备基础	7m³/人	机拌、机捣
现浇钢筋混凝土柱	2.45m³/人	机拌、机捣
现浇钢筋混凝土梁	3.20m³/人	机拌、机捣
现浇钢筋混凝土墙	5m³/人	机拌、机捣
现浇钢筋混凝土楼板	5.3m³/人	机拌、机捣
预制钢筋混凝土柱	3.6m³/人	机拌、机捣
预制钢筋混凝土梁	3.6m³/人	机拌、机捣
预制钢筋混凝土屋架	2.7m³/人	机拌、机捣
混凝土地坪及面层	40m²/人	机拌、机捣
外墙抹灰	16m²/人	—
内墙抹灰	18.5m²/人	—
卷材屋面	18.5m²/人	—
防水水泥砂浆屋面	16m²/人	—

2. 流水步距

流水施工中，相邻两个施工班组先后开始进入施工的时间间隔，称为流水步距，通常以 $K_{i,i+1}$ 表示（i 表示前一个施工过程，$i+1$ 表示后一个施工过程）。

【流水步距与工期计算讲解】

流水步距的大小，对工期有着较大的影响。一般来说，在施工段不变的条件下，流水步距越大，工期越长；流水步距越小，则工期越短。

流水步距的数目取决于参加流水的施工过程数，如施工过程数为几个，则流水步距的总数为 $n-1$ 个。

1) 确定流水步距的原因与要求

(1) 技术间歇的需要。有些施工过程完成后，后续施工过程不能立即投入作业，必须有足够的时间间歇，用 t_j 表示。例如，钢筋混凝土的养护、油漆的干燥等。

(2) 施工班组连续施工的需要。最小的流水步距，必须使主要施工班组进场以后，不发生停工、窝工的现象。

(3) 保证每个施工段的正常作业程序，不发生前一施工过程尚未完成，而后一个施工过程就提前介入的现象。有时为了缩短时间,在工艺技术条件许可的情况下,某些次要专业队伍也可以搭接进行,其搭接时间用 t_d 表示。

(4) 组织间歇的需要。组织间歇是指由于考虑组织技术因素,两相邻施工过程在规定流水步距之外所增加的必要时间间歇,以便对前道工序进行检查验收,对下道工序做必要的准备工作,用 t_z 表示。

2) 确定流水步距($K_{i,i+1}$)的方法

(1) 分析计算法。在流水施工中,如果同一施工过程在各施工段上的流水节拍均相等,则各相邻施工过程之间的流水步距可按下式计算:

$$K_{i,i+1}=t_i+(t_j+t_z-t_d) \quad 当\ t_i \leqslant t_{i+1}\ 时 \qquad (4-6)$$

$$K_{i,i+1}=mt_i-(m-1)t_{i+1}+(t_j+t_z-t_d) \quad 当\ t_i > t_{i+1}\ 时 \qquad (4-7)$$

式中:t_i——第 i 个施工过程的流水节拍;

t_{i+1}——第 $i+1$ 个施工过程的流水节拍;

t_j——第 i 个施工过程与第 $i+1$ 个施工过程之间的技术间歇时间;

t_z——第 i 个施工过程与第 $i+1$ 个施工过程之间的组织间歇时间;

t_d——第 $i+1$ 个施工过程与第 i 个施工过程之间的搭接时间。

(2) 取大差法(累加数列法)。其计算步骤如下。

第一步:根据专业工作队在各施工段上的流水节拍,求累加数列。

第二步:根据施工顺序,对所求的相邻两累加数列,错位相减。

第三步:根据错位相减的结果,确定相邻专业工作队之间的流水步距,即相减结果中数值最大者为流水步距。

【例 4-1】 某项目由四个施工过程组成,分别由 A、B、C、D 四个专业工作队完成,在平面上划分成四个施工段,每个专业工作队在各施工段上的流水节拍如表 4-4 所示,试确定相邻专业工作队之间的流水步距。

表 4-4 各专业工作队在各施工段上的流水节拍

工作队\施工段	①	②	③	④
A	4	3	2	3
B	3	3	2	2
C	3	2	3	2
D	2	2	3	3

解:(1) 求各专业工作队的累加数列(提示:以专业工作队或施工过程为基准进行数列的累加)。

A: 4,7,9,12

B: 3,6,8,10

C: 3,5,8,10

D: 2,4,7,10

（2）错位相减（提示：特指相邻两个施工过程之间的数列错位相减，例如，A只能跟B，B只能跟C，以此类推）。

A与B

A	4	7	9	12	
B	—	3	6	8	10
相减结果	4	4	3	4	−10

（舍弃负数）取最大值得流水步距 $K_{AB}=4$

B与C

B	3	4	8	10	
C	—	3	5	8	10
相减结果	3	3	3	2	−10

（舍弃负数）取最大值得流水步距 $K_{BC}=3$

C与D

C	3	5	8	10	
D	—	2	4	7	10
相减结果	3	3	4	3	−10

（舍弃负数）取最大值得流水步距 $K_{CD}=4$

（3）相邻专业工作队（四个）间的流水步距（三个）分别如下：

$K_{AB}=4$；　　　　$K_{BC}=3$；　　　　$K_{CD}=4$。

3. 工期

工期是指完成一项工程任务或一个流水施工所需的时间，一般可采用下式计算：

$$T = \sum K_{i,i+1} + T_n \tag{4-8}$$

式中：$\sum K_{i,i+1}$——流水施工中各流水步距之和；

T_n——流水施工中最后一个施工过程的持续时间。

【**例 4-2**】 某工程划分为 A、B、C、D 四个施工过程，分三个施工段组织流水施工，各施工过程的流水节拍分别为 $t_A=2$ 天、$t_B=3$ 天、$t_C=5$ 天、$t_D=2$ 天，施工过程 B 完成后需有 1 天的技术间歇和组织间歇。试求各施工过程之间的流水步距及该工程的工期。

解：根据上述条件及式（4-6）和式（4-7），各流水步距计算如下：

因 $t_A<t_B$，$t_j+t_z=0$，$t_d=0$，故 $K_{A,B}=t_A+(t_j+t_z-t_d)=2+0=2$（天）；

因 $t_B<t_C$，$t_j+t_z=1$，$t_d=0$，故 $K_{B,C}=t_B+(t_j+t_z-t_d)=3+1=4$（天）；

因 $t_C>t_D$，$t_j+t_z=0$，$t_d=0$，故 $K_{C,D}=mt_C-(m-1)t_D+(t_j-t_d)=3\times5-(3-1)\times2=11$（天）。

由式（4-8）计算可得该工程的工期为

$T=\sum K_{i,i+1}+T_n=K_{A,B}+K_{B,C}+K_{C,D}+mt_D=2+4+11+3\times2=23$（天）

该工程的流水施工进度安排如图 4.5 所示。

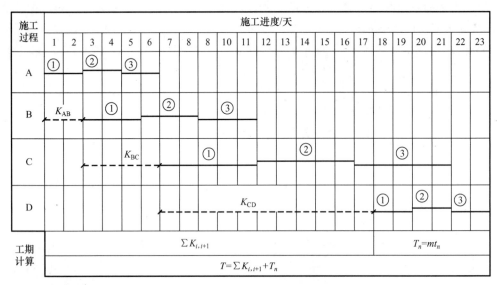

图 4.5 某工程流水施工进度安排

任务 4.3 流水施工的组织方法设计

流水施工的前提是节奏,没有节奏就无法组织流水施工,而节奏是由流水施工的节拍决定的。由于建筑工程的多样性,使得各分项工程的数量差异很大,从而要把施工过程在各施工段的工作持续时间都调整到一样是不可能的,经常遇到的大部分是施工过程流水节拍不相等,甚至一个施工过程在各流水段上流水节拍都不一样,因此形成了各种不同形式的流水施工。通常根据各施工过程的流水节拍不同,可分为有节奏流水施工和无节奏流水施工。虽然有的也将其分为等节拍、异节拍、无节奏流水施工,也只是分类方法不用而已,它们之间的关系可用下述框图(图4.6)来说明。

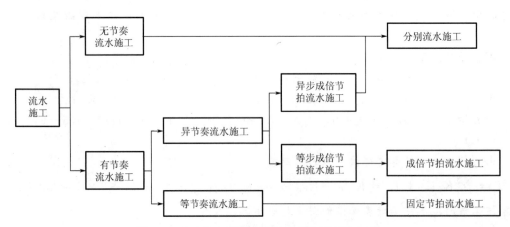

图 4.6 流水施工按流水节拍和步距的划分框图

从图 4.6 可以看出，流水施工总的可分为无节奏和有节奏流水施工两大类，而建筑工程流水施工中，常见的组织方式基本上可归纳为：全等节拍流水施工、异节拍流水施工、成倍节拍流水施工和分别流水施工。

流水施工进度横道图的编制，利用编制的建筑工程明细表，按照图 4.7 的框图步骤逐步深化，便很容易地完成一个单位工程流水施工进度图。

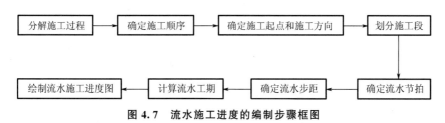

图 4.7 流水施工进度的编制步骤框图

4.3.1 有节奏流水施工

【有节奏流水施工讲解】

有节奏流水施工分为异节奏流水施工和等节奏流水施工两种类型。等节奏流水施工指全等节拍流水施工，又称固定节拍流水施工，是指所有施工过程在各施工段上的流水节拍全相等的一种流水方式。它是一种比较理想的、简单的流水组织方式，但并不普遍。为此在划分施工过程时，应先确定主要施工过程的专业施工队的人数，进而计算出流水节拍。对劳动量较小的施工过程进行合并，使各施工过程的劳动量尽量接近，其他施工过程则据此流水节拍确定专业队的人数。同时进行上述调整时，还要考虑施工段的工作面和施工专业队的合理劳动组合，并适当加以调整，使其更加合理。

1. 全等节拍流水施工的特点

（1）各施工过程的流水节拍均相等，有 $t_1=t_2=t_3=\cdots=t_n=$ 常数。

（2）施工过程的专业施工队数等于施工过程数，因为每一施工段只有一个专业施工队。

（3）各施工过程之间的流水步距彼此相等，且等于流水节拍，即 $K_{i,i+1}=K=t$。

（4）专业施工队能够连续施工，没有闲置的施工段，使得施工在时间和空间上都连续。

（5）各施工过程的施工速度相等，均等于 mt。

2. 主要流水参数的确定

（1）流水步距等于流水节拍，不再赘述。

（2）施工段数 m 的划分如下。

① 以一层建筑为对象时，宜取 $m=n$。

② 多层建筑，有层间关系时：

a. 若无间歇时间，宜取 $m=n$；

b. 若有间歇时间，为保证各施工过程的专业施工队都能连续施工，必须使 $m \geqslant n$。当 $m<n$ 时，每施工层内施工过程窝工数为 $m-n$，若施工过程持续时间为 t，则每层的窝工时间（w）为

$$w=(m-n)t=(m-n)K \qquad (4-9)$$

若同一层楼内的各施工过程的技术和组织间歇时间为 t_{x1}，楼层间的技术和组织间歇时间为 t_{x2}，为保证施工专业队能连续施工，则必须使：

$$(m-n)K = t_{x1} + t_{x2} = \sum t_{j,i} + \sum t_{z,i} \quad (4-10)$$

由此可得出每层的施工段数的最小值（$m_{\min}$），即

$$m_{\min} = n + \frac{t_{x1} + t_{x2}}{K} = n + \frac{\sum t_{j,i} + \sum t_{z,i}}{K} \quad (4-11)$$

（3）流水段工期计算。若以 T 作为流水段的施工工期，则有

$$T = (m+n-1)K + \sum t_{j,i} + \sum t_{z,i} - \sum t_{d,i} \quad (4-12)$$

式中：$\sum t_{j,i}$ ——各施工过程和楼层间的技术间歇时间之和；

$\sum t_{z,i}$ ——各施工过程和楼层间的组织间歇时间之和；

$\sum t_{d,i}$ ——各施工过程和楼层间的搭接时间之和。

（提示：各公式代表符号下的脚坐标 j 表示技术间歇；z 表示组织间歇；d 表示搭接时间。）

3. 全等节拍流水施工实例

下面举例说明流水段施工工期计算。

【例 4-3】某分部工程组织流水施工，它由四个施工过程即开挖基槽、绑扎钢筋、浇混凝土、基础砌砖组成，每个施工过程划分为 5 个流水段，流水节拍均为 4 天，无间歇时间。试确定流水段施工工期并绘制流水段施工进度横道图。

解题分析：本例属于无间歇时间与搭接时间的固定节拍流水施工问题。

解：由题意已知：施工段数 $m=5$，施工过程数 $n=4$，流水节拍 $t=4$ 天，流水步距 $K=t=t_i=4$ 天；间歇及搭接时间 $\sum t_{j,i} = \sum t_{z,i} = \sum t_{d,i} = 0$ 天。

故计算工期为

$$T = (m+n-1)K + \sum t_{j,i} + \sum t_{z,i} - \sum t_{d,i}$$
$$= (5+4-1) \times 4 + 0 + 0 + 0 = 32（天）$$

按上述已知条件及解答可绘制成如图 4.8 所示的流水施工进度横道图。

【例 4-4】某分部工程组织流水施工，由 A、B、C、D 四个施工过程来完成，划分为两个施工层（即二层楼层）组织流水施工，因施工过程 A 为混凝土浇筑，完成后需养护 1 天，且需层间组织间歇时间 1 天，流水节拍为 2 天。试确定施工段数，计算流水施工工期并绘制流水施工进度横道图。

解题分析：本例属于有间歇时间但无搭接时间的固定节拍流水施工问题。

解：由题意已知：$t=K=2$ 天，（混凝土养护）技术间歇 $t_j=1$ 天，组织间歇 $t_z=1$ 天，搭接时间 $t_d=0$ 天，施工过程数 $n=4$。

（1）确定施工段数目。

直接利用式（4-11），代入已知数据得：

$$m_{\min} = n + \frac{t_{x1} + t_{x2}}{K} = n + \frac{\sum t_{j,i} + \sum t_{z,i}}{K}$$
$$= 4 + (1+1)/2 = 5$$

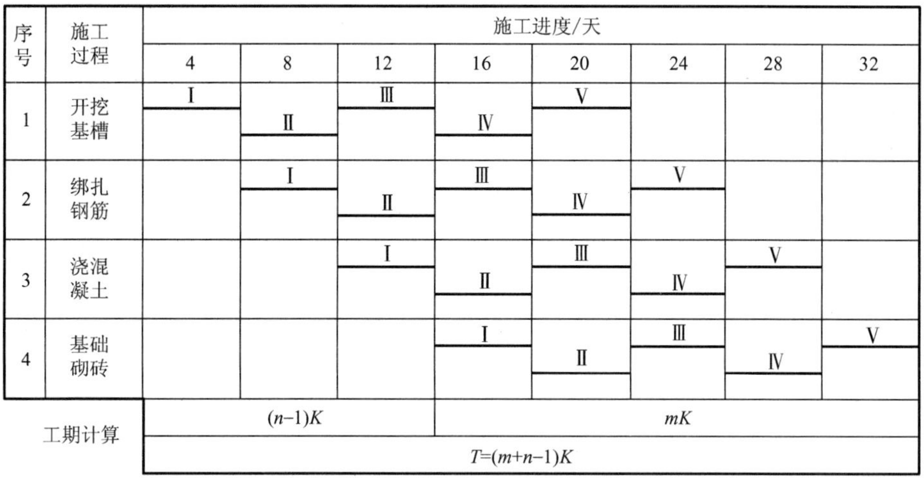

序号	施工过程	施工进度/天							
		4	8	12	16	20	24	28	32
1	开挖基槽	Ⅰ	Ⅱ	Ⅲ	Ⅳ	Ⅴ			
2	绑扎钢筋		Ⅰ	Ⅱ	Ⅲ	Ⅳ	Ⅴ		
3	浇混凝土			Ⅰ	Ⅱ	Ⅲ	Ⅳ	Ⅴ	
4	基础砌砖				Ⅰ	Ⅱ	Ⅲ	Ⅳ	Ⅴ
工期计算		$(n-1)K$				mK			
		$T=(m+n-1)K$							

图 4.8 流水施工进度横道图

(2) 计算流水施工工期。

按式(4-12)，因楼层数 (r) 为 2，有层间间歇，故变换式(4-12)得

$$T = (m + n \times r - 1)K + \sum t_{j,i} + \sum t_{z,i} - \sum t_{d,i} \qquad (4-13)$$

式中：r——楼层数目。

将各已知数据代入式(4-13)得

$$T = (m + n \times r - 1)K + \sum t_{j,i} + \sum t_{z,i} - \sum t_{d,i}$$
$$= (5 + 4 \times 2 - 1) \times 2 + 1 + 1 + 1 - 0 = 27(天)$$

(3) 绘制流水施工进度横道图，见图 4.9。

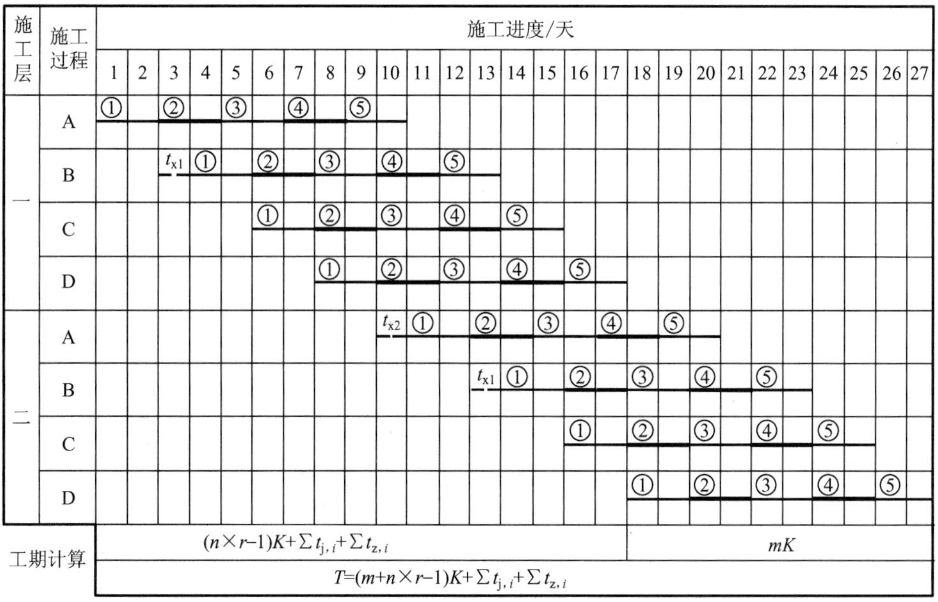

图 4.9 流水施工进度横道图

以上例题用流水施工进度横道图直接划出了流水施工工期,说明了流水段施工工期计算公式的推导过程。

4.3.2 异节拍流水施工

【异节拍流水施工讲解】

异节拍流水施工是指同一施工过程在各施工段上的流水节拍相等,但不同施工过程的流水节拍不完全相等的一种流水施工的方式。

1. 异节拍流水施工的特点

(1) 同一施工过程在各施工段上的流水节拍相等,而不同施工过程的流水节拍不完全相等。

(2) 一般流水步距因流水节拍的不同而不同,它们之间有一定的函数关系。

(3) 施工过程数就是专业施工队数。

2. 主要流水参数的确定

(1) 流水步距 K_{i-j} 的确定,可由前述的累加数列错位法或图上分析法求得,也可用下式求得,即

$$K_{i-j}=t_i \qquad (当 t_i < t_{i+1} 时)$$
$$K_{i-j}=mt_i-(m-1)t_{i+1} \qquad (当 t_i \geq t_{i+1} 时) \qquad (4-14)$$

(2) 工期计算 T。

$$T=\sum K_{i,i+1}+m \cdot t_n+\sum t_{j,i}+\sum t_{z,i}-\sum t_{d,i} \qquad (4-15)$$

式中:m——施工段数;

t_n——最后一个施工过程的流水节拍;

其余符号同前。

3. 异节拍流水施工实例

【例 4-5】 某基础工程中的四个施工过程为基础挖槽、绑扎钢筋、浇混凝土、基础砌砖,每个施工过程划分为四个施工段,每个施工过程的流水节拍均相等,分别是 1 天、2 天、2 天、1 天。试确定流水段的施工工期并绘制流水施工进度横道图。

解题分析:本例属于无间歇时间与搭接时间的异节拍流水施工问题。

解:由题意已知:$m=4$,$n=4$,$t_1=1$ 天,$t_2=2$ 天,$t_3=2$ 天,$t_4=1$ 天

$$\sum t_{j,i}=\sum t_{z,i}=\sum t_{d,i}=0$$

(1) 计算流水步距,按式(4-14)得

$$K_{1-2}=t_1=1 \text{ 天}$$
$$K_{2-3}=t_2=2 \text{ 天}$$
$$K_{3-4}=mt_i-(m-1)t_{i+1}=4\times 2-(4-1)\times 1=5(\text{天})$$

(2) 计算流水段施工工期,按式(4-15)得:

$$T=\sum K_{i,i+1}+m \cdot t_n+\sum t_{j,i}+\sum t_{z,i}-\sum t_{d,i}$$
$$=1+2+5+4\times 1+0+0-0=12(\text{天})$$

(3) 绘制流水施工进度横道图,如图 4.10 所示。

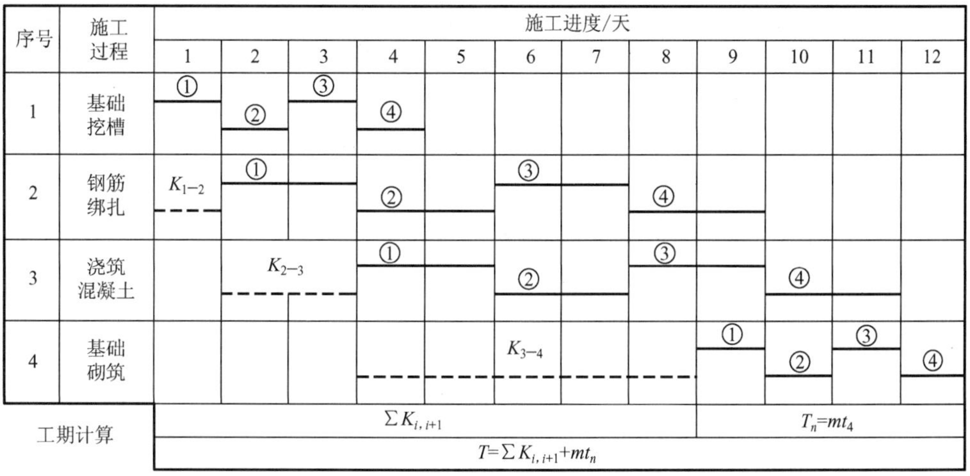

序号	施工过程	施工进度/天											
		1	2	3	4	5	6	7	8	9	10	11	12
1	基础挖槽	①	②	③	④								
2	钢筋绑扎	K_{1-2}	①		②		③		④				
3	浇筑混凝土			K_{2-3}		①	②		③		④		
4	基础砌筑					K_{3-4}				①	②	③	④
工期计算		$\sum K_{i,i+1}$								$T_n=mt_4$			
		$T=\sum K_{i,i+1}+mt_n$											

图 4.10　流水施工进度横道图

4.3.3 成倍节拍流水施工

【成倍节拍流水施工讲解】

成倍节拍流水施工是固定节拍流水施工的一个特例,在组织固定节拍流水施工时,可能遇到非主导施工过程所需劳动力、施工机械超过了施工段上工作面所能容纳的数量的情况,这时非主导施工过程只能按施工段所能容纳的劳动力或机械的数量来确定流水节拍,从而可能会出现某些施工过程的流水节拍为其他施工过程的流水节拍的倍数,即形成有两个或两个以上的专业施工队在同一施工段内流水作业,从而形成成倍节拍流水的情况。

1. 成倍节拍流水施工的特点

(1) 同一施工过程在各施工段上的流水节拍均相等,即 $t_j = t_i$,不同施工过程在同一施工段上的流水节拍之间存在一个最大公约数,各流水节拍等于该最大公约数的不同整倍数,即 $K=$最大公约数 $(t_1, t_2, \cdots, t_n)$。

(2) 各专业施工队伍之间的流水步距彼此相等,且等于流水节拍的最大公约数 K。

(3) 专业施工队总数 n' 大于施工过程数 n。

(4) 能够连续作业,施工段也没有空置,使得流水施工在时间和空间上都连续。

(5) 各施工过程的持续时间之间亦存在公约数 K。

(6) 成倍流水施工因增加了专业施工队的数量,故加快了施工过程的速度,从而缩短了总工期。

2. 成倍节拍流水施工的工期计算

(1) 成倍节拍流水施工的流水施工的工期计算公式为:

$$T = (m+n'-1)K + \sum t_{j,i} + \sum t_{z,i} - \sum t_{d,i} \qquad (4-16)$$

式中：m——施工段数目;

n'——专业工作队总数目;

K——流水步距,流水步距等于流水节拍最大公约数;

其余符号同前。

当流水施工对象有施工层，并且上一层施工与下一层施工存在搭接关系，如第二层第一施工段的楼板施工完成后才能进行第三层第一施工段的砌砖，则有施工层的成倍节拍流水施工的工期计算公式如下：

$$T = (N \cdot n' - 1)K + m \cdot t_n + \sum t_{j,i} + \sum t_{z,i} - \sum t_{d,i} \quad (4-17)$$

式中：N——施工层数目；

t_n——最后一个施工过程的流水节拍；

其余符号同前。

其中，专业工作队总数目 n' 的计算步骤如下。

① 计算每个施工过程成立的专业工作队数目，即

$$b_j = \frac{t_j}{K} \quad (4-18)$$

式中：b_j——第 j 个施工过程的专业工作队数目；

t_j——第 j 个施工过程的流水节拍。

② 计算专业工作队总数目：

$$n' = \sum b_j \quad (4-19)$$

（2）成倍节拍流水施工的工期计算的步骤。

第一步：确定施工段数目。

第二步：确定流水步距，流水步距等于流水节拍最大公约数。

第三步：确定各专业工作队数目。

第四步：确定专业工作队总数目 n'。

第五步：计算流水施工工期，$T = (m + n' - 1)K + \sum t_{j,i} + \sum t_{z,i} - \sum t_{d,i}$。

3. 成倍节拍流水施工的工期计算实例

【例 4-6】 某工程项目的分项工程由支模板、绑扎钢筋、浇筑混凝土三个施工过程组成，其流水节拍分别为 9 天、6 天、3 天，在平面上划分为六个施工段，采用成倍节拍流水施工组织方式。确定该工程成倍节拍流水施工工期，并绘制其流水施工横道图。

解题分析：本例属于成倍节拍流水施工的工期计算，无施工层、无间歇时间与搭接时间。

解： 由题意已知：$m=6$，$n=3$，$t_1=9$ 天，$t_2=6$ 天，$t_3=3$ 天。

$$\sum t_{j,i} = \sum t_{z,i} = \sum t_{d,i} = 0$$

（1）确定流水步距。

$$K = 最大公约数（9，6，3）= 3（天）$$

（2）确定各专业工作队数目。

支模板： $$b_1 = \frac{t_1}{K} = \frac{9}{3} = 3（个）$$

绑钢筋： $$b_2 = \frac{t_2}{K} = \frac{6}{3} = 2（个）$$

浇筑混凝土： $$b_3 = \frac{t_3}{K} = \frac{3}{3} = 1（个）$$

（3）确定专业工作队总数目。

$$n' = \sum b_j = 3 + 2 + 1 = 6（个）$$

(4)计算流水施工工期。

$$T = (m+n'-1)K + \sum t_{j,i} + \sum t_{z,i} - \sum t_{d,i}$$
$$= (6+6-1) \times 3 + 0 - 0 = 33(天)$$

(5)绘制该工程的成倍节拍流水施工横道计划图,如图 4.11 所示。

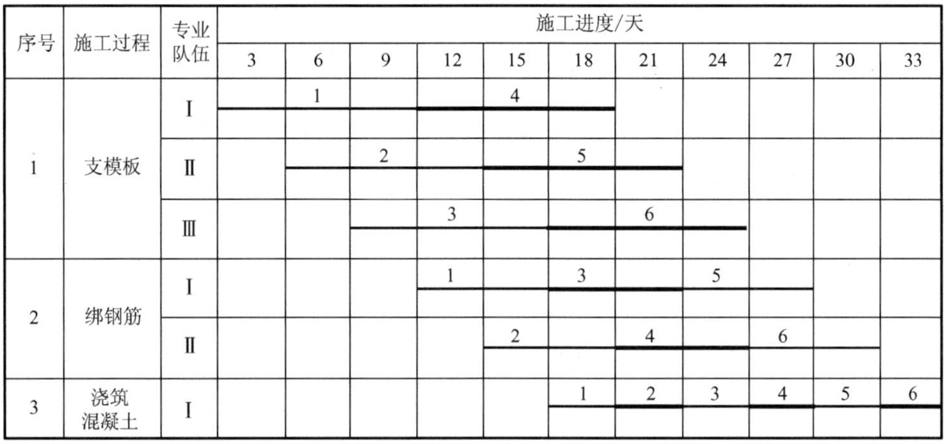

序号	施工过程	专业队伍	施工进度/天										
			3	6	9	12	15	18	21	24	27	30	33
1	支模板	Ⅰ	1				4						
		Ⅱ			2			5					
		Ⅲ				3			6				
2	绑钢筋	Ⅰ				1		3		5			
		Ⅱ					2		4		6		
3	浇筑混凝土	Ⅰ						1	2	3	4	5	6

图 4.11 某工程的成倍节拍流水施工横道计划图

4.3.4 无节奏流水施工

【无节奏流水施工讲解】

无节奏流水施工又称分别流水施工,各施工过程在各施工段上的流水节拍无特定规律。由于没有固定节拍、成倍节拍的时间约束,所以进度安排上既灵活又自由,它是在工程实践中最常见、应用较普遍的一种流水施工组织方式。

1. 无节奏流水施工的特点

(1)无固定规律,各施工过程在各施工段上的流水节拍完全自由。

(2)施工过程之间的流水步距一般均不相等,流水步距与流水节拍的大小及相邻施工过程在相应施工段的流水节拍之差有关。

(3)每个施工过程在每个施工段上均由一个专业施工队独立进行施工,就是说施工队数 n' 等于施工过程数 n。

(4)专业施工队能连续施工,但施工段可能空置。

由上述特点可以看出,无节奏流水施工不像固定节拍流水施工和成倍节拍流水施工那样受到很大约束,即允许流水节拍自由,从而决定了流水步距也较自由,又允许空间(施工段)的空置。因此它能适应各种规模、各种结构形式、各种复杂工程的工程对象,所以是组织单位工程流水施工最常用的方式。

2. 无节奏流水施工的工期计算

无节奏流水施工的工期 T 计算公式如下:

$$T = \sum K + \sum t_n + \sum t_{j,i} + \sum t_{z,i} - \sum t_{d,i} \quad (4-20)$$

式中：$\sum K$ ——所有流水步距之和，流水步距等于流水节拍最大公约数；

$\sum t_n$ ——最后一个施工过程（或专业工作队）在各施工段上的流水节拍之和；

其余符号同前。

3. 无节奏流水施工的工期计算步骤

第一步：求各施工过程流水节拍的累加数列。

第二步：相邻两施工过程的累加数列进行错位相减求得差数列。

第三步：在差数列中取最大值求得流水步距。

第四步：根据分别流水施工工期计算公式进行工期的计算并绘制横道图。

4. 无节奏流水施工的工期计算实例

【例 4-7】 某工程项目的分项工程有支模板、绑钢筋、浇筑混凝土三个施工过程组成，分为四个施工段进行流水施工，施工流向按施工段一至四的顺序进行，其流水节拍见表 4-5。

表 4-5 流水节拍

施工过程编号	施工过程名称	施 工 段			
		①	②	③	④
Ⅰ	支模板	2	3	2	1
Ⅱ	绑钢筋	3	2	4	2
Ⅲ	浇筑混凝土	3	4	2	2

试计算该工程的流水施工工期，并绘制其流水施工横道计划图。

解题分析：本例属于无节奏流水施工的工期计算，无间歇时间与搭接时间。

解：（1）计算各施工过程流水节拍的累加数列。

施工过程Ⅰ　2　5　7　8

施工过程Ⅱ　3　5　9　11

施工过程Ⅲ　3　7　9　11

（2）相邻两施工过程的累加数列进行错位相减求得差数列。

施工过程Ⅰ—Ⅱ：

```
    Ⅰ         2    5    7    8
    Ⅱ     —    3    5    9    11
  相减结果   2    2    2   -1   -11
```

（舍弃负数）取最大值得流水步距 $K_{Ⅰ-Ⅱ}=2$

施工过程Ⅱ—Ⅲ：

```
    Ⅱ         3    5    9    11
    Ⅲ     —    3    7    9    11
  相减结果   3    2    2    2   -11
```

（舍弃负数）取最大值得流水步距 $K_{Ⅱ-Ⅲ}=3$

（3）在差数列中取最大值分别求得流水步距（如上所求）。

施工过程Ⅰ—Ⅱ的流水步距：$K_{Ⅰ-Ⅱ}=\max\{2,2,2,-1,-11\}=2$(天)

施工过程Ⅱ—Ⅲ的流水步距：$K_{Ⅱ-Ⅲ}=\max\{3,2,2,2,-11\}=3$（天）

（4）计算工期并绘制横道图。

$$T=\sum K+\sum t_n+\sum t_{j,i}+\sum t_{z,i}-\sum t_{d,i}$$
$$=(2+3)+(3+4+2+2)+0-0=16(天)$$

该工程的无节奏流水施工横道计划见图4.12。

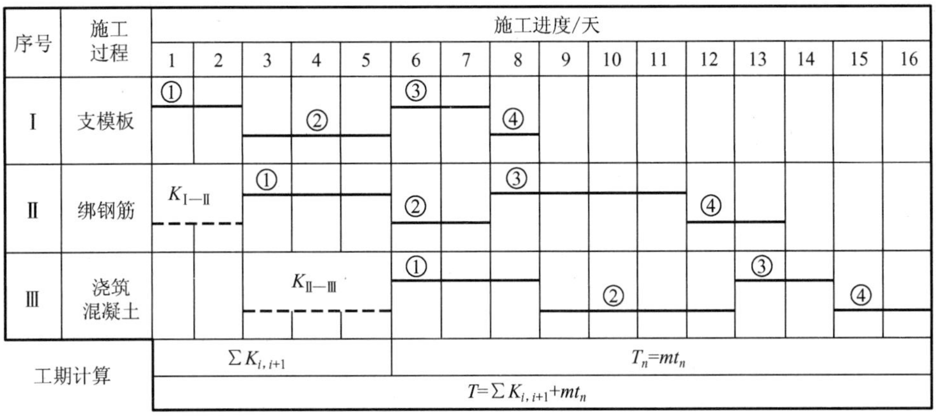

序号	施工过程	施工进度/天															
		1	2	3	4	5	6	7	8	9	10	11	12	13	14	15	16
Ⅰ	支模板	①			②		③		④								
Ⅱ	绑钢筋	$K_{Ⅰ-Ⅱ}$		①			②			③			④				
Ⅲ	浇筑混凝土				$K_{Ⅱ-Ⅲ}$		①				②			③		④	
工期计算		$\sum K_{i,i+1}$					$T_n=mt_n$										
		$T=\sum K_{i,i+1}+mt_n$															

图4.12 某工程的无节奏流水施工横道计划图

【例4-8】 某现浇混凝土基础工程由支模板、绑钢筋、浇筑混凝土、拆模板和回填土五个分项工程组成。划分为四个施工段，各个分项工程在各个施工段上的持续时间见表4-6，施工流向为按施工段一至四顺序进行。混凝土浇筑后至拆模板至少要养护2天。

（1）根据该工程项目流水节拍的特点，可按何种流水施工方式组织施工？

（2）试确定该基础工程流水施工的流水步距、流水施工工期，并绘制其流水施工横道计划图。

表4-6 各施工过程的持续时间

施工过程编号	施工过程名称	持续时间/天			
		①	②	③	④
Ⅰ	支模板	3	3	3	3
Ⅱ	绑钢筋	3	3	4	4
Ⅲ	浇筑混凝土	2	1	2	2
Ⅳ	拆模板	1	2	1	1
Ⅴ	回填土	2	1	2	2

解题分析：本例属于无节奏流水施工的工期计算，有间歇时间、无搭接时间。同时，应注意施工段的施工流向。

解：（1）根据该工程项目流水节拍的特点，可按分别流水施工方式组织施工。

（2）该基础工程流水施工的流水步距，流水施工工期计算如下。

① 求各施工过程流水节拍的累加数列。

施工过程Ⅰ　　3　6　9　12
施工过程Ⅱ　　3　6　10　14
施工过程Ⅲ　　2　3　5　7
施工过程Ⅳ　　1　3　4　5
施工过程Ⅴ　　2　3　5　7

② 相邻两施工过程的累加数列进行错位相减求得差数列。

施工过程Ⅰ—Ⅱ：

	Ⅰ	3	6	9	12	
	Ⅱ	—	3	6	10	14
相减结果		3	3	3	2	−14

（舍弃负数）取最大值得流水步距 $K_{Ⅰ-Ⅱ}=3$ 天

施工过程Ⅱ—Ⅲ：

	Ⅰ	3	6	10	14	
	Ⅱ	—	2	3	5	7
相减结果		3	4	7	9	−7

（舍弃负数）取最大值得流水步距 $K_{Ⅱ-Ⅲ}=9$ 天

施工过程Ⅲ—Ⅳ：

	Ⅰ	2	3	5	7	
	Ⅱ	—	1	3	4	5
相减结果		2	2	2	3	−5

（舍弃负数）取最大值得流水步距 $K_{Ⅲ-Ⅳ}=3$ 天

施工过程Ⅳ—Ⅴ：

	Ⅰ	1	3	4	5	
	Ⅱ	—	2	3	5	7
相减结果		1	1	1	0	−7

（舍弃负数）取最大值得流水步距 $K_{Ⅳ-Ⅴ}=1$ 天

③ 该工程的流水施工工期并绘制横道图。

$$T=\sum K+\sum t_n+\sum t_{j,i}+\sum t_{z,i}-\sum t_{d,i}$$
$$=(3+9+3+1)+(2+1+2+2)+2-0=25(天)$$

绘制该工程的分别流水施工横道计划图如图 4.13 所示。

【例 4-9】 某分部工程划分为挖土（A）、垫层（B）、基础（C）、回填土（D）四个施工过程，每个施工过程分三个施工段，各施工过程的流水节拍均为 4 天，试组织等节奏流水施工。

解：（1）确定流水步距。由等节奏流水的特征可知：

$$K=t=4 \text{ 天}$$

（2）计算工期。

$$T=(m+n-1)\times t=(4+3-1)\times 4=24(天)$$

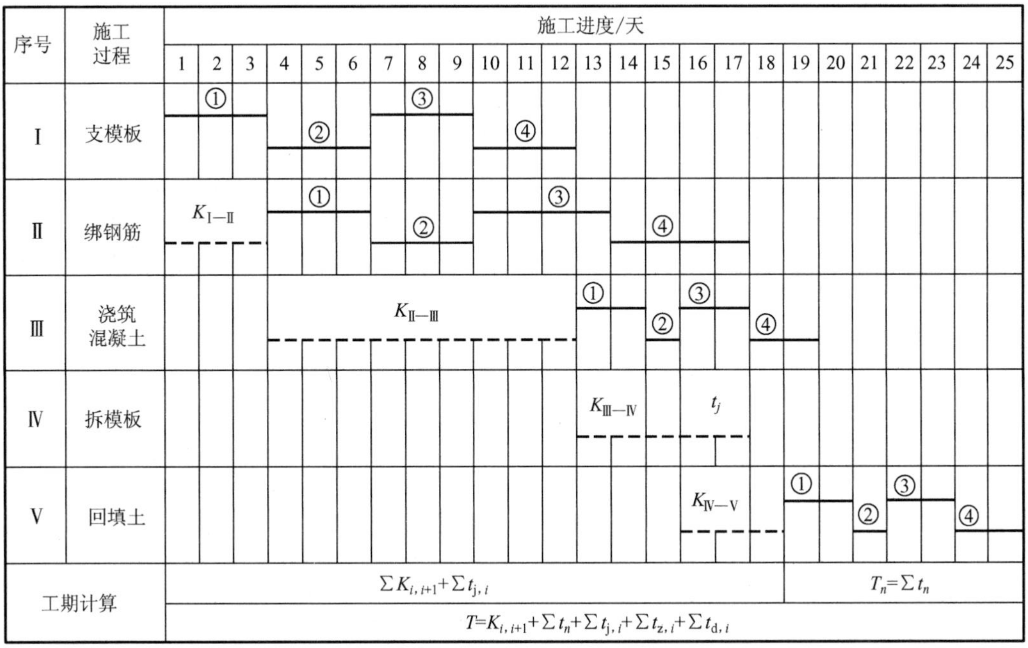

序号	施工过程	施工进度/天																								
		1	2	3	4	5	6	7	8	9	10	11	12	13	14	15	16	17	18	19	20	21	22	23	24	25
Ⅰ	支模板		①				②			③			④														
Ⅱ	绑钢筋	$K_{Ⅰ-Ⅱ}$			①			②			③				④												
Ⅲ	浇筑混凝土					$K_{Ⅱ-Ⅲ}$							①	②	③		④									
Ⅳ	拆模板												$K_{Ⅲ-Ⅳ}$		t_j											
Ⅴ	回填土													$K_{Ⅳ-Ⅴ}$					①	②	③		④			
工期计算		$\sum K_{i,i+1}+\sum t_{j,i}$																		$T_n=\sum t_n$						
		$T=K_{i,i+1}+\sum t_n+\sum t_{j,i}+\sum t_{z,i}+\sum t_{d,i}$																								

图 4.13 某基础工程无节奏流水施工横道计划图

(3) 用横道图绘制流水进度计划,如图 4.14 所示。

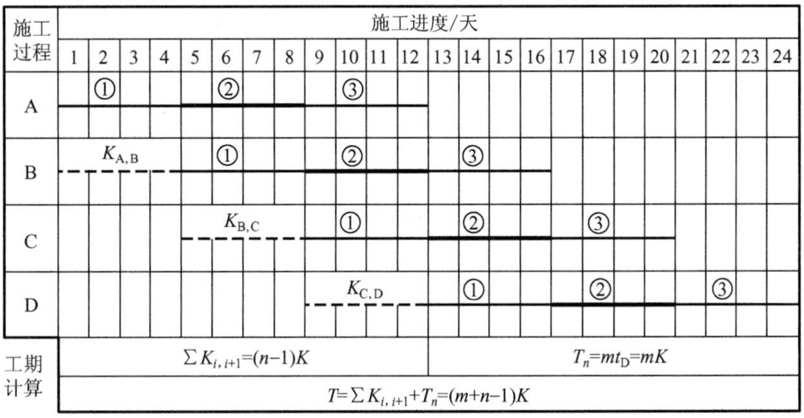

施工过程	施工进度/天																								
	1	2	3	4	5	6	7	8	9	10	11	12	13	14	15	16	17	18	19	20	21	22	23	24
A		①				②				③														
B	$K_{A,B}$				①				②				③											
C					$K_{B,C}$				①				②				③							
D								$K_{C,D}$				①				②				③				
工期计算	$\sum K_{i,i+1}=(n-1)K$											$T_n=mt_D=mK$												
	$T=\sum K_{i,i+1}+T_n=(m+n-1)K$																							

图 4.14 某分部工程无间歇全等节拍流水施工进度计划

【例 4-10】 某工程划分为 A、B、C、D 四个施工过程,分三个施工段组织施工,各施工过程的流水节拍分别为 $t_A=3$ 天、$t_B=4$ 天、$t_C=5$ 天、$t_D=3$ 天;施工过程 B 施工完成后有 2 天的技术间歇时间,施工过程 D 与 C 搭接 1 天。试求各施工过程之间的流水步距及该工程的工期,并绘制流水施工进度表。

解:(1) 确定流水步距。

根据上述条件及相关公式,各流水步距计算如下。

因为 $t_A<t_B$,所以 $K_{A,B}=t_A=3$(天)

因为 $t_B<t_C$,所以 $K_{B,C}=t_B=4$(天)

因为 $t_C > t_D$，所以 $K_{C,D} = mt_D - (m-1)t_C = 3 \times 5 - (3-1) \times 3 = 9$（天）

（2）流水工期。

$$T = \sum K_{i,i+1} + T_n + Z_{i,i+1} - \sum C_{i,i+1} = (3+4+9) + 3 \times 3 + 2 - 1 = 26 \text{（天）}$$

（3）绘制施工进度计划表，如图 4.15 所示。

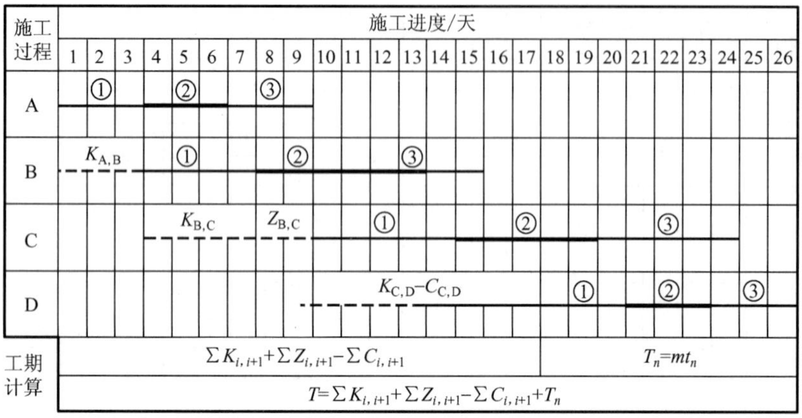

施工过程	施工进度/天
A	① ② ③
B	$K_{A,B}$ ① ② ③
C	$K_{B,C}$ $Z_{B,C}$ ① ② ③
D	$K_{C,D} - C_{C,D}$ ① ② ③
工期计算	$\sum K_{i,i+1} + \sum Z_{i,i+1} - \sum C_{i,i+1}$ ； $T_n = mt_n$ ； $T = \sum K_{i,i+1} + \sum Z_{i,i+1} - \sum C_{i,i+1} + T_n$

图 4.15 某工程异步距异节拍流水施工进度计划

【例 4-11】 某工程有 A、B、C、D、E 五个施工过程，平面上划分成四个施工段，每个施工过程在各个施工段上的流水节拍见表 4-7。规定 B 完成后有 2 天的技术间歇时间，D 完成后有 1 天的组织间歇时间，A 与 B 之间有 1 天的平行搭接时间，试编制流水施工方案。

表 4-7 某工程流水节拍

施工过程 \ 施工段	Ⅰ	Ⅱ	Ⅲ	Ⅳ
A	3	2	2	4
B	1	3	5	3
C	2	1	3	5
D	4	2	3	3
E	3	4	2	1

解： 根据题设条件可知该工程只能组织无节奏流水施工。

（1）求流水节拍的累加数列（表 4-8）。

表 4-8 流水节拍的累加数列

施工过程	累加数列结果			
A	3	5	7	11
B	1	4	9	12
C	2	3	6	11
D	4	6	9	12
E	3	7	9	10

（2）确定流水步距。

① 求施工过程 A 与 B 的流水节拍 $K_{A,B}$。

```
A          3    5    7    11
B          —    1    4    9    12
相减结果   3    4    3    2    −12
```

（舍弃负数）取最大值得流水步距 $K_{A,B}=4$ 天

② 求施工过程 B 与 C 的流水节拍 $K_{B,C}$。

```
B          1    4    9    12
C          —    2    3    6    11
相减结果   1    2    6    6    −11
```

（舍弃负数）取最大值得流水步距 $K_{B,C}=6$ 天

③ 求施工过程 C 与 D 的流水节拍 $K_{C,D}$。

```
C          2    3    6    11
D          —    4    6    9    12
相减结果   2    −1   0    2    −12
```

（舍弃负数）取最大值得流水步距 $K_{C,D}=2$ 天

④ 求施工过程 D 与 E 的流水节拍 $K_{D,E}$。

```
C          4    6    9    12
D          —    3    7    9    10
相减结果   4    3    2    3    −10
```

（舍弃负数）取最大值得流水步距 $K_{D,E}=4$ 天

(3) 确定流水工期。

$$T = \sum K_{i,i+1} + \sum t_n + Z_{i,i+1} - \sum C_{i,i+1}$$

$$= (4+6+2+4)+(3+4+2+1)+2+1-1=28（天）$$

(4) 绘制流水施工进度表，如图 4.16 所示。

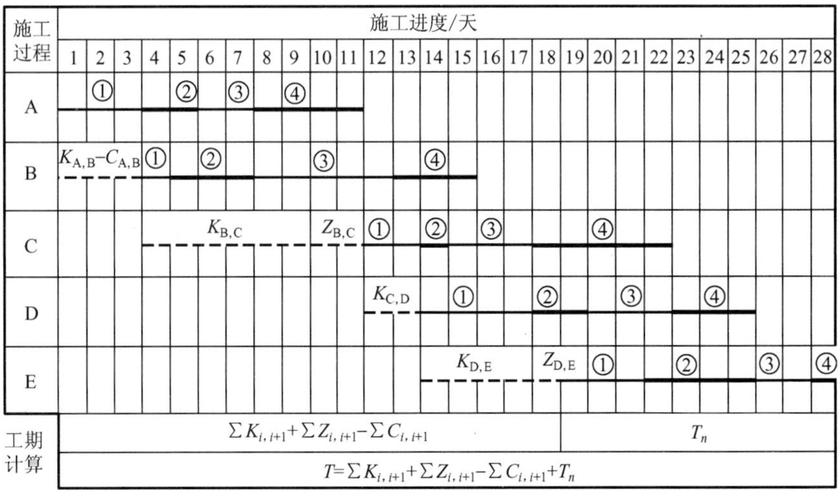

图 4.16 某工程无节奏流水施工进度计划

项目小结

本项目通过依次施工、平行施工和流水施工三种组织施工方式的比较,引出流水施工的概念,并且介绍了流水施工的分类和表达方式;重点阐述了流水施工工艺参数、时间参数及空间参数的确定及组织流水施工的三种基本方式,并且结合实例阐述了流水施工组织方式在实践中的应用步骤和方法。

通过本项目学习学生要掌握等节奏流水、异节奏流水和无节奏流水的组织方法,并且通过实训使学生学会流水施工在工程实践中的应用。

习 题

一、思考题

1. 组织施工的方式有哪几种?它们各有什么特点?
2. 流水作业的实质是什么?组织流水施工的条件是什么?
3. 流水施工的主要参数有哪些?如何确定主要流水参数?
4. 施工段划分的基本要求是什么?
5. 什么是流水节拍、流水步距?流水节拍如何确定?
6. 流水施工按节奏不同可分为哪几种?各有什么特点?
7. 划分施工过程应考虑哪些因素?

二、实操题

1. 某工程划分为五个施工过程,每个施工过程分五个施工段组织流水施工,流水节拍均为3天。在第二个施工过程结束后有2天技术和组织管理间歇时间,试计算其工期并绘制施工横道计划图。

2. 试组织某三层房屋由Ⅰ、Ⅱ、Ⅲ、Ⅳ四个施工过程组成的分部工程流水作业。流水节拍分别为4天、2天、2天、4天。已知Ⅰ—Ⅱ和Ⅲ—Ⅳ施工过程之间有技术间歇时间各为1天,层间技术间歇时间为2天,试确定流水步距、工作队数、施工段数、总工期,并绘制流水施工横道计划图。

3. 试根据表4-9所列数据,计算:
(1) 各相邻施工过程之间的流水步距;
(2) 总工期,并绘制流水施工进度计划图。

表4-9 工期表

施工过程 \ 施工段	Ⅰ	Ⅱ	Ⅲ	Ⅳ
A	3	2	4	2
B	2	3	2	1
C	6	5	1	3
D	4	2	5	5

网络计划技术

能力目标	知识要点	权 重
能绘制双代号网络图	1. 网络计划的基本原理； 2. 双代号网络图的组成； 3. 双代号网络图的绘制规则	35%
能对双代号网络计划时间参数进行计算	双代号网络时间参数的计算方法	35%
能绘制双代号时标网络计划图和判读	1. 双代号时标网络计划的绘制要求和绘制方法； 2. 时标网络计划的判读	20%
能绘制施工网络计划图	1. 施工网络计划的排列方法； 2. 建筑工程施工网络图的合并、连接及详略组合	10%

【背景】

请仔细识读图 5.1。

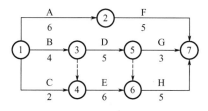

图 5.1　网络图

【提出问题】

1. 你认为图 5.1 有何特点？由哪些要素组成？每个符号可能代表什么？
2. 你认为绘制该图有何规律可循？
3. 如何简单地确定从开始到结束的最大时间？

知识点提要

网络计划技术是20世纪50年代后期为了适应工业生产发展和复杂科学研究工作开展需要而发展起来的一种科学管理方法，它是目前最先进的计划管理方法。由于这种方法逻辑严密，主要矛盾突出，主要用于进度计划编制和实施控制，有利于计划的优化调整和计算机的应用。因此，它在缩短建设工期、提高功效、降低造价及提高管理水平等方面取得了显著的效果。我国于20世纪60年代开始引进和应用这种方法，目前网络计划技术已经广泛应用于投标、签订合同及进度和造价控制。

【工程网络计划技术规程】

任务 5.1　网络计划概述

5.1.1　基本概念

1. 网络图

网络图是指由箭线和节点组成的，用来表示工作流程的有向、有序的网状图形。

2. 网络计划

网络计划是指用网络图表达任务构成、工作顺序并加注工作时间参数的进度计划。因此，提出一项具体工程任务的网络计划安排方案，就必须首先要求绘制网络图。

3. 网络计划技术

利用网络图的形式表达各项工作之间的相互制约和相互依赖关系，并分析其内在规律，从而寻求最优方案的方法称为网络计划技术。

5.1.2　网络计划的基本原理和特点

1. 网络计划的基本原理

（1）把一项工程的全部建造过程分解成若干项工作，按照各项工作开展的先后顺序和相互之间的逻辑关系用网络图的形式表达出来。

（2）通过网络图各项时间参数的计算，找出计划中的关键工作、关键线路和计算工期。

（3）通过网络计划优化，不断改进网络计划的初始安排，找到最优的方案。

（4）在计划的实施过程中，通过检查、调整，对其进行有效的控制和监督，以最小的资源消耗，获得最大的经济效益。

2. 网络计划的特点

1）优点

（1）把整个网络计划中的各项工作组成一个有机整体，能够全面、明确地反映各项工作开展的先后顺序，同时能反映各项工作之间相互制约和相互依赖的关系。

（2）能够通过时间参数的计算，确定各项工作的开始时间和结束时间等，找出影响工程进度的关键，可以明确各项工作的机动时间，便于管理人员抓住主要矛盾，更好地支配人、财、物等资源。

（3）在计划执行过程中进行有效的监测和控制，以便合理使用资源，优质、高效、低耗地完成预定的工作。

（4）通过网络计划的优化，可在若干个方案中找到最优方案。

（5）网络计划的编制、计算、调整、优化都可以通过计算机协助完成。

2）缺点

（1）表达计划不直观、不形象，从图上很难看出流水作业的情况。

（2）很难依据普通网络计划（非时标网络计划）计算资源的日用量，但时标网络计划可以克服这一缺点。

（3）编制较难，绘制较麻烦。

3. 网络计划的种类和编制流程

网络图形式多样，所以网络计划技术有许多种类。根据绘图符号表示的含义不同，网络计划可以分为双代号网络计划和单代号网络计划；按工作持续时间是否受时间标尺的制约，网络计划可分为时标网络计划和非时标网络计划；按是否在网络图中表示不同工作（工程活动）之间的各种搭接关系，网络计划可分为搭接网络计划和非搭接网络计划。

建设工程施工项目网络计划编制的流程：调查研究确定施工顺序及施工工作组成；理顺施工工作的先后关系并用网络图表示；计算或计划施工工作所需持续时间；制定网络计划；不断优化、控制、调整。

网络计划技术不仅是一种科学的管理方法，同时也是一种科学的动态控制方法。

任务 5.2 双代号网络计划的绘制

双代号网络计划目前在国内应用较为普遍，它易于绘制成带有时间坐标的网络计划而便于优化和使用。但逻辑关系表达比较复杂，常需使用虚工作。

5.2.1 双代号网络图的组成

双代号网络图由箭线、节点、节点编号、虚箭线、线路五个基本要素组成。对于每一项工作而言，其基本形式如图 5.2 所示。

【双代号网络图的组成讲解】

1. 箭线

1）作用

在双代号网络图中，一条箭线表示一项工作，又称工序、作业或活动，如砌墙、抹灰等。而工作所包括的范围可大可小，既可以是一道工序，也可以是一个分项工程或一个分部工程，甚至是一个单位工程。

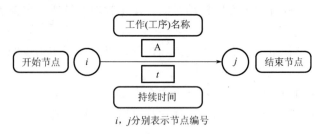

图 5.2 双代号网络图中表示一项工作的基本形式

2) 特点

每项工作的进行必然要占用一定的时间，往往也要消耗一定的资源（如劳动力、材料、机械设备）。对于不消耗资源，仅占用一定时间的施工工程，也应视为一项工作。例如，墙面刷涂料前抹灰层的"干燥"，这是由于技术上的需要而引起的间歇等待时间，虽然不消耗资源，但在网络图中也可作为一项工作，以一条箭线来表示。

3) 表达形式与要求

（1）在无时标的网络图中，箭线的长短并不反映该工作占用时间的长短。箭线的形状可以是水平直线，也可以是折线或斜线，但最好画成水平直线或带水平直线的折线。在同一张网络图上，箭线的画法要统一。

（2）箭线所指的方向表示工作进行的方向，箭线的尾端表示该项工作的开始，箭头端则表示该项工作的结束。工作名称应标注在水平箭线的上方或垂直箭线的左侧，工作的持续时间（又称作业时间）则标注在水平箭线的下方或垂直箭线的右侧，如图 5.1 所示。

2. 节点

1) 作用

在双代号网络图中，节点代表一项工作的开始或结束，用圆圈表示。箭线尾部的节点称为该箭线所示工作的开始节点，箭头处的节点称为该箭线所示工作的结束节点。在一个完整的网络图中，除了最前的起点节点和最后的终点节点外，其余任何一个节点都具有双重含义：既是前面工作的结束点，又是后面工作的开始点。

2) 特点

节点仅为前后两项工作的交接点，只是一个"瞬间"概念，因此它既不消耗时间，也不消耗资源。

3. 节点编号

1) 作用

在双代号网络图中，一项工作可以用其箭线两端节点内的号码来表示，以方便网络图的检查与计算。

2) 编号要求

对一个网络图中的所有节点应进行统一编号，不得有缺编和重号现象。对于每一项工作而言，其箭头节点的号码应大于箭尾节点的号码，即顺箭线方向由小到大，图 5.1 中，j 应大于 i。

3）编号方法

编号宜在绘图完成、检查无误后，顺着箭头方向依次进行。当网络图中的箭线均为由左向右和由上至下时，可采取每行由左向右、由上至下逐行编号的水平编号法；也可采取每列由上至下、由左向右逐列编号的垂直编号法。为了便于修改和调整，可隔号编号。

4. 虚箭线

虚箭线又称虚工作，它表示一项虚拟的工作，用带箭头的虚线表示。由于是虚拟的工作，故没有工作名称和工作延续时间。箭线过短时可用实箭线表示，但其工作延续时间必须用"0"标出。

1）特点

由于是虚拟的工作，所以它既不消耗时间，也不消耗资源。

2）作用

虚箭线可起到联系、区分和断路作用，是双代号网络图中表达一些工作之间的相互联系、相互制约关系，保证逻辑关系正确的必要手段。这在后面的绘图中，很容易理解和体会。

5. 线路

在网络图中，从起点节点开始，沿箭线方向连续通过一系列箭线与节点，最后到达终点节点所经过的通路叫线路。线路可依次用该通路上的节点代号来记述，也可依次用该通路上的工作名称来记述，如图 5.3 所示。

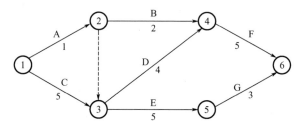

图 5.3 双代号网络图

网络图的线路有以下五条路线：

（1）①—②—④—⑥（8 天）；

（2）①—②—③—④—⑥（10 天）；

（3）①—②—③—⑤—⑥（9 天）；

（4）①—③—④—⑥（14 天）；

（5）①—③—⑤—⑥（13 天）。

每条路线都有自己确定的完成时间，它等于该线路上各项工作持续时间的总和，也是完成这条路线上所有工作的计划工期。其中，第四条路线耗时（14 天）最长，对整个工程的完工起着决定性的作用，称为关键线路；第五条线路（13 天）称为次关键线路；其余的线路均称为非关键线路。处于关键线路上的各项工作称为关键工作，关键工作完成的快慢将直接影响整个计划工期的实现。关键线路上的箭线常采用粗箭线、双箭线或其他颜色箭线表示。

关键线路并不是一成不变的，在一定条件下，关键线路和非关键线路可以互相转化。

当采取了一定的技术与组织措施,缩短了关键线路上各项工作的持续时间时,就有可能使关键线路发生转移,从而使原来的关键线路变成非关键线路,而原来的非关键线路却变成关键线路。

位于非关键线路上的工作除关键工作外,都称为非关键工作,它们都有机动时间(即时差);非关键工作也不是一成不变的,它可以转化成关键工作;利用非关键工作的机动时间可以科学地、合理地调配资源和对网络计划进行优化。

5.2.2 双代号网络图的绘制

网络计划技术是建筑装饰装修施工中编制施工进度计划和控制施工进度的主要手段。因此,在绘制网络图时必须遵循一定的基本规则和要求,使网络图能正确地表达整个工程的施工工艺流程和各工作开展的先后顺序以及它们之间相互制约、相互依赖的逻辑关系。

1. 绘制网络图的基本规则

(1)必须正确地表达各项工作之间的先后顺序和逻辑关系。在绘制网络图时,要根据施工顺序和施工组织的要求,正确地反映出各项工作之间的先后顺序和相互制约、相互依赖的关系。这些关系是多种多样的,常见的几种表示方法见表5-1。

表5-1 双代号网络图中各工作逻辑关系的表示方法

序号	工作之间的逻辑关系	网络图中的表示方法	说明
1	A工作完成后进行B工作	○—A→○—B→○	A工作制约着B工作的开始,B工作依赖着A工作
2	A、B、C三项工作同时开始	(图示)	A、B、C三项工作称为平行工作
3	A、B、C三项工作同时结束	(图示)	A、B、C三项工作称为平行工作
4	有A、B、C三项工作,只有A完成后,B、C才能开始	(图示)	A工作制约着B、C工作的开始,B、C为平行工作
5	有A、B、C三项工作,C工作只有在A、B完成后才能开始	(图示)	C工作依赖着A、B工作,A、B为平行工作
6	有A、B、C、D四项工作,只有当A、B完成后,C、D才能开始	(图示)	通过中间节点 i 正确地表达了A、B、C、D工作之间的关系

（续）

序号	工作之间的逻辑关系	网络图中的表示方法	说　明
7	有A、B、C、D四项工作，A完成后C才能开始，A、B完成后D才能开始	（图示）	D与A之间引入了逻辑连接（虚工作），从而正确地表达了它们之间的制约关系
8	有A、B、C、D、E五项工作，A、B完成后C才能开始，B、D完成后E才能开始	（图示）	虚工作$i—j$反映出C工作受到B工作的制约；虚工作$i—k$反映出E工作受到B工作的制约
9	有A、B、C、D、E五项工作，A、B、C完成后D才能开始，B、C完成后E才能开始	（图示）	虚工作反映出D工作受到B、C工作的制约
10	A、B两项工作分三个施工段，平行施工	（图示）	每个工种工程建立专业工作队，在每个施工段上进行流水作业，虚工作表达了工种间的工作面关系

（2）在一个网络图中，只能有一个起点节点和一个终点节点。否则，就不是完整的网络图。所谓起点节点是指只有外向箭线而无内向箭线的节点[图5.4(a)]，终点节点则是只有内向箭线而无外向箭线的节点[图5.4(b)]。

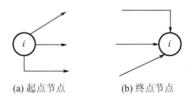

(a) 起点节点　　　(b) 终点节点

图5.4　起点节点和终点节点

（3）网络图中不允许出现循环回路。在网络图中，如果从一个节点出发沿着某一条线路移动，又可回到原出发节点，则图中存在循环回路或闭合回路。图5.5中的②—③—④—②即为循环回路，它使得工程永远不能完成。如果工作B和D是多次反复进行时，则每次部位不同，不可能在原地重复，应使用新的箭线表示。

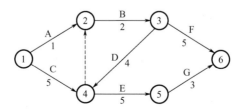

图5.5　有循环回路的错误的网络图

(4) 网络图中不允许出现相同编号的工作。在网络图中，两个节点之间只能有一条箭线并表示一项工作，以两个节点的编号既可代表这项工作。例如，砌隔墙与埋隔墙内的电线管同时开始、同时结束，在图 5.6(a) 中这两项工作的编号均为 3—4，出现了重名现象，容易造成混乱。遇到这种情况，应增加一个节点和一条虚箭线，从而既表达了这两项工作的平行关系，又区分了它们的代号，如图 5.6(b) 或图 5.6(c) 所示。

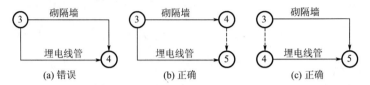

图 5.6　相同编号工作示意图

(5) 不允许出现无开始节点或无结束节点的工作。如图 5.7(a) 所示，"抹灰"为无开始节点的工作，其意图是表示"砌墙"进行到一定程度时，开始抹灰。但反映不出"抹灰"的准确开始时刻，也无法用代号代表抹灰工作，这在网络图中是不允许的。正确的画法是：将"砌体"工作划分为两个施工段，引入了一个节点，使抹灰工作就有了开始节点，如图 5.7(b)。同理，在无结束节点时，也可采取同样方法进行处理。

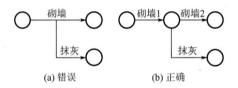

图 5.7　无开始节点工作示意图

以上是绘制网络图的基本规则，在绘图时必须严格遵守。

2. 绘制网络图的要求与方法

1) 网络图要布局规整、条理清晰、重点突出

绘制网络图时，应尽量采用水平箭线和垂直箭线形成网格结构，尽量减少斜箭线，使网络图规整、清晰。其次，应尽量把关键工作和关键线路布置在中心位置，尽可能把密切相连的工作安排在一起，以突出重点、便于使用。

2) 交叉箭线的处理方法

绘制网络图时，应尽量避免箭线交叉，必要时可通过调整布局达到目的，如图 5.8 所示。当箭线交叉不可避免时，应采用"过桥法"或"指向法"表示，如图 5.9 所示。其中"指向法"还可以用于网络图的换行、换页。

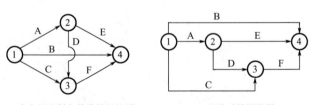

图 5.8　箭线交叉及其整理

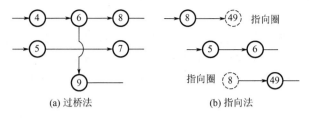

图 5.9 箭线交叉的处理方法

3) 起点节点和终点节点的"母线法"

在网络图的起点节点有多条外向箭线、终点节点有多条内向箭线时，可以采用母线法绘图，如图 5.10 所示。对中间节点处有多条外向箭线或多条内向箭线者，在不至于造成混乱的前提下也可采用母线法绘制。

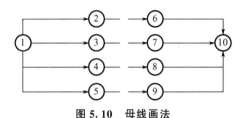

图 5.10 母线画法

5.2.3 双代号网络图的绘制示例

【双代号网络图的绘制讲解】

【例 5-1】 根据表 5-2 中各施工过程的逻辑关系，绘制双代号网络图。

表 5-2 施工过程逻辑关系表

施工过程名称	A	B	C	D	E	F	G	H	I
紧前过程	—	—	—	A	A、B	A、B、C	D、E	E、F	G、H

解：绘制该网络图，可按下面要点进行。

（1）由于 A、B、C 均无紧前工作，A、B、C 必然为平行开工的三个过程。

（2）D 只受 A 控制，E 同时受 A、B 控制，F 同时受 A、B、C 控制，故 D 可直接排在 A 后，E 排在 B 后，但用虚箭线同 A 相连，F 排在 C 后，用虚箭线与 A、B 相连。

（3）G 在 D 后，但又受控于 E，故 E 与 G 应有虚箭线相连，H 在 F 后，但又受控于 E，故 E 与 H 应有虚箭线。

（4）G、H 交汇于 I。

综上所述，绘出的网络图如图 5.11 所示。

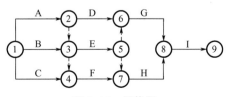

图 5.11 网络图

在正式画图之前，应先画一个草图。不求整齐美观，只要求工作之间的逻辑关系能够找得到正确的表达，线条长短曲直、穿插迂回都可不必计较。经过检查无误后，就可进行图面的设计。安排好节点的位置，注意箭线的长度，尽量减少交叉，除虚箭线外，所有箭线均采用水平直线或带部分水平直线的折线，保持图面匀称、清晰、美观。最后进行节点编号。

任务 5.3 双代号网络计划时间参数的计算

双代号网络计划时间参数计算的目的在于通过计算各项工作的时间参数，确定网络计划的关键工作、关键线路和计算工期。确定关键线路，使得在工作中能抓住主要矛盾，向关键线路要时间；计算非关键线路上的富余时间，明确其存在多少机动时间，向非关键线路要劳力、要资源；为网络计划的优化、调整和执行提供明确的时间参数和依据。双代号网络计划时间参数的计算方法很多，一般常用的有：按工作计算法和按节点计算法进行计算；在计算方式上又有分析计算法、表上计算法、图上计算法、矩阵计算法和计算机计算法等。本节只介绍按工作时间和节点时间在图上进行计算的方法。

5.3.1 时间参数的概念及符号

1. 工作持续时间 D_{i-j}

工作持续时间是指一项工作从开始到完成的时间。在双代号网络计划中，工作 $i—j$ 的持续时间用 D_{i-j} 表示。

2. 工期 T

工期泛指完成一项任务所需要的时间。在网络计划中，工期一般有以下三种。

1) 计算工期 T_c

计算工期是根据网络计划时间参数计算而得到的工期，用 T_c 表示。

2) 要求工期 T_r

要求工期是任务委托人所提出的指令性工期，用 T_r 表示。

3) 计划工期 T_p

计划工期是指根据要求工期和计算工期所确定的作为实施目标的工期，用 T_p 表示。

(1) 当已规定了要求工期时，计划工期不应超过要求工期：

$$T_p \leqslant T_r \tag{5-1}$$

(2) 当未规定要求工期时，可令计划工期等于计算工期：

$$T_p = T_c \tag{5-2}$$

3. 网络计划节点的两个时间参数

1) 节点最早时间 ET_i

节点最早时间是指在双代号网络计划中，以该节点为开始节点的各项工作的最早开始时间。节点 i 的最早时间用 ET_i 表示。

2）节点最迟时间 LT_i

节点最迟时间是指在双代号网络计划中，以该节点为完成节点的各项工作的最迟完成时间。节点 i 的最迟时间用 LT_i 表示。

3）节点时间参数标注形式（图 5.12）

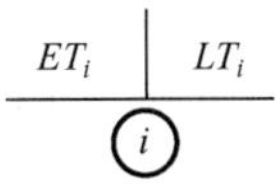

$$\begin{array}{c|c} ET_i & LT_i \\ \hline & i \end{array}$$

图 5.12　节点时间参数的标注方式

4. 网络计划工作的六个时间参数

1）最早开始时间 ES_{i-j}

工作的最早开始时间是指在其所有紧前工作全部完成后，本工作有可能开始的最早时刻。工作 $i—j$ 的最早开始时间用 ES_{i-j} 表示。

2）最早完成时间 EF_{i-j}

工作的最早完成时间是指在其所有紧前工作全部完成后，本工作有可能完成的最早时刻。工作的最早完成时间等于本工作的最早开始时间与其持续时间之和。工作 $i—j$ 的最早完成时间用 EF_{i-j} 表示。

3）最迟开始时间 LS_{i-j}

工作的最迟开始时间是指在不影响整个任务按期完成的前提下，本工作必须开始的最迟时刻。工作的最迟开始时间等于本工作的最迟完成时间与其持续时间之差。工作 $i—j$ 的最迟开始时间用 LS_{i-j} 表示。

4）最迟完成时间 LF_{i-j}

工作的最迟完成时间是指在不影响整个任务按期完成的前提下，本工作必须完成的最迟时刻。工作 $i—j$ 的最迟完成时间用 LF_{i-j} 表示。

5）总时差 TF_{i-j}

工作的总时差是指在不影响总工期的前提下，本工作可以利用的机动时间。但是在网络计划的执行过程中，如果利用某项工作的总时差，则有可能使该工作后续工作的总时差减小。工作 $i—j$ 的总时差用 TF_{i-j} 表示。

6）自由时差 FF_{i-j}

工作的自由时差是指在不影响其紧后工作最早开始时间的前提下，本工作可以利用的机动时间。在网络计划的执行过程中，工作的自由时差是该工作可以自由使用的时间。工作 $i—j$ 的自由时差用 FF_{i-j} 表示。

7）工作时间参数标注形式

工作时间参数标注形式如图 5.13 所示。

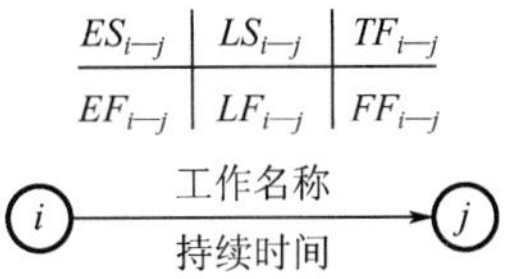

$$\begin{array}{c|c|c} ES_{i-j} & LS_{i-j} & TF_{i-j} \\ \hline EF_{i-j} & LF_{i-j} & FF_{i-j} \end{array}$$

$$i \xrightarrow{\text{工作名称}} j$$
$$\text{持续时间}$$

图 5.13　工作时间参数的标注方式

5.3.2 按节点计算法

【节点法计算时间参数讲解】

所谓按节点计算法，就是先计算网络计划中各个节点的最早时间和最迟时间，然后再据此计算各项工作的时间参数和网络计划的计算工期。

为了简化计算，网络计划时间参数中的开始时间和完成时间都应以时间单位的终了时刻为标准。如第三天开始即是指第三天终了（下班）时刻开始，实际上是第四天上班时刻才开始；第五天完成即是指第五天终了（下班）时刻完成。

下面以图 5.14 所示双代号网络计划为例，说明按节点计算法计算时间参数的过程。其计算结果如图 5.15 所示。

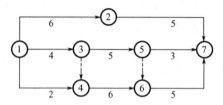

图 5.14 双代号网络计划图

1. 计算节点的最早时间和最迟时间

1）计算节点的最早时间

节点最早时间的计算应从网络计划的起点节点开始，顺着箭线方向（从左向右）依次进行。其计算步骤如下。

（1）网络计划起点节点，如未规定最早时间时，其值等于零。

例如在图 5.14 中，起点节点①的最早时间为零，即 $ET_1=0$。

其他节点的最早时间应按式（5-3）进行计算：

$$ET_j = \max\{ET_i + D_{i-j}\} \quad (5-3)$$

即节点 j 的最早时间等于紧前节点（箭线箭头指向 j 的开始节点包括虚箭线）的最早时间加上本工作的持续时间后取其中的最大值。归纳为"顺着箭线相加，逢箭头相碰的节点取最大值"（简称"顺线累加，逢圈取大"）。

式中：ET_j——工作 $i-j$ 的完成节点 j 的最早时间；

ET_i——工作 $i-j$ 的开始节点 i 的最早时间；

D_{i-j}——工作 $i-j$ 的持续时间。

例如在图 5.14 中，节点③和节点④的最早时间分别如式（5-3a）和式（5-3b）所示：

$$ET_3 = ET_1 + D_{1-3} = 0 + 4 = 4 \quad (5-3a)$$

$$ET_4 = \max\{ET_1 + D_{1-4}, ET_3 + D_{3-4}\} = \max\{0+2, 4+0\} = 4 \quad (5-3b)$$

（2）网络计划的计算工期等于网络计划终点节点的最早时间，如式（5-4）所示：

$$T_c = ET_n \quad (5-4)$$

式中：T_c——网络计划的计算工期；

ET_n——网络计划终点节点 n 的最早时间。

例如在图 5.14 中，其计算工期为 $T_c=ET_7=15$。

2）确定网络计划的计划工期

网络计划的计划工期应按式（5-1）或式（5-2）确定。在图 5.14 中，假设未规定要求工期，则其计划工期就等于计算工期，如式（5-5）所示。

$$T_p=T_c=15 \tag{5-5}$$

计划工期应标注在终点节点的右上方，如图 5.15 所示。

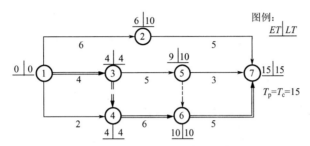

图 5.15 双代号网络计划（节点计算法）

3）计算节点的最迟时间

节点最迟时间的计算应从网络计划的终点节点开始，逆着箭线方向（从右向左）依次进行。其计算步骤如下。

（1）网络计划终点节点的最迟时间等于网络计划的计划工期，如式（5-6）所示：

$$LT_n=T_p \tag{5-6}$$

式中：LT_n——网络计划终点节点 n 的最迟时间；

T_p——网络计划的计划工期。

例如在图 5.14 中，终点节点⑦的最迟时间为 $LT_7=T_p=15$。

（2）其他节点的最迟时间应按式（5-7）进行计算：

$$LT_i=\min\{LT_j-D_{i-j}\} \tag{5-7}$$

式中：LT_i——工作 $i-j$ 的开始节点 i 的最迟时间；

LT_j——工作 $i-j$ 的完成节点 j 的最迟时间；

D_{i-j}——工作 $i-j$ 的持续时间。

例如在图 5.14 中，节点⑥和节点⑤的最迟时间分别为

$$LT_6=(LT_7-D_{6-7})=15-5=10$$

$$LT_5=\min\{LT_6-D_{5-6},LT_7-D_{5-7}\}=\min\{10-0,15-3\}=10$$

即节点 i 的最迟时间等于紧后节点（箭线箭尾从 i 出去的完成节点，包括虚箭线）的最迟时间减去本工作的持续时间后取其中的最小值。归纳为"逆着箭线相减，逢箭尾相碰的节点取最小值"（简称"逆线累减，逢圈取小"）。

2. 确定关键线路和关键工作

在双代号网络计划中，关键线路上的节点称为关键节点。关键工作两端的节点必为关键节点，但两端为关键节点的工作不一定是关键工作。关键节点的最迟时间与最早时间的差值最小。特别地，当网络计划的计划工期等于计算工期时，关键节点的最早时间与最迟时间必然相等。例如在图 5.14 中，节点①、③、④、⑥、⑦就是关键节点。关键节点必然处在关键线路上，但由关键节点组成的线路不一定是关键线路。例如在图 5.14 中，由

关键节点①、④、⑥、⑦组成的线路就不是关键线路。

当利用关键节点判别关键线路和关键工作时，还要满足式(5-8)或式(5-9)：

$$ET_i + D_{i-j} = ET_j \qquad (5-8)$$

$$LT_i + D_{i-j} = LT_j \qquad (5-9)$$

式中：ET_i——工作 $i-j$ 的开始节点（关键节点）i 的最早时间；

ET_j——工作 $i-j$ 的完成节点（关键节点）j 的最早时间；

D_{i-j}——工作 $i-j$ 的持续时间；

LT_i——工作 $i-j$ 的开始节点（关键节点）i 的最迟时间；

LT_j——工作 $i-j$ 的完成节点（关键节点）j 的最迟时间。

如果两个关键节点之间的工作符合上述判别式，则该工作必然为关键工作，它应该在关键线路上。否则，该工作就不是关键工作，关键线路也就不会从此处通过。例如在图 5.14 中，工作 1—3、虚工作 3—4、工作 4—6 和工作 6—7 均符合上述判别式，故线路 ①—③—④—⑥—⑦为关键线路。

3. 关键节点的特性

在双代号网络计划中，当计划工期等于计算工期时，关键节点具有以下一些特性，掌握好这些特性，有助于确定工作的时间参数。

(1) 开始节点和完成节点均为关键节点的工作，不一定是关键工作。例如在图 5.15 所示的网络计划中，节点①和节点④为关键节点，但工作 1—4 为非关键工作。由于其两端为关键节点，机动时间不可能为其他工作所利用，故其总时差和自由时差均为 2。

(2) 以关键节点为完成节点的工作，其总时差和自由时差必然相等。例如在图 5.15 所示的网络计划中，工作 1—4 的总时差和自由时差均为 2；工作 2—7 的总时差和自由时差均为 4；工作 5—7 的总时差和自由时差均为 3。

(3) 当两个关键节点间有多项工作，且工作间的非关键节点无其他内向箭线和外向箭线时，则两个关键节点间各项工作的总时差均相等。在这些工作中，除以关键节点为完成的节点的工作自由时差等于总时差外，其余工作的自由时差均为零。例如在图 5.15 所示的网络计划中，工作 1—2 和工作 2—7 的总时差均为 4。工作 2—7 的自由时差等于总时差，而工作 1—2 的自由时差为零。

(4) 当两个关键节点间有多项工作，且工作间的非关键节点有外向箭线而无其他内向箭线时，则两个关键节点间各项工作的总时差不一定相等。在这些工作中，除以关键节点为完成的节点的工作自由时差等于总时差外，其余工作的自由时差均为零。例如在图 5.15 所示的网络计划中，工作 3—5 和工作 5—7 的总时差分别为 1 和 3。工作 5—7 的自由时差等于总时差，而工作 3—5 的自由时差为零。

5.3.3 按工作计算法

所谓按工作计算法，就是以网络计划中的工作为对象，直接计算各项工作的时间参数。这些时间参数包括：工作的最早开始时间和最早完成时间、工作的最迟开始时间和最迟完成时间、工作的总时差和自由时差。此外，还应计算网络计划的计算工期。

下面仍以图 5.14 所示双代号网络计划为例,说明按工作计算法计算时间参数的过程。其计算结果如图 5.16 所示。

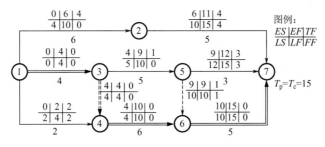

图 5.16　双代号网络计划(六时标注法)

1. 计算工作的最早开始时间和最早完成时间

工作最早开始时间和最早完成时间的计算应从网络计划的起点节点开始,顺着箭线方向依次进行。其计算步骤如下。

(1) 以网络计划起点节点为开始节点的工作,当未规定其最早开始时间时,其最早开始时间为零。例如在图 5.14 中,工作 1—2、工作 1—3 和工作 1—4 的最早开始时间都为零,即

$$ES_{1-2} = ES_{1-3} = ES_{1-4} = 0$$

(2) 工作的最早完成时间可利用式(5-10)进行计算:

$$EF_{i-j} = ES_{i-j} + D_{i-j} \quad (5-10)$$

式中:EF_{i-j}——工作 $i-j$ 的最早完成时间;

ES_{i-j}——工作 $i-j$ 的最早开始时间;

D_{i-j}——工作 $i-j$ 的持续时间。

例如在图 5.14 中,工作 1—2、工作 1—3 和工作 1—4 的最早完成时间分别为

工作 1—2:$EF_{1-2} = ES_{1-2} + D_{1-2} = 0 + 6 = 6$

工作 1—3:$EF_{1-3} = ES_{1-3} + D_{1-3} = 0 + 4 = 4$

工作 1—4:$EF_{1-4} = ES_{1-4} + D_{1-4} = 0 + 2 = 2$

(3) 其他工作的最早开始时间应等于其紧前工作(包括虚工作)最早完成时间的最大值,如式(5-11)所示:

$$ES_{i-j} = \max\{EF_{h-i}\} = \max\{ES_{h-i} + D_{h-i}\} \quad (5-11)$$

式中:ES_{i-j}——工作 $i-j$ 的最早时间;

EF_{h-i}——工作 $i-j$ 的紧前工作 $h-i$ 的最早完成时间;

ES_{h-i}——工作 $i-j$ 的紧前工作 $h-i$ 的最早开始时间;

D_{h-i}——工作 $i-j$ 的紧前工作 $h-i$ 的持续时间;

例如在图 5.14 中,工作 3—5 和工作 4—6 的最早开始时间分别为

$$ES_{3-5} = EF_{1-3} = 4$$

$$ES_{4-6} = \max\{EF_{3-4}, EF_{1-4}\} = \{4, 2\} = 4$$

(4) 网络计划的计算工期应等于以网络计划终点节点为完成节点的工作的最早完成时间的最大值,如式(5-12)所示:

$$T_c = \max\{EF_{i-n}\} = \max\{ES_{i-n} + D_{i-n}\} \qquad (5-12)$$

式中：T_c——网络计划的计算工期；

EF_{i-n}——以网络计划终点节点 n 为完成节点的工作的最早完成时间；

ES_{i-n}——以网络计划终点节点 n 为完成节点的工作的最早开始时间；

D_{i-n}——以网络计划终点节点 n 为完成节点的工作的持续时间。

在图 5.14 中，网络计划的计算工期为

$$T_c = \max\{EF_{2-7}, EF_{5-7}, EF_{6-7}\} = \max\{11, 12, 15\} = 15$$

2. 确定网络计划的计划工期

网络计划的计划工期应按式(5-1)或式(5-2)确定。在图 5.14 中，假设未规定要求工期，则其计划工期就等于计算工期，即

$$T_p = T_c = 15$$

计划工期应标注在网络计划终点节点的右上方，如图 5.16 所示。

3. 计算工作的最迟完成时间和最迟开始时间

工作最迟完成时间和最迟开始时间的计算应从网络计划的终点节点开始，逆着箭线方向依次进行。其计算步骤如下。

(1) 以网络计划终点节点为完成节点的工作，其最迟完成时间等于网络计划的计划工期，如式(5-13)所示：

$$LF_{i-n} = T_p \qquad (5-13)$$

式中：LF_{i-n}——以网络计划终点节点 n 为完成节点的工作的最迟完成时间；

T_p——网络计划的计划工期。

例如在图 5.14 中，工作 2—7、工作 5—7 和工作 6—7 的最迟完成时间为

$$LF_{2-7} = LF_{5-7} = LF_{6-7} = T_p = 15$$

(2) 工作的最迟开始时间可利用式(5-14)进行计算：

$$LS_{i-j} = LF_{i-j} - D_{i-j} \qquad (5-14)$$

式中：LS_{i-j}——工作 $i-j$ 的最迟开始时间；

LF_{i-j}——工作 $i-j$ 的最迟完成时间；

D_{i-j}——工作 $i-j$ 的持续时间。

例如在图 5.14 中，工作 2—7、工作 5—7 和工作 6—7 的最迟开始时间分别为

$$LS_{2-7} = LF_{2-7} - D_{2-7} = 15 - 5 = 10$$
$$LS_{5-7} = LF_{5-7} - D_{5-7} = 15 - 3 = 12$$
$$LS_{6-7} = LF_{6-7} - D_{6-7} = 15 - 5 = 10$$

(3) 其他工作的最迟完成时间应等于其紧后工作（包括虚工作）最迟开始时间的最小值，如式(5-15)所示：

$$LF_{i-j} = \min\{LS_{j-k}\} = \min\{LF_{j-k} - D_{j-k}\} \qquad (5-15)$$

式中：LF_{i-j}——工作 $i-j$ 的最迟完成时间；

LS_{j-k}——工作 $i-j$ 的紧后工作 $j-k$ 的最迟开始时间；

LF_{j-k}——工作 $i-j$ 的紧后工作 $j-k$ 的最迟完成时间；

D_{j-k}——工作 $i-j$ 的紧后工作 $j-k$ 的持续时间。

例如在图 5.14 中，工作 3—5 和工作 4—6 的最迟完成时间分别为

$$LF_{3-5} = \min\{LS_{5-7}, LS_{5-6}\} = \min\{12, 10\} = 10$$
$$LF_{4-6} = LS_{6-7} = 10$$

4. 计算工作的总时差

工作的总时差是指在不影响总工期的前提下，本工作可以利用的机动时间。

工作的总时差等于该工作最迟完成时间与最早完成时间之差，或该工作最迟开始时间与最早开始时间之差，如式（5-16）所示：

$$TF_{i-j} = LF_{i-j} - EF_{i-j} = LS_{i-j} - ES_{i-j} \tag{5-16}$$

式中：TF_{i-j}——工作 $i-j$ 的总时差；

其余符号同前。

例如在图 5.14 中，工作 3—5 的总时差为

$$TF_{3-5} = LF_{3-5} - EF_{3-5} = 10 - 9 = 1$$

或

$$TF_{3-5} = LS_{3-5} - ES_{3-5} = 5 - 4 = 1$$

5. 计算工作的自由时差

工作的自由时差是指在不影响其紧后工作最早开始时间的前提下，本工作可以利用的机动时间。

工作自由时差的计算应按以下两种情况分别考虑。

（1）对于有紧后工作的工作，其自由时差等于本工作之紧后工作最早开始时间减本工作最早完成时间所得之差，如式（5-17）所示：

$$FF_{i-j} = ES_{j-k} - EF_{i-j} = ES_{j-k} - ES_{i-j} - D_{i-j} \tag{5-17}$$

式中：FF_{i-j}——工作 $i-j$ 的自由时差；

ES_{j-k}——工作 $i-j$ 的紧后工作 $j-k$ 的最早开始时间；

EF_{i-j}——工作 $i-j$ 的最早完成时间；

ES_{i-j}——工作 $i-j$ 的最早开始时间；

D_{i-j}——工作 $i-j$ 的持续时间。

例如在图 5.14 中，工作 1—4 和工作 5—6 的自由时差分别为

$$FF_{1-4} = ES_{4-6} - EF_{1-4} = 4 - 2 = 2$$
$$FF_{5-6} = ES_{6-7} - EF_{5-6} = 10 - 9 = 1$$

（2）对于无紧后工作的工作，也就是以网络计划终点节点为完成节点的工作，其自由时差等于计划工期与本工作最早完成时间之差，如式（5-18）所示：

$$FF_{i-n} = T_p - EF_{i-n} = T_p - ES_{i-n} - D_{i-n} \tag{5-18}$$

式中：FF_{i-n}——以网络计划终点节点 n 为完成节点的工作 $i-n$ 的自由时差；

T_p——网络计划的计划工期；

EF_{i-n}——以网络计划终点节点 n 为完成节点的工作 $i-n$ 的最早完成时间；

其余符号同前。

例如在图 5.14 中，工作 2—7、工作 5—7 和工作 6—7 的自由时差分别为

$$FF_{2-7} = T_p - EF_{2-7} = 15 - 11 = 4$$
$$FF_{5-7} = T_p - EF_{5-7} = 15 - 12 = 3$$
$$FF_{6-7} = T_p - EF_{6-7} = 15 - 15 = 0$$

需要指出的是，对于网络计划中以终点节点为完成节点的工作，其自由时差与总时差相等。此外，由于工作的自由时差是其总时差的构成部分，所以，当工作的总时差为零时，其自由时差必然为零，可不必进行专门计算。例如在图 5.14 中，工作 1—3、工作 4—6 和工作 6—7 的总时差全部为零，故其自由时差也全部为零。

5.3.4　确定关键工作和关键线路

在网络图计划中，总时差最小的工作为关键工作。特别地，当网络计划的计划工期等于计算工期时，总时差为零的工作就是关键工作。例如在图 5.14 中，工作 1—3、工作 4—6 和工作 6—7 的总时差全部为零，故它们都是关键工作。

找出关键工作之后，将这些关键工作首尾相连，便至少构成一条从起点节点到终点节点的通路，通路上各项工作的持续时间总和最大的就是关键线路。在关键线路上可能有虚工作存在。

关键线路一般用粗箭线或双线箭线标出，也可以用彩色箭线标出。例如在图 5.14 中，线路①—③—④—⑥—⑦即为关键线路。关键线路上各项工作的持续时间总和应等于网络计划的计算工期，这一特点也是判别关键线路是否正确的准则。

【判定工作的六个时间参数讲解】

5.3.5　判定工作的六个时间参数

先计算节点的时间参数，然后根据节点的最早时间和最迟时间判定工作的六个时间参数，其计算结果如图 5.17 所示。

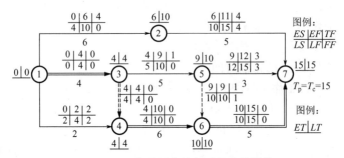

图 5.17　双代号网络计划时间参数计算

(1) 工作的最早开始时间等于该工作开始节点的最早时间，如式(5-19)所示：

$$ES_{i-j} = ET_i \tag{5-19}$$

例如在图 5.14 中，工作 1—2 和工作 2—7 的最早开始时间分别为

$$ES_{1-2} = ET_1 = 0$$
$$ES_{2-7} = ET_2 = 6$$

(2) 工作的最早完成时间等于该工作开始节点的最早时间与其持续时间之和，如式(5-20)所示：

$$EF_{i-j} = ET_i + D_{i-j} = ES_{i-j} + D_{i-j} \tag{5-20}$$

例如在图 5.14 中，工作 1—2 和工作 2—7 的最早完成时间分别为

$$EF_{1-2} = ET_1 + D_{1-2} = 0 + 6 = 6$$
$$EF_{2-7} = ET_2 + D_{2-7} = 6 + 5 = 11$$

(3) 工作的最迟完成时间等于该工作完成节点的最迟时间，如式(5-21)所示：
$$LF_{i-j} = LT_j \tag{5-21}$$

例如在图 5.14 中，工作 1—2 和工作 2—7 的最迟完成时间分别为
$$LF_{1-2} = LT_2 = 10$$
$$LF_{2-7} = LT_7 = 15$$

(4) 工作的最迟开始时间等于该工作完成节点的最迟时间与其持续时间之差，如式(5-22)所示：
$$LS_{i-j} = LT_j - D_{i-j} = LF_{i-j} - D_{i-j} \tag{5-22}$$

例如在图 5.14 中，工作 1—2 和工作 2—7 的最迟开始时间分别为
$$LS_{1-2} = LT_2 - D_{1-2} = 10 - 6 = 4$$
$$LS_{2-7} = LT_7 - D_{2-7} = 15 - 5 = 10$$

(5) 工作的总时差可根据式(5-16)、式(5-20) 和式(5-21) 得到式(5-23)：
$$TF_{i-j} = LF_{i-j} - EF_{i-j} = LT_j - (ET_j + D_{i-j}) = LT_j - ET_j - D_{i-j} \tag{5-23}$$

由式(5-23) 可知，工作的总时差等于该工作完成节点的最迟时间减去该工作开始节点的最早时间所得差值再减其持续时间。例如在图 5.14 中，工作 1—2 和工作 3—5 的总时差分别为
$$TF_{1-2} = LT_2 - ET_2 - D_{1-2} = 10 - 0 - 6 = 4$$
$$TF_{3-5} = LT_5 - ET_5 - D_{3-5} = 10 - 4 - 5 = 1$$

(6) 工作的自由时差可根据式(5-17) 和式(5-19) 得到式(5-24)：
$$EF_{i-j} = ES_{j-k} - ES_{i-j} - D_{i-j} = ET_j - ET_i - D_{i-j} \tag{5-24}$$

由式(5-24) 可知，工作自由时差等于该工作完成节点的最早时间减去该工作开始节点的最早时间所得差值再减其持续时间。例如在图 5.14 中，工作 1—2 和工作 3—5 的总时差分别为
$$EF_{1-2} = ET_2 - ET_1 - D_{1-2} = 6 - 0 - 6 = 0$$
$$EF_{3-5} = ET_5 - ET_3 - D_{3-5} = 9 - 4 - 5 = 0$$

5.3.6 总时差和自由时差的特性

通过计算不难看出总时差有如下特性。

(1) 凡是总时差为最小的工作就是关键工作；由关键工作连接构成的线路为关键线路；关键线路上各工作时间之和即为总工期。如图 5.15 所示，工作 1—3、4—6、6—7 为关键工作，线路①—③—④—⑥—⑦为关键线路。

(2) 当网络计划的计划工期等于计算工期时，凡总时差大于零的工作为非关键工作，凡是具有非关键工作的线路即为非关键线路。非关键线路与关键线路相交时的相关节点把非关键线路划分成若干个非关键线路段，各段有各段的总时差，相互没有关系。

(3) 总时差的使用具有双重性，它既可以被该工作使用，但又属于某非关键线路所共有。当某项工作使用了全部或部分总时差时，则将引起通过该工作的线路上所有工作总时

差重新分配。例如图 5.17 中，非关键线路①—②—⑦中 $TF_{1-2}=4$ 天，$TF_{2-7}=4$ 天，如果工作 1—2 使用了 3 天机动时间，则工作 2—7 就只有 1 天总时差可利用了。

通过计算不难看出自由时差有如下特性。

（1）自由时差为某非关键工作独立使用的机动时间，利用自由时差，不会影响其紧后工作的最早开始时间。例如图 5.17 中，工作 1—4 有 2 天自由时差，如果使用了 2 天机动时间，也不影响紧后工作 4—6 的最早开始时间。

（2）非关键工作的自由时差必小于或等于其总时差。

【例 5-2】 请采用图上计算法计算图 5.18 所示双代号网络图各节点时间参数和各工作时间参数，找出关键工作和关键线路，并指出计算工期。

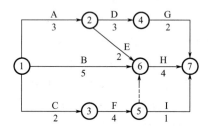

图 5.18　例 5-2 双代号网络计划图

解：1. 计算节点最早时间参数 ET

节点最早时间应从网络图的起点节点开始，按照编号从小到大依次计算，直至终点节点。由于没有规定起始节点的最早时间，因此，节点 1 最早开始时间可以取 $ET_1=0$。

根据公式 $ET_j=ET_i+D_{i-j}$，有 $ET_2=0+3=3$，$ET_3=0+2=2$，$ET_4=3+3=6$，$ET_5=2+4=6$。

节点⑥有多条内向箭线，因此，应根据公式 $ET_j=\max\{ET_i+D_{i-j}\}$ 确定其最早开始时间，即 $ET_6=\max\{3+2,0+5,6+0\}=6$。同理，终点节点⑦的最早时间为 $ET_7=\max\{6+2,6+4,6+1\}=10$，则有计算工期 $T_c=ET_7=10$。

2. 计算节点最迟可能开始时间 LT

节点最迟时间应从网络图终点节点开始，逆着箭线的方向，按照节点编号从大到小进行计算，直至起点节点。因无要求工期，故节点⑦的最迟时间取 $LT_7=ET_7=10$。

根据公式 $LT_i=LT_j-D_{i-j}$，有 $LT=10-4=6$。

节点⑤有多条外向箭线，因此应根据公式 $LT_i=\min\{LT_j-D_{i-j}\}$ 确定其最迟时间，即 $LT_i=\min\{6-0,10-1\}=6$。同理，依次可得：$LT_4=8$，$LT_3=2$，$LT_2=4$，$LT_1=0$。

3. 计算各工作最早开始时间和最早完成时间

首先计算各工作最早开始时间和最早完成时间，计算顺序是顺着箭线方向从起始工作开始依次计算。

工作 A、B、C 为并列关系的三个起始工作，其最早开始时间均与起点节点 1 的最早时间相等，即 $ES_{1-2}=ES_{1-6}=ES_{1-3}=ET=0$。

根据公式 $ES_{ij}=ET_i$，有 D、E、F 的最早开始时间分别为：$ES_{2-4}=ET_2=3$，$ES_{2-6}=ET_2=3$，$ES_{3-5}=ET_3=2$。同理可得：$ES_{5-6}=6$，$ES_{4-7}=6$，$ES_{6-7}=6$，$ES_{5-7}=6$。

由于 H 工作有多个紧前工作，因此 H 工作的最早开始时间可根据公式 $ES_{i-j}=\max$

$\{ES_{h-j}+D_{h-j}\}$ 进行计算，即 $ES_{6-7}=\max\{ES_{2-6}+D_{2-6},ES_{1-6}+D_{5-6},ES_{5-6}+D_{2-6}\}=\max\{3+2,0+5,6+0\}=6$。

根据前面计算所得各工作最早开始时间，可按照公式 $EF_{i-j}=ES_{i-j}+D_{i-j}$ 计算各工作最早完成时间：$EF_{1-2}=ES_{1-2}+D_{1-2}=0+3=3$，$EF_{1-6}=ES_{1-6}+D_{1-6}=0+5=5$，$EF_{1-3}=ES_{1-3}+D_{1-3}=0+2=2$，$EF_{2-4}=ES_{2-4}+D_{2-4}=3+3=6$，$EF_{2-6}=ES_{2-6}+D_{2-6}=3+2=5$，$EF_{3-5}=ES_{3-5}+D_{3-5}=2+4=6$，$EF_{5-6}=ES_{5-6}+D_{5-6}=6+0=6$，$EF_{4-7}=ES_{4-7}+D_{4-7}=6+2=8$，$EF_{5-7}=ES_{5-7}+D_{5-7}=6+1=7$，$EF_{6-7}=ES_{6-7}+D_{6-7}=6+4=10$。

4. 各工作最迟开始时间和最迟完成时间

计算各工作最迟时间参数的计算顺序是逆箭线方向，从网络图的结束工作向起始工作计算的。根据公式 $LF_{i-j}=LT_j$ 可得各工作最迟完成时间分别为：$LF_{4-7}=LT_7=10$，$LF_{6-7}=LT_7=10$，$LF_{5-7}=LT_7=10$，$LF_{2-4}=LT_4=8$，$LF_{2-6}=LT_6=6$，$LF_{5-6}=LT_6=6$，$LF_{3-5}=LT_5=6$，$LF_{1-2}=LT_2=4$，$LF_{1-6}=LT_6=6$，$LF_{1-3}=LT_3=2$。

根据公式 $LS_{i-j}=LF_{i-j}-D_{i-j}$ 可得各工作最迟开始时间分别为：$LS_{4-7}=LF_{4-7}-D_{4-7}=10-2=8$，$LS_{6-7}=LF_{6-7}-D_{6-7}=10-4=6$，$LS_{5-7}=LF_{5-7}-D_{5-7}=10-1=9$，$LS_{2-4}=LF_{2-4}-D_{2-4}=8-3=5$，$LS_{5-6}=LF_{5-6}-D_{5-6}=6-0=6$，$LS_{3-5}=LF_{3-5}-D_{3-5}=6-4=2$，$LS_{4-7}=LF_{4-7}-D_{4-7}=10-2=8$，$LS_{1-2}=LF_{1-2}-D_{1-2}=4-3=1$，$LS_{1-6}=LF_{1-6}-D_{1-6}=6-5=1$，$LS_{1-3}=LF_{1-3}-D_{1-3}=2-2=0$。

5. 工作时差的计算

1）计算总时差

首先根据公式 $TF_{i-j}=LS_{i-j}-ES_{i-j}$，计算出工作总时差分别为：$TF_{1-2}=LS_{1-2}-ES_{1-2}=1-0=1$，$TF_{1-6}=LS_{1-6}-ES_{1-6}=1-0=1$，$TF_{1-3}=LS_{1-3}-ES_{1-3}=0-0=0$，$TF_{2-4}=LS_{2-4}-ES_{2-4}=5-3=2$，$TF_{2-6}=LS_{2-6}-ES_{2-6}=4-3=1$，$TF_{3-5}=LS_{3-5}-ES_{3-5}=2-2=0$，$TF_{5-6}=LS_{5-6}-ES_{5-6}=6-6=0$，$TF_{4-7}=LS_{4-7}-ES_{4-7}=8-6=2$，$TF_{6-7}=LS_{6-7}-ES_{6-7}=6-6=0$，$TF_{5-7}=LS_{5-7}-ES_{5-7}=9-6=3$。

2）计算自由时差

根据公式 $FF_{i-j}=ES_{j-k}-EF_{i-j}$，计算出各工作自由时差分别为：$FF_{1-2}=ES_{2-4}-EF_{1-2}=3-3=0$，$FF_{1-6}=ES_{6-7}-EF_{1-6}=6-5=1$，$FF_{1-3}=ES_{3-5}-EF_{1-3}=2-2=0$，$FF_{2-4}=ES_{4-7}-EF_{2-4}=6-6=0$，$FF_{2-6}=ES_{6-7}-EF_{2-6}=6-5=1$，$FF_{3-5}=ES_{5-7}-EF_{3-5}=6-6=0$。

工作 G、H、I 为结束工作，因此可按公式 $FF_{i-n}=ET_n-EF_{i-n}$ 计算其自由时差，即 $FF_{4-7}=ET_7-EF_{4-7}=10-8=2$，$FF_{6-7}=ET_7-EF_{6-7}=10-10=0$，$FF_{5-7}=ET_7-EF_{5-7}=10-7=3$。

在各时间参数计算过程中，按照时间参数标注方法，将以上各时间参数的计算结果随算随注在相应位置，如图 5.19 所示。

6. 关键线路的确定

1）确定关键线路和关键工作

通过观察时间参数计算结果可知，总时差为零的工作组成的线路有一条，即①→③→

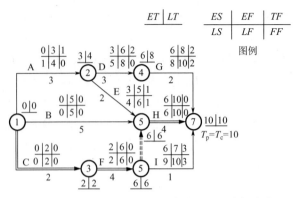

图 5.19 例 5-2 双代号网络计划图（六时标注法）

⑤→⑥→⑦，此线路就是关键线路，如图 5.19 中双线所示，组成该线路的工作 C、F、H 就是关键工作。

2）确定计算工期

关键线路的线路时间就是计算工期，本网络图的计算工期为 10 天。

5.3.7 确定关键线路的方法

1. "破圈法"确定关键线路

破圈法，又称为"线路长度分段比较法"。整个网络图都是由若干个共始终点的多边形圈和单根线段所组成，因此，可以圈为单位，将每个圈中的关键线段找出来，或者把每个圈中的非关键（时间最短的）线段去掉，这种方法称为破圈法。

下面以图 5.20 为例加以说明。

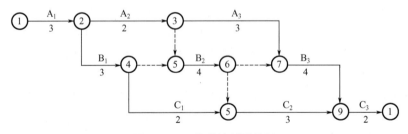

图 5.20 双代号计划网络图

以图 5.20 中的网络图为例，从网络图的起点节点开始，用"破圈法"判定关键线路。其步骤如下：

（1）从网络图的起点至终点，至少有一条线路为关键线路。因为①→②工作是唯一的通路，所以必定是关键线路上的关键工作。

（2）暂时以节点②为起点，以有两个内向箭线的⑤节点作为临时终点，则由②→③→⑤和②→④→⑤两条线路围成一个小圈，比较两条线路的长度，在长度较小的线路上，进入临时终点⑤的箭线③→⑤肯定不是关键工作，暂时擦掉（通常是盖住）该箭线，则小圈变成大圈，又重新形成一个由②→③→⑦和②→④→⑤→⑥→⑦两条线路围成的一个较大的圈。这就是"破小圈，变大圈"。

(3) 再以②节点作为临时起点，以⑦节点作为临时终点，则②→③→⑦线路的长度为5天，②→④→⑤→⑥→⑦线路的长度为7天，说明②→③→⑦线路上进行临时终点⑦的③→⑦箭线肯定不是关键工作。因③→⑤、③→⑦工作不是关键工作，则②→③工作也肯定不是关键工作（因不能形成由关键工作构成的通路）。因此只有②→④工作为关键工作。

(4) 再以④节点作为临时起点，以⑧节点作为临时终点，则④→⑤→⑥→⑧线路长度为4天，而④→⑧箭线的长度为2天，说明④→⑧不是关键工作，而④→⑤和⑤→⑥工作是关键工作。如果两段线路等长，则可能都是关键工作或非关键工作，此时可假定其中一条线路短。

(5) 再以⑥节点作为临时起点，以⑨节点作为临时终点，则⑥→⑦→⑨线路长度为4天，⑥→⑧→⑨线路长度为3天，说明⑧→⑨工作不是关键工作。因此，只有⑥→⑦和⑦→⑨工作为关键工作。

(6) 箭线⑨→⑩也是关键工作。因此该网络图中的关键线路为①→②→④→⑤→⑥→⑦→⑨→⑩线路，其长度为 $L_p=3+3+4+4+2=16$（天），为网络计划的推算工期。

无论网络计划多么复杂，采用"破圈法"均能快捷准确地判定出关键线路，计算出推算工期，所以是目前实用性最强、应用最广泛的判定关键线路的方法。

【例5-3】 如图5.21所示，试用破圈法求关键线路。

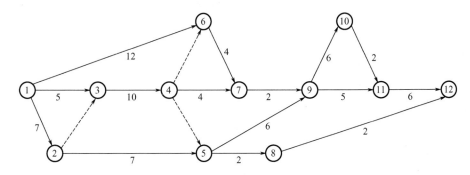

图5.21 例5-3双代号网络计划图

解：如图5.21所示：节点①②③为一圈，其中①③持续时间最短，应去掉①③（画×）或①②③画双箭线；节点①④⑥为一圈，应去掉①⑥；节点②③④⑤为一圈，应去掉②⑤；节点④⑥⑦为一圈，两条线段时间都相等，都用双箭线；节点④⑤⑨为一圈，两条线段时间都相等，都用双箭线；节点⑨⑩⑪为一圈，应去掉⑨⑪；节点⑤⑩⑫⑧为一圈，应去掉⑤⑧⑫。

剩余线路用双箭线链接，就是关键线路。

2. 利用关键节点判断关键线路

双代号网路图中，关键线路上的节点称为关键节点。当计划工期等于计算工期时，关键节点的最迟时间与其最早时间必然相等。关键节点必然处在关键线路上，但由关键节点组成的线路不一定是关键线路。换言之，两端为关键节点的工作不一定是关键工作。计算出双代号网络图的节点时间参数后，就可以通过关键节点法找出关键线路。两个关键节点之间关键线路的条件是：箭尾节点时间＋工作持续时间＝箭头节点时间。

用公式表示如下：
$$ET_i + D_{i-j} = ET_j \qquad (5-25)$$
或者
$$LT_i + D_{i-j} = LT_j \qquad (5-26)$$
关键工作确定后，关键线路亦确定。

3. 节点标号法确定关键线路

当需要快速求出工期和找出关键线路时，也可采用节点标号法。它是将每个节点以后工作的最早开始时间的数值及该数值来源于前面节点的编号写在节点处，最后可得到工期，并可循节点号找出关键线路。其步骤如下。

（1）设网络计划起点节点的标号值为零，即 $b_1 = 0$。

（2）顺箭线方向逐个计算节点的标号值。每个节点的标号值，等于以该节点为完成节点的各工作的开始节点标号值与相应工作持续时间之和的最大值，即
$$b_j = \max\{b_i + D_{i-j}\} \qquad (5-27)$$
将标号值的来源点及得出的标号值标注在节点上方。

（3）节点标号完成后，终点节点的标号即为计算工期。

（4）从网路计划终点节点开始，逆箭线方向按源节点寻求出关键线路。

【例 5-4】 某已知网络计划如图 5.22 所示，试用节点标号法求出工期并找出关键线路。

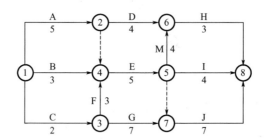

图 5.22 例 5-4 双代号网络计划图

解：(1)设起点节点标号值 $b_1 = 0$。

（2）对其他节点依次进行标号。各节点的标号值计算如下，并将源节点号和标号值标注在图 5.23 中。

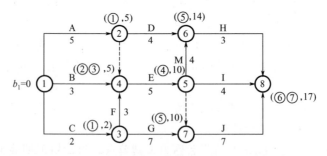

图 5.23 例 5-4 双代号网络图时间参数计算（节点标号法）

各节点标号数据计算如下：
$$b_2 = b_1 + D_{1-2} = 0 + 5 = 5$$
$$b_3 = b_1 + D_{1-3} = 0 + 2 = 2$$

$$b_4=\max[(b_1+D_{1-4}),(b_2+D_{2-4}),(b_3+D_{3-4})]=\max[(0+3),(5+0),(2+3)]=5$$
$$b_5=b_4+D_{4-5}=5+5=10$$
$$b_6=b_5+D_{5-6}=10+4=14$$
$$b_7=b_5+D_{5-7}=10+0=10$$
$$b_8=\max[(b_5+D_{5-8}),(b_6+D_{6-8}),(b_7+D_{7-8})]=\max[(10+4),(14+3),(10+7)]=17$$

（3）由此可确定该网路计划的工期为 17 天。

（4）根据源节点逆箭线寻求出关键线路。关键线路如图 5.24 中双箭线所示。

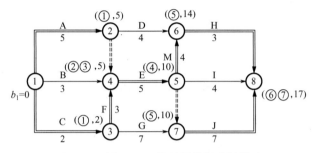

图 5.24　例 5-4 双代号网络图关键线路

【例 5-5】　已知网络计划如图 5.25 所示，试用节点标号法确定其关键线路。

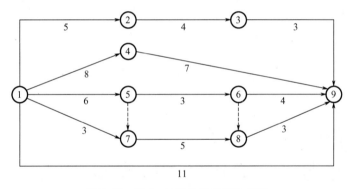

图 5.25　例 5-5 双代号网络计划图

解：对网络计划进行标号，并标注在图 5.26 中。

各节点的标号值计算如下：

$$b_1=0$$
$$b_2=b_1+D_{1-2}=0+5=5$$
$$b_3=b_2+D_{2-3}=5+4=9$$
$$b_4=b_1+D_{1-4}=0+8=8$$
$$b_5=b_1+D_{1-5}=0+6=6$$
$$b_6=b_5+D_{5-6}=6+3=9$$
$$b_7=\max[(b_1+D_{1-7}),(b_5+D_{5-7})]=\max[(0+3),(6+0)]=6$$
$$b_8=\max[(b_7+D_{7-8}),(b_6+D_{6-8})]=\max[(6+5),(9+0)]=11$$
$$b_9=\max[(b_3+D_{3-9}),(b_4+D_{4-9}),(b_6+D_{6-9}),(b_8+D_{8-9}),(b_1+D_{1-9})]$$
$$=\max[(9+3),(8+7),(9+4),(11+3),(0+11)]=15$$

根据源节点（即节点的第一个标号）从右向左寻找出关键线路为①→④→⑨。画出双箭线标示出关键线路，如图 5.27 所示。

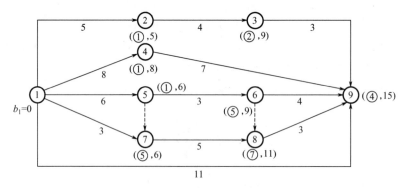

图 5.26　例 5-5 双代号网络图时间参数计算（节点标号法）

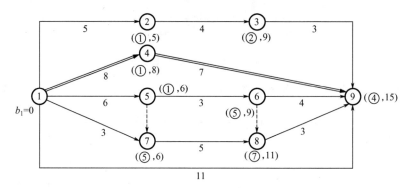

图 5.27　例 5-5 双代号网络图关键线路

任务 5.4　双代号时标网络计划

5.4.1　双代号时标网络计划的含义

前面所介绍的双代号网络计划是通过标注在箭线下方的数字来表示工作的持续时间，因此，在绘制双代号网络图时，并不强调箭线长短的比例关系，这样的双代号网络图必须通过计算各个时间参数才能反映出各个工作进展的具体时间情况，由于网络计划图中没有时间坐标，所以称其为非时标网络计划。如果将横道图中的时间坐标引入非时标网络计划，就可以很直观地从网络图中看出工作最早开始时间、自由时差及总工期等时间参数，它结合了横道图与网络图的优点，应用起来更加方便、直观。我们称这种以时间坐标为尺度编制的网络计划为时标网络计划。

双代号时标网络计划由时标计划表和双代号网络图两部分组成。在时标计划表顶部或下部可单独或同时加注时标,时标单位可根据网络计划的具体需要确定为时、天、周、月或季等。

5.4.2 双代号时标网络计划的特点及一般规定

1. 时标网络计划的特点

(1) 在时标网络计划中,箭线的水平投影长度表示工作的持续时间。
(2) 可直接显示各工作的时间参数和关键线路,不必计算。
(3) 由于受到时间坐标的限制,因此在时标网络计划中不会产生闭合回路。
(4) 可以直接在时标网络图的下方绘出资源动态曲线,便于计划的分析和控制。
(5) 由于箭线的长度和位置受时间坐标的限制,因而调整和修改不太方便。

2. 时标网络计划的一般规定

(1) 双代号时标网络计划是以水平时间坐标为尺度表示工作持续时间,时标的时间单位根据网络计划的需要确定,可以采用时、天、周、月或季等。
(2) 时标网络计划应以实箭线表示工作,以虚箭线表示虚工作,以波形线表示工作的自由时差。
(3) 时标网络计划中所有符号在时间坐标上的水平投影位置,都必须与其时间参数相对应。

节点中心必须对准相应的时标位置。虚工作必须以垂直方向的虚箭线表示,有自由时差时则加波形线表示。

5.4.3 双代号时标网络计划的绘制

时标网络计划一般按工作的最早开始时间绘制(称为早时标网络计划)。其绘制方法有间接绘制法和直接绘制法两种。

1. 间接绘制法

间接绘制法是先计算网络计划的时间参数,再根据时间参数在时间坐标上进行绘制的方法。其绘制步骤和方法如下。

第一步:先绘制双代号网络图,计算节点的最早时间参数,确定关键工作及关键线路。

第二步:根据需要确定时间单位并绘制时标横轴。

第三步:根据节点的最早时间确定各节点的位置。

第四步:按照从左到右的顺序绘制,依次在各节点间绘出箭线及时差。如箭线长度不足以达到工作的完成节点时,用波形线补足,箭头画在波形线与节点连接处。绘制时宜先画关键工作、关键线路,再画非关键工作。

第五步:虚工作必须以垂直方向的虚箭线表示,如果虚箭线两端的节点在水平方向上有距离,则用波形线作为其水平连线。用虚箭线连接各有关节点,将有关的工作连接起来。

根据上述原则,将图 5.28 所示的双代号网络图按照最早时间绘制成的时标网络计划如图 5.29 所示。

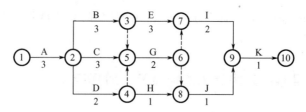

图 5.28 双代号网络计划图

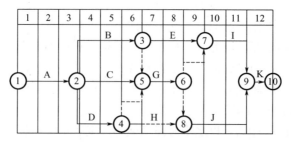

图 5.29 双代号时标网络图

【例 5-6】 某双代号网络计划,如图 5.30 所示。试绘制双代号时标网络计划。

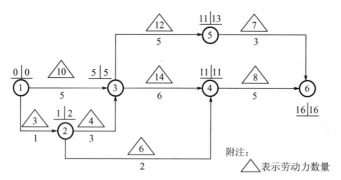

图 5.30 双代号网络计划图

解:按间接法绘制双代号时标网络计划图。

第一步:计算双代号网络计划节点时间参数,确定关键工作及关键线路。

第二步:根据需要确定时间单位并绘制时标横轴。时标可标注在时标网络计划的顶部,每格为1天。

第三步:根据网络计划中各节点的最早时间,先绘制关键线路上的节点①、③、④、⑥,再绘制出非关键线路上的节点②、⑤。

第四步:按绘图要求,依次在各节点间绘出箭线长度及自由时差。

【直接法绘制双代号时标网络计划讲解】

第五步:在纵坐标上面绘制劳动力动态图,如图 5.31 所示。

2. 直接绘制法

直接绘制法是不计算网络计划的时间参数,直接在时间坐标上进行绘制的方法。其绘制步骤和方法可归纳为如下绘图口诀:"时间长短坐标限,曲直斜平利相连;箭线到齐画节点,画完节点补波线;零线尽量拉垂直,否则安排有缺陷。"

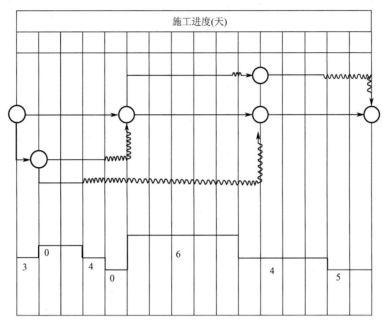

图 5.31 双代号时标网络计划与劳动力动态图（早时标网络图）

（1）时间长短坐标限：箭线的水平投影长度代表着具体的施工时间，受到时间坐标的制约。

（2）曲直斜平利相连：箭线的表达方式可以是直线、折线、斜线等，但布图应合理，表达应直观清晰。

（3）箭线到齐画节点：工作的开始节点必须在该工作的全部紧前工作都画出后，定位在这些紧前工作最晚完成的时间刻度上。

（4）画完节点补波线：某些工作的箭线长度不足以达到其完成节点时，用波形线补足。

（5）零线尽量拉垂直：虚工作持续时间为零，应将其画为垂直线。

（6）否则安排有缺陷：若出现虚工作占据时间的情况，其原因是工作面停歇或施工作业队工作不连续。

【例 5-7】 以图 5.32 所示的双代号网络计划为例，试绘制时标网络图。

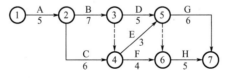

图 5.32 例 5-7 双代号网络计划图

解题分析：本例按以上所述间接绘制法和直接绘制法两种方法进行绘制。

解：按直接绘制法绘制，双代号时标网络计划如图 5.33 所示。

【例 5-8】 某双代号网络计划如图 5.34 所示，试将其绘制成双代号时标网络图。

解：按直接绘制法绘制，双代号时标网络计划如图 5.35 所示。

【例 5-9】 根据图 5.35 的双代号网络图，确定关键线路和时间参数。

解：如图 5.35 所示的关键线路和时间参数判读结果见图中标注。

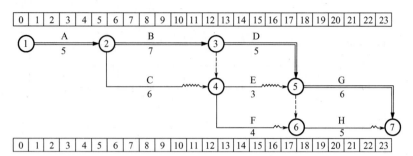

图 5.33 例 5-7 双代号时标网络计划图

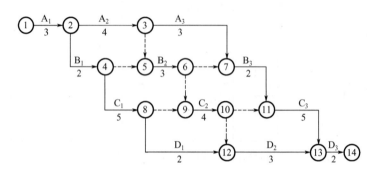

图 5.34 例 5-8 双代号网络计划图

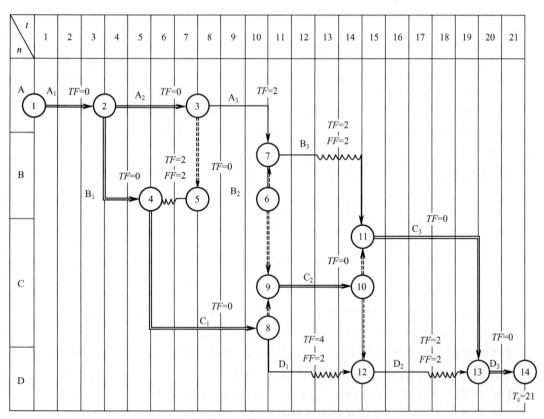

图 5.35 例 5-8 双代号时标网络计划图

【例 5-10】 根据图 5.36 所示网络计划图绘制双代号时标网络计划,并判定关键线路(用粗箭线表示),求计算工期 T_c,标注总时差 TP_{i-j}。

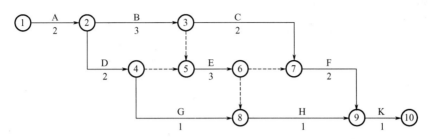

图 5.36 某工程施工网络计划图

解:绘制步骤如下。

第一步:将起点节点①定位在时标计划表的零刻度上。表示 A 工作的最早开始时间,A 工作的持续时间为 2 天,定位节点②。因节点③、④之前只有一个箭头,无自由时差,按 B 和 D 的持续时间 3 天和 2 天可定位节点③和④,虚箭线④→⑤不占用时间,要绘成垂直线,长度不足以到达节点⑤,用波形线表示一天的自由时差。虚箭线③→⑤无时差,直接用垂直虚箭线连接节点③→⑤。节点⑥之前只有一项实工作 E,持续时间 3 天,可直接连接节点⑤和⑥。节点⑧之前有节点⑥和④,⑥→⑧为虚工作,垂直虚线无时差,可定位节点⑧,连接⑥→⑧。节点④之后 G 工作持续时间为 1 天,自由时差有 3 天,用波形线连接至节点⑧。节点⑦定位由节点⑥确定,说明虚工作⑥→⑦无自由时差,用垂直虚线连接节点⑥和⑦。C 工作的持续时间为 2 天,用波形线补足 1 天才到达节点⑦。节点⑨之前 F 工作和 H 工作,持续时间分别为 2 天和 1 天。所以,节点⑨的定位应由节点⑦F 工作持续时间来确定。H 工作有 1 天时差,用波形线连接到达节点⑨。终点节点⑩定位直接由 K 工作持续时间 1 天确定。终点节点⑩定位后,双代号时标网络计划绘制完成,如图 5.37 所示。

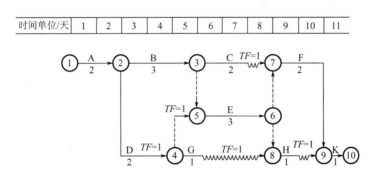

图 5.37 双代号时标网络计划(按最早时间绘制)

第二步:自终点节点⑩逆箭线方向朝起点节点①检验,始终不出现波形线的只有一条 ①→②→③→⑤→⑥→⑦→⑨→⑩为关键线路,并用粗线表示。

第三步:双代号时标网络计划的计算工期 $T_c=11-0=11$(天)。

第四步:波形线在坐标轴上的水平投影长度,即为该工作的自由时差。

第五步:工作的总时差按公式判定,其值标注在相应的箭线上。

5.4.4 双代号时标网络计划的判读

【双代号时标网络计划的判读讲解】

1. 关键线路

自终点节点逆箭线方向至起点节点，自始至终不出现波形线的线路为关键线路。

2. 工期

时标网络计划的计算工期，应是其终点节点与起点节点所在位置的时标值之差。

3. 时间参数

（1）最早开始时间（ES）：箭尾节点所对应的时标值。

（2）最早完成时间（EF）：若实箭线抵达箭头节点，则最早完成时间就是箭头节点的时标值；若实箭线未抵达箭头节点，则其最早完成时间为实箭线末端所对应的时标值。

（3）自由时差（FF）：波形线的水平投影长度即为该工作的自由时差。

（4）总时差（TF）：自右向左进行，其值等于诸紧后工作的总时差的最小值与本工作的自由时差之和。

（5）最迟开始时间（LS）：工作的最早开始时间加上其总时差。

（6）最迟完成时间（LF）：工作的最早完成时间加上其总时差。

任务 5.5　单代号网络计划

5.5.1　单代号网络图的组成

单代号网络图是以节点及其编号表示工作，以箭线表示工作之间逻辑关系的网络图。在单代号网络图中加注工作的持续时间，以便形成单代号网络计划。

1. 箭线

单代号网络图中的箭线表示紧邻工作之间的逻辑关系，既不占用时间，也不消耗资源。箭线应画成水平直线、折线或斜线。箭线水平投影的方向应自左向右，表示工作的行进方向。工作之间的逻辑关系包括工艺关系和组织关系，在网络图中均表现为工作之间的先后顺序。

2. 节点

单代号网络图中的每一个节点表示一项工作，节点宜用圆圈或矩形表示。节点所表示的工作名称、持续时间和工作代号等应标注在节点内，如图 5.38 所示。

3. 节点编号

单代号网络图中的节点必须编号。编号标注在节点内，其号码可间断，但严禁重复。箭线的箭尾节点编号应小于箭头节点的编号。一项工作必须有唯一的一个节点及相应的一个编号。

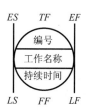

图 5.38 单代号网络计划构成

5.5.2 单代号网络图绘制

1. 单代号网络图的绘制规则

（1）必须正确表达已定的逻辑关系（图 5.39）。

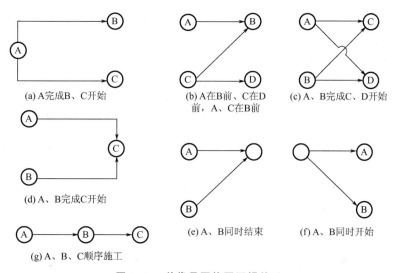

图 5.39 单代号网络图逻辑关系

（2）严禁出现循环回路和虚箭线。
（3）严禁出现双向箭头或无箭头的连线。
（4）严禁出现没有箭尾节点或没有箭头节点的箭线。
（5）箭线不宜交叉，当交叉不可避免时，可采用过桥法和指向法进行绘制。
（6）单代号网络图只应有一个起点节点和一个终点节点；当网络图中有多项起点节点或多项终点节点时，应在网络图的两端分别设置一项虚工作，作为该网络图的起点节点和终点节点，如图 5.40 所示。
（7）不允许出现重复编号的工作，一个编号只能代表一项工作，而且箭头节点编号要大于箭尾节点编号。

例如，某工程只有 A、B 两项工作，它们同时开始同时结束，可分别用双代号和单代号表示，如图 5.41 所示。

2. 单代号网络图的绘制方法

单代号网络图的绘制方法与双代号网络图的绘制方法基本相同，而且由于单代号网络

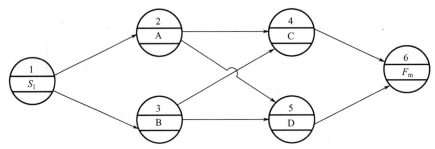

图 5.40 单代号网络图

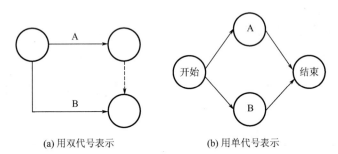

(a) 用双代号表示　　(b) 用单代号表示

图 5.41 某工程用双代号和单代号表示的具体形式

图逻辑关系容易表达,因此绘制方法更为简便,其绘制步骤如下。

先根据网络图的逻辑关系,绘制出网络图草图,再结合绘制图规则进行调整布局,最后形成正式网络图。

(1) 提供逻辑关系表,一般只需提供每项工作的紧前工作。

(2) 用矩阵图确定紧后工作。

(3) 绘制没有紧后工作的工作,当网络图中有多项起点节点时,应在网络图的末端设置一项虚拟的起点节点。

(4) 依次绘制其他各项工作,一直到终点节点,当网络图中有多项终点节点时,应在网络图的末端设置一项虚拟的终点节点。

(5) 检查、修改并进行结构调整,最后绘制出正式网络图。

3. 示例

【例 5-11】 某基础分 3 段施工,挖土 15 天、垫层 9 天、砌基础 12 天、回填 6 天。各节点编号及其紧前、紧后工作见表 5-3。请绘制单代号网络图。

表 5-3 某基础紧前、紧后工作表

工作名称	紧前工作	紧后工作	工作名称	紧前工作	紧后工作
挖土 1	—	挖土 2 垫层 1	砌基础 1	垫层 1	砌基础 2 回填 1
挖土 2	挖土 1	挖土 3 垫层 2	砌基础 2	垫层 2 砌基础 1	砌基础 3 回填 2
挖土 3	挖土 2	垫层 3	砌基础 3	垫层 3 砌基础 2	回填 3

（续）

工作名称	紧前工作	紧后工作	工作名称	紧前工作	紧后工作
垫层 1	挖土 1	垫层 2 砌基础 1	回填 1	砌基础 1	回填 2
垫层 2	挖土 2 垫层 1	垫层 3 砌基础 2	回填 2	砌基础 2 回填 1	回填 3
垫层 3	挖土 3 垫层 2	砌基础 3	回填 3	砌基础 3 回填 2	—

解：首先设一起点节点，然后根据所列紧前、紧后关系，从左到右进行绘制，最后设一终点节点，具体如图 5.42 所示。

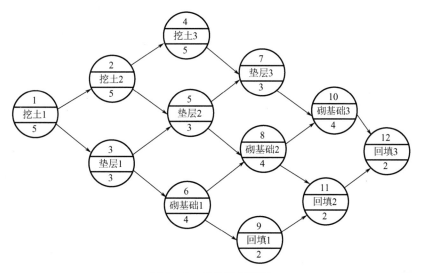

图 5.42 单代号网络图

5.5.3 单代号网络计划时间参数的计算

1. 单代号网络计划常用符号

工作持续时间 D_i：指一项工作从开始到完成的时间。

最早开始时间 ES_i：最早开始时间是在各紧前工作全部完成后，本工作有可能开始的最早时间。

最早完成时间 EF_i：是指各紧前工作全部完成后，本工作有可能完成的最早时刻。

最迟开始时间 LS_i：最迟开始时间是指在不影响整个计划工期按时完成的条件下，本工作最迟必须开始的时间。

最迟完成时间 LF_i：是在不影响整个计划按期完成的前提下，本工作最迟必须完成的时间。

总时差 TF_i：是在不影响 2 期的前提下，一项工作所具有的机动时间。

【单代号网络计划时间参数的计算讲解】

自由时差FF_i：是指在不影响后续工作最早开始时间的前提下，一项工作可以利用的机动时间。

2. 单代号网络计划时间参数的计算方法

1) 计算最早开始时间和最早完成时间

网络计划中各项工作的最早开始时间和最早完成时间的计算应从网络计划的起点节点开始，顺着箭线方向依次逐项计算。

(1) 工作最早开始时间ES_i。网络计划的起点节点的最早开始时间为0。如起点节点的编号为1，则$ES_i=0$ ($i=1$)。

其他工作最早开始时间＝该工作的各紧前工作的最早完成时间的最大值，如工作j的紧前工作的代号为i，则

$$ES_j = \max\{EF_i\} = \max\{ES_i + D_i\}$$

式中：ES_i——工作j的各紧前工作的最早开始时间；

D_i——工作j的紧前工作i的持续时间。

(2) 工作最早完成时间EF_i。工作的最早完成时间EF_i应等于本工作的最早开始时间与持续时间之和，即

$$EF_i = ES_i + D_i$$

2) 网络计划的计算工期T_c。

网络计划的计算工期T_c等于网络计划的终点节点n的最早完成时间。

$$T_c = EF_n$$

3) 确定网络计划的计划工期T_p

网络计划的计划工期T_p的计算有以下两种情况。

(1) 当已规定要求工期T_r时，计划工期不应超过要求工期，即$T_p \leqslant T_r$。

(2) 当未规定要求工期时，可以令计划工期等于计算工期，即$T_p = T_r$。

4) 计算相邻两项工作i和j之间时间间隔$LAG_{i,j}$

相邻两项工作i和j之间的时间间隔等于其紧后工作j的最早开始时间和本工作的最早完成时间之差。

$$LAG_{i,j} = ES_j - EF_i$$

5) 计算工作总时差TF_i

(1) 工作i的总时差TF_i应从网络计划的终点节点开始，逆着箭线方向依次逐项计算。当部分工作分期完成时，有关工作的总时差必须从分期完成的节点开始逆向逐项计算。

(2) 终点节点所代表工作n的总时差TF_n等于计划工期与计算工期之差，即

$$TF_n = T_p - T_c$$

当未规定要求工期时，则$T_p = T_c$，即$TF_n = 0$。

(3) 其他工作i的总时差TF_i等于本与其紧后工作之间的时间间隔加该紧后工作的总时差所得之和的最小值，即

$$TF_i = \min\{LAG_{i,j} + TF_j\}$$

式中：TF_j——工作i的紧后工作j的总时差。

当已知各项工作的最迟完成时间LF_i或最迟开始时间LS_i时，工作的总时差TF_j的计算如下：

$$TF_i = LS_i - ES_i$$
$$TF_i = LF_i - EF_i$$

6）计算工作自由时差FF_i

网络计划终点节点所代表的工作自由时差等于计划工期与本工作的最早完成时间之差，即

$$FF_n = T_p - EF_n$$

其他工作的自由时差FF_i等于本工作与其紧后工作之间时间间隔的最小值，即

$$FF_i = \min\{LAG_{i,j}\}$$
$$FF_i = \min\{ES_j - EF_i\}$$
$$FF_i = \min\{ES_j - ES_i - D_i\}$$

7）计算工作的最迟完成时间LF_i

(1) 工作i的最迟完成时间LF_i应从网络图的终点节点开始，逆着箭线方向依次逐项计算。当部分工作分期完成时，有关工作的最迟完成时间应从分期完成的节点开始逆向逐项计算。

(2) 终点节点所代表的工作n的最迟完成时间LF_n应按网络计划的计划工期T_p确定，即

$$LF_n = T_p$$

分期完成这项工作的最迟完成时间，应等于分期完成的时刻。

(3) 其他工作i的最迟完成时间LF_i应为

$$LF_i = \min\{LF_j - D_j\}$$

式中：LF_j——工作i的紧后工作j的最迟完成时间；

D_j——工作i的紧后工作j的持续时间。

或工作i的最迟完成时间等于该工作各紧后工作最迟开始时间的最小值，即

$$LF_i = \min\{LS_j\}$$

(4) 工作的最迟完成时间等于本工作的最早完成时间与其总时差之和，即

$$LF_i = EF_i + TF_i$$

8）计算工作的最迟开始时间LS_i

(1) 工作i的最迟开始时间LS_i等于本工作的最迟完成时间与本工作的持续时间之差，即

$$LS_i = LF_i - D_i$$

(2) 工作i的最迟开始时间LS_i等于本工作的最早开始时间与其总时差之和，即

$$LS_i = ES_i + TF_i$$

5.5.4 关键工作及关键线路的确定

1. 关键工作的确定

网络计划中机动时间最少的工作称为关键工作。因此，网络计划中工作总时间差最小的工作也就是关键工作。当计划工期等于计算工期时，关键工作总时差为零；当计划工期小于计算工期时，此时工期无法满足计划要求，应研究更多措施以缩短计算工期；当计划工期大于计算工期时，关键工作总时差为正，说明计划已留有余地，进度控制处于主动。

2. 关键线路的确定

网络计划中，自始至终全部由关键工作组成的线路为关键线路或者总的工作持续时间最长的线路应为关键线路。关键线路在网络图上应用粗线、双线或彩色线标注。

单代号网络计划中将相邻两项间隔时间为零的关键工作连接起来而形成的自起点节点到终点节点的通路就是关键线路。

【例 5-12】 某基础工程的单代号网络图如图 5.42 所示。试按照双代号网络图的"工作计算法"，分别计算 ES_{i-j}、EF_{i-j}、LS_{i-j}、LF_{i-j}、TF_{i-j}、FF_{i-j} 及工期。

解：具体计算结果如图 5.43 所示。经计算，工期为 18 天。

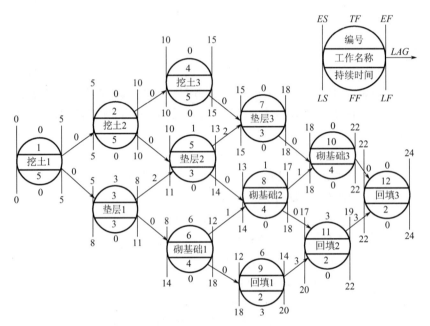

图 5.43 单代号网络图计算结果

【例 5-13】 根据某具体工程绘制的单代号网络图（图 5.44），求该单代号网络图的计算结果。

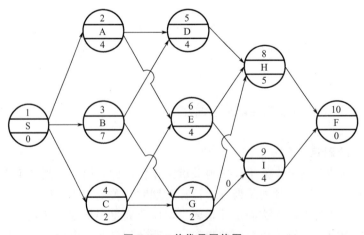

图 5.44 单代号网络图

解：单代号网络图的计算结果如图 5.45 所示。经计算，工期为 15 天。

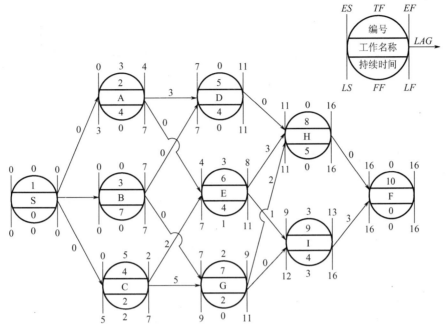

图 5.45 单代号网络图计算结果

任务 5.6 建筑施工网络计划的应用

【建筑施工网络计划的应用】

5.6.1 建筑施工网络图的排列方法

建筑施工网络计划是网络计划在施工中的具体应用，其对工程施工的组织、协调、控制和管理作用是非常显著的。为了使建筑施工网络计划条理化和形象化，在编制网络计划时，应根据各自不同情况灵活地选用不同排列方法，使各项工作之间在工艺上和组织上的逻辑关系准确、清楚，便于施工的组织管理人员掌握，也便于对网络计划进行检查和调整。

1. 按施工过程排列

按施工过程排列就是根据施工顺序把各施工过程按垂直方向排列，而将施工段按水平方向排列，如图 5.46 所示。其特点是相同工种在一条水平线上，突出了各工种之间的关系。

2. 按施工段排列

按施工段排列就是将同一施工段上的各施工过程按水平方向排列，而将施工段按垂直

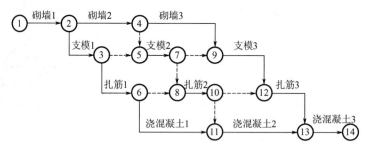

图 5.46　按施工过程排列的施工网络计划

方向排列，如图 5.47 所示。其特点是同一施工段上的各施工过程（工种）在一条水平线上，突出了各工作面之间的关系。

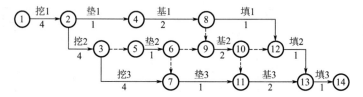

图 5.47　按施工段排列的施工网络计划

3. 按楼层排列

按楼层排列就是将同一楼层上的各施工过程按水平方向排列，而将楼层按垂直方向排列，如图 5.48 所示。其特点是同一楼层上的各施工过程（工种）在一条水平线上，突出了各工作面（楼层）的利用情况，使得较复杂的施工过程变得清晰明了。

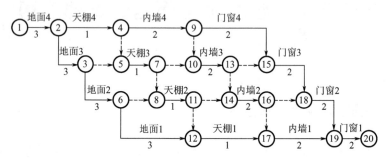

图 5.48　按楼层排列的施工网络计划

4. 混合排列

在绘制单位工程网络计划等一些较复杂的网络计划时，常常采用以一种排列为主的混合排列，如图 5.49 所示。

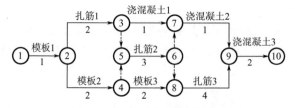

图 5.49　混合排列的施工网络计划

5.6.2 建筑施工网络图的合并、连接及详略组合

1. 建筑施工网络图的合并

为了简化网络图，可以将某些相对独立的网络图合并成只有少量箭线的简单网络图。网络图合并（或简化）时，必须遵循下述原则。

（1）用一条箭线代替原网络图中某一部分网络图时，该箭线的长度（工作持续时间）应为"被简化部分网络图"中最长的线路长度，合并后网络图的总工期应等于原来未合并时网络图的总工期，如图 5.50 所示。

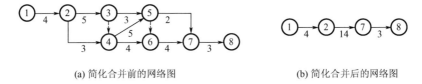

(a) 简化合并前的网络图　　　　　　(b) 简化合并后的网络图

图 5.50　网络图的合并（一）

（2）网络图合并时，不得将起点节点、终点节点和与外界有联系的节点简化掉，如图 5.51 所示。

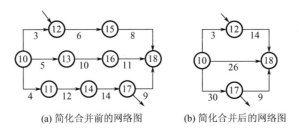

(a) 简化合并前的网络图　　　(b) 简化合并后的网络图

图 5.51　网络图的合并（二）

2. 建筑施工网络图的连接

采用分部流水法编制一个单位工程网络计划时，一般应先按不同的分部工程分别编制出局部网络计划，然后再按各分部工程之间的逻辑关系，将各分部工程的局部网络计划连接起来成为一个单位工程网络计划，如图 5.52 所示，基础按施工过程排列，其余按施工段排列。

为了便于把分别编制的局部网络图连接起来，各局部网络图的节点编号数目要留足，确保整个网络图中没有重复的节点编号；也可采用先连接，然后再统一进行节点编号的方法。

3. 网络图的详略组合

在一个施工进度计划的网络图中，应以"局部详细，整体粗略"的方式，突出重点；或采用某一阶段详细，其他相同阶段粗略的方法来简化网络计划。这种详略组合的方法在绘制标准层施工的网络计划时最为常用。

例如，某项四单元六层砖混结构住宅的主体工程，每层分两个施工段组织流水施工，

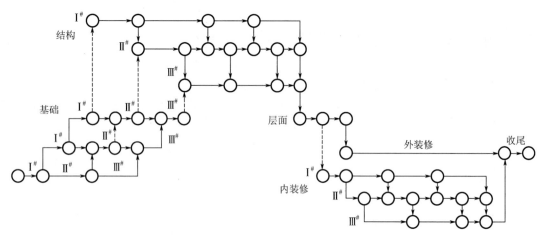

图 5.52 网络图的连接

因为二至五层为标准层,所以二层应编制详图,三、四、五层均可采用一个箭头的略图,如图 5.53 所示。

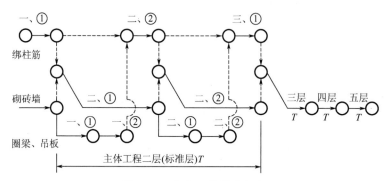

图 5.53 网络图的详略组合

项目小结

网路计划技术是在建筑工程施工中广泛应用的现代化科学管理方法,主要用来编制工程项目施工的进度计划和建筑施工企业的生产计划,并通过对计划的优化、调整和控制,达到缩短工期、提高效率、节约劳动力、降低消耗的施工目标,是施工组织设计的重要组成部分,也是工程竣工验收的必备文件。

本项目主要介绍了双代号网络计划的基本概念和绘制方法、时间参数的计算、关键工作和关键线路的确定以及时标网路计划的绘制和判读,同时简要介绍了建筑施工网络计划的编制方法。

施工组织设计的科学原理是流水施工和网络计划原理。因此,建议本项目理论教学应结合《建筑工程施工组织实训》教材同步进行讲解和实训练习,促进学生加深对网络计划基本理论的理解,达到能独立编制双代号网络图,熟练进行时间参数计算和确定关键工作和关键线路,同时能独立编制时标网络计划的目的。

习　　题

一、思考题

1. 什么是网络图？什么是网络计划？什么叫双代号网络图？
2. 双代号网络图有哪些要素？绘制规则有哪些？
3. 计算网络计划的时间参数意义何在？一般网络计划要计算哪些时间参数？
4. 什么是关键线路？什么是关键工作？如何确定关键线路？
5. 时标网络计划有什么特点？如何绘制？

二、实操题

1. 已知网络图的资料见表 5-4，试根据逻辑关系和绘制规则绘制双代号网络图。

表 5-4　网络图的资料

本工作	A	B	C	D	E	G	H	I	J
今后工作	E	H、A	J、G	H、I、J	—	H、A	—	—	—

2. 试计算图 5.54 的各工作时间参数，确定其关键线路和计算工期。

3. 将图 5.54 改绘成双代号时标网络图。

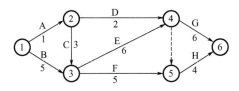

图 5.54　双代号网络计划图

4. 根据某具体工程绘制的单代号网络图（图 5.55），求该单代号网络图的计算结果。

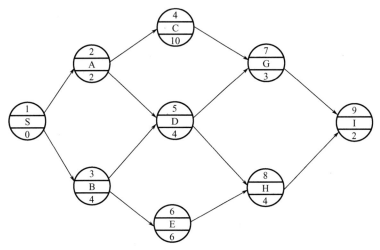

图 5.55　单代号网络图

单位工程施工进度计划

能力目标	知识要点	权　重
能编制单位工程施工进度计划	1. 施工进度计划的作用及分类； 2. 施工进度计划的编制依据和编制程序； 3. 施工进度计划的编制内容； 4. 施工进度计划的编制步骤和方法	65%
能编制各项资源需要量计划	1. 劳动力需要量计划的编制； 2. 主要材料、构件、半成品需要量计划的编制； 3. 施工机械需要量计划的编制	35%

 任务引入

【背景】

图 6.1 为某基础工程施工的横道图。

序号	分项工程名称	时间/天	施工进度/天															
			1	2	3	4	5	6	7	8	9	10	11	12	13	14	15	16
1	挖土方	5	━	━	━	━	━											
2	砌砖基	9						━	━	━	━	━	━	━	━	━		
3	回填土	2															━	━

图 6.1　某基础工程施工的横道图

【提出问题】
1. 该横道图有什么作用？
2. 该横道图根据什么绘制？
3. 该横道图应如何绘制？绘制步骤和方法如何？

知识点提要

施工进度计划是施工组织设计的中心内容，它要保证建设工程按合同规定的期限交付使用。施工中的其他工作必须围绕并适应施工进度计划的要求安排。

施工进度计划的种类和施工组织设计相适应，分为总进度计划和单位工程施工进度计划。施工总进度计划包括建设项目（企业、住宅区等）的施工进度计划和施工准备阶段的进度计划。它按生产工艺和建设要求，确定投产建筑群的主要和辅助的建筑物与构筑物的施工顺序、相互衔接和开、竣工时间，以及施工准备工程的顺序和工期。单位工程施工进度计划是总进度计划有关项目施工进度的具体化，一般土建工程的施工组织设计还考虑了专业和安装工程的施工时间。

本项目即主要讲述单位工程施工进度计划的编制方法及步骤，以及施工中各项资源需用量计划的编制。

任务 6.1　单位工程施工进度计划概述

单位工程施工进度计划是在确定了施工方案的基础上，根据计划工期和各种资源供应条件，按照工程的施工顺序，用图表形式（横道图或网络图）表示各分部、分项工程搭接关系及工程开、竣工时间的一种计划安排。

6.1.1　施工进度计划的作用

单位工程施工进度计划是单位工程施工组织设计的重要内容，它的主要作用如下。
（1）控制单位工程的施工进度，保证在规定工期内完成工程任务。
（2）确定单位工程的各分部分项工程的施工顺序、施工持续时间及相互衔接和配合关系。
（3）为编制季度、月度生产计划提供依据。
（4）为制订各项资源需要量计划和编制施工准备工作计划提供依据。
（5）具体指导现场的施工安排。

6.1.2　施工进度计划的分类

单位工程施工进度计划根据施工项目划分的粗细程度，可分为以下几类。

1. 控制性施工进度计划

它以分部工程来划分施工项目,控制各分部工程的施工时间及其相互搭接配合关系。它主要适用于工程结构较复杂、规模较大、工期较长而需跨年度施工的工程,以及工程具体细节不确定的情况。

2. 指导性施工进度计划

它按分项工程或施工过程来划分施工项目,具体确定各分项工程或施工过程的施工时间及其相互搭接配合关系。它适用于施工任务具体而明确、施工条件基本落实、各种资源供应正常、施工工期不太长的工程。

6.1.3 施工进度计划的编制依据

编制单位工程施工进度计划的主要依据如下。
(1) 施工组织总设计对本工程的要求。
(2) 有关设计文件,如施工图、地形图、工程地质勘察报告等。
(3) 施工工期及开、竣工日期。
(4) 施工方案及施工方法,包括施工程序、施工段划分、施工流程、施工顺序、施工方法等。
(5) 劳动定额、机械台班定额等。
(6) 施工条件,如劳动力、施工机械、材料、构件等供应情况。

6.1.4 施工进度计划的编制程序

单位工程施工进度计划的编制程序如图 6.2 所示。

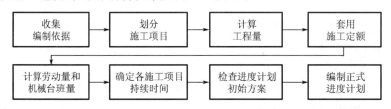

图 6.2 单位工程施工进度计划的编制程序

任务 6.2 单位工程施工进度计划的编制

【单位工程施工进度计划的编制程序和方法】

6.2.1 划分施工过程

编制单位工程施工进度计划时,首先必须研究施工过程的划分,再进行有关内容的计算和设计。施工过程划分应考虑下述要求。

1. 施工过程划分的粗细程度的要求

对于控制性施工进度计划，其施工过程的划分可以粗一些，一般可按分部工程划分施工过程。对于指导性施工进度计划，其施工过程的划分可以细一些，要求每个分部工程所包括的主要分项工程均应一一列出，起到指导施工的作用。

2. 对于施工过程进行适当合并，达到简明清晰的要求

为了使计划简明清晰、突出重点，一些次要的施工过程应合并到主要施工过程中去，如基础防潮层可合并到基础施工过程内；有些虽然重要但是工程量不大的施工过程也可与相邻的施工过程合并，如油漆和玻璃安装可合并为一项；同一时期由同一工种施工的施工项目也可合并在一起。

3. 施工过程划分的工艺性要求

现浇钢筋混凝土施工，一般可分为支模、绑扎钢筋、浇筑混凝土等施工过程，是合并还是分别列项，应视工程施工组织、工程量、结构性质等因素研究确定。一般现浇钢筋混凝土框架结构的施工应分别列项，而且可分得细一些，如绑扎柱钢筋，安装柱模板，浇捣柱混凝土，安装梁、板模板，绑扎梁、板钢筋，浇捣梁、板混凝土，养护，拆模等施工过程。但在现浇钢筋混凝土工程量不大的工程中，一般不再细分，可合并为一项，如砌体结构工程中的现浇雨篷、圈梁等，即可列为一项，由施工班组的各工种互相配合施工。

抹灰工程一般分内、外墙抹灰，外墙抹灰工程可能有若干种装饰抹灰的做法要求，一般情况下合并为一项，也可分别列项。室内的各种抹灰应按楼地面抹灰、顶棚及墙面抹灰、楼梯间及踏步抹灰等分别列项，以便组织施工和安排进度。

施工过程的划分，应考虑所选择的施工方案。如厂房基础采用敞开式施工方案时，柱基础和设备基础可合并为一个施工过程；而采用封闭式施工方案时，则必须列出柱基础、设备基础这两个施工过程。

住宅建筑的水、暖、煤、卫、电等房屋设备安装是建筑工程的重要组成部分，应单独列项；工业厂房的各种机电等设备安装也要单独列项，但不必细分，可由专业队或设备安装单位单独编制其施工进度计划。土建施工进度计划中列出设备安装的施工过程，表明其与土建施工的配合关系。

4. 明确施工过程对施工进度的影响程度

根据施工过程对工程进度的影响程度可分为三类。第一类为资源驱动的施工过程，这类施工过程直接在拟建工程上进行作业，占用时间、资源，对工程的完成与否起着决定性的作用，在条件允许的情况下，可以缩短或延长它的工期。第二类为辅助性施工过程，它一般不占用拟建工程的工作面，虽需要一定的时间和消耗一定的资源，但不占用工期，故可不列入施工计划内，如交通运输、场外构件加工或预制等。第三类施工过程虽直接在拟建工程上进行作业，但它的工期不以人的意志为转移，随着客观条件的变化而变化，应根据具体情况将它列入施工计划，如混凝土的养护等。

施工过程划分和确定之后，应按前述施工顺序列出施工过程（分部分项工程）一览表，如表6-1所示。

表 6-1 分部分项工程一览表

序 号	分部分项工程名称	序 号	分部分项工程名称
一	基础工程	二	主体工程
1	挖土	5	模板
2	混凝土垫层	…	…
3	砌砖基础		
4	回填土		

6.2.2　计算工程量

当确定了施工过程之后，应计算每个施工过程的工程量。工程量应根据施工图样、工程量计算规则及相应的施工方法进行计算。即按工程的几何形状进行计算，计算时应注意以下几个问题。

1. 注意工程量的计算单位

每个施工过程的工程量的计量单位应与采用的施工定额的计量单位相一致。这样，在计算劳动量、材料消耗量及机械台班量时就可直接套用施工定额，不需再进行换算。

2. 注意采用的施工方法

计算工程量时，应与采用的施工方法相一致，以便计算的工程量与施工的实际情况相符合。

3. 正确取用预算文件中的工程量

如果编制单位工程施工进度计划时，已编制出预算文件（施工图预算或施工预算），则工程量可从预算文件中抄出并汇总。但是，施工进度计划中某些施工过程与预算文件的内容不同或有出入时（如计量单位、计算规则、采用的定额等），则应根据施工实际情况加以修改、调整或重新计算。

6.2.3　套用建筑工程施工定额

确定了施工过程及其工程量之后，即可套用建筑工程施工定额（当地实际采用的劳动定额及机械台班定额），以确定劳动量和机械台班量。

在套用国家或当地颁布的定额时，必须注意结合本单位工人的技术等级、实际操作水平、施工机械情况和施工现场条件等因素，确定定额的实际水平，使计算出来的劳动量、机械台班量等符合实际需要。

6.2.4　确定劳动量和机械台班量

劳动量和机械台班数量可根据各分部分项工程的工程量、施工方法和施工定额来确定。

一般计算公式为

$$P_i = \frac{Q_i}{S_i} = Q_i H_i \quad (6-1)$$

式中：P_i——某分项工程的劳动量或机械台班数量（工日或台班）；
　　　Q_i——某分项工程的工程量（m^3、m^2、m、t 等）；
　　　S_i——某分项工程计划产量定额[m^3/工日（台班）等]；
　　　H_i——某分项工程计划时间定额[工日（台班）/m^3 等]。

当某一施工过程是由两个或两个以上不同分项工程合并而成时，其总劳动量应按以下公式计算：

$$P_{总} = \sum_{i=1}^{n} P_i = P_1 + P_2 + \cdots + P_n \quad (6-2)$$

当某一施工过程是由同一工种、不同做法、不同材料的若干个分项工程合并组成时，应按以下公式计算其综合产量定额，再求其劳动量。

$$\overline{S} = \frac{\sum_{i=1}^{n} Q_i}{\sum_{i=1}^{n} P_i} = \frac{Q_1 + Q_2 + \cdots + Q_n}{P_1 + P_2 + \cdots + P_n} = \frac{Q_1 + Q_2 + \cdots + Q_n}{\frac{Q_1}{S_1} + \frac{Q_2}{S_2} + \cdots + \frac{Q_n}{S_n}} \quad (6-3)$$

$$\overline{H} = \frac{1}{\overline{S}} \quad (6-4)$$

式中：　$\overline{S}$——某施工过程的综合产量定额[m^3/工日（台班）等]；
　　　　$\overline{H}$——某施工过程的综合时间定额[工日（台班）/m^3 等]；
　　　　$\sum_{i=1}^{n} P_i$——总劳动量（工日）；
　　　　$\sum_{i=1}^{n} Q_i$——总工程量（m^3、m^2、m、t 等）；
　　$Q_1, Q_2, \cdots, Q_n$——同一施工过程的各分项工程的工程量；
　　$S_1, S_2, \cdots, S_n$——与 $Q_1, Q_2, \cdots, Q_n$ 相对应的产量定额。

【例 6-1】 某基础工程土方开挖总量为 10000m^3，计划用两台挖掘机进行施工，挖掘机台班定额为 100m^3/台班。计算挖掘机所需的台班量。

解： $P_{机械} = \frac{Q_{机械}}{S_{机械}} = 10000/(100 \times 2) = 50$（台班）

【例 6-2】 某分项工程依据施工图计算的工程量为 1000m^3，该分项工程采用的施工时间定额为 0.4 工日/m^3。计算完成该分项工程所需的劳动量。

解： $P_i = Q_i H_i = 1000 \times 0.4 = 400$（工日）

6.2.5　确定各施工过程的持续时间

施工过程持续时间的确定方法有三种：经验估算法、定额计算法和倒排计划法。

1. 经验估算法

经验估算法先估计出完成该施工过程的最乐观时间、最悲观时间和最可能时间三种施工时间，再根据公式计算出该施工过程的持续时间。这种方法适用于新结构、新技术、新工艺、新材料等无定额可循的施工过程。

计算公式为

$$D = \frac{A + 4B + C}{6} \quad (6-5)$$

式中：D——施工过程的持续时间；
A——最乐观的时间估算（最短的时间）；
B——最可能的时间估算（正常的时间）；
C——最悲观的时间估算（最长的时间）。

2. 定额计算法

定额计算法是根据施工过程需要的劳动量或机械台班量，以及配备的劳动人数或机械台班，确定施工过程持续时间。

计算公式为

$$D = \frac{P}{N \times R} \quad (6-6)$$

$$D_{机械} = \frac{P_{机械}}{N_{机械} \times R_{机械}} \quad (6-7)$$

式中：D——某手工操作为主的施工过程持续时间（天）；
P——该施工过程所需的劳动量（工日）；
R——该施工过程所配备的施工班组人数（人）；
N——每天采用的工作班制（班）；
$D_{机械}$——某机械施工为主的施工过程持续时间（天）；
$P_{机械}$——该施工过程所需的机械台班数（台班）；
$R_{机械}$——该施工过程所配备的机械台班数（台）；
$N_{机械}$——每天采用的工作台班数（台班）。

在实际工作中，确定施工班组人数或机械台班数，必须结合施工现场的具体条件、最小工作面与最小劳动组合人数的要求以及机械施工的工作面大小、机械效率、机械必要的停歇维修与保养时间等因素，才能确定出符合实际和要求的施工班组数及机械台班数。

3. 倒排计划法

倒排计划法是根据施工的工期要求，先确定施工过程的持续时间、工作班制，再确定施工班组人数或机械台数。计算公式为

$$R = \frac{P}{N \times D} \quad (6-8)$$

$$R_{机械} = \frac{P_{机械}}{N_{机械} \times D_{机械}} \quad (6-9)$$

6.2.6 编制施工进度计划的初步方案

下面以横道图为例来说明。上述各项计算内容确定之后，即可编制施工进度计划的初步方案。一般的编制方法如下。

1. 根据施工经验直接安排的方法

这种方法是根据经验资料及有关计算，直接在进度表上画出进度线。其一般步骤是：首先安排主导施工过程的施工进度，然后安排其余施工过程。它应尽可能配合主导施工过程并最大限度地搭接，形成施工进度计划的初步方案。总的原则是应使每个施工过程尽可能早地投入施工。

2. 按工艺组合组织流水的施工方法

这种方法就是先按各施工过程（即工艺组合流水）初排流水进度线，然后将各工艺组合最大限度地搭接起来。

无论采用上述哪一种方法编排进度，都应注意以下问题。

(1) 每个施工过程的施工进度线都应用横道粗实线段表示（初排时可用铅笔细线表示，待检查调整无误后再加粗）。

(2) 每个施工过程的进度线所表示的时间（天）应与计算确定的持续时间一致。

(3) 每个施工过程的施工起止时间应根据施工工艺顺序及组织顺序确定。

6.2.7 检查与调整施工进度计划

施工进度计划初步方案编制以后，应根据与建设单位和有关部门的要求、合同规定及施工条件等，先检查各施工过程之间的施工顺序是否合理、工期是否满足要求、劳动力等资源消耗是否均衡，然后再进行调整，直至满足要求，正式形成施工进度计划。

总的要求是：在合理的工期下尽可能地使施工过程连续施工，这样便于资源的合理安排。

任务 6.3　各项资源需要量计划的编制

单位工程施工进度计划编制确定以后，便可编制劳动力需要量计划，主要材料、预制构件、门窗等的需要量和加工计划，施工机具及周转材料的需要量和进场计划。它们是做好劳动力与物资的供应、平衡、调度、落实的依据，也是施工单位编制施工作业计划的主要依据之一。

6.3.1 劳动力需要量计划

劳动力需要量计划是安排劳动力的均衡、调配和衡量劳动力耗用指标的依据，它反映单位工程施工中所需要的各种技术工人、普工人数。一般要求按月分旬编制计划，主要根据确定的施工进度计划编制，其方法是按进度表上每天需要的施工人数，分工种进行统计，得出每天所需工种及人数，按时间进度要求汇总编出，表格形式如表 6-2 所示。

表 6-2 劳动力需要量计划

序号	材料名称	规格	需要量		需要时间						备注
			单位	数量	××月			××月			
					上旬	中旬	下旬	上旬	中旬	下旬	

6.3.2 主要材料需要量计划

主要材料需要量计划是备料、供料和确定仓库、堆场面积大小及组织运输的依据,根据施工预算、材料消耗定额和施工进度计划来编制,表格形式如表 6-3 所示。

表 6-3 主要材料需要量计划

序号	材料名称	规格	需要量		供应时间	备注
			单位	数量		

6.3.3 构件和半成品需要量计划

构件和半成品需要量计划是根据施工图、施工方案及施工进度计划要求编制,主要反映施工中各种预制构件的需要量及供应日期,并作为落实加工单位及按所需规格、数量和使用时间组织构件进场的依据,表格形式如表 6-4 所示。

表 6-4 构件和半成品需要量计划

序号	构件、半成品名称	规格	图号、型号	需要量		使用部位	加工单位	供应日期	备注
				单位	数量				

6.3.4 施工机械需要量计划

施工机械需要量计划主要用于确定施工机具类型、数量和进场时间,表格形式如表 6-5 所示。

表 6-5 施工机械需要量计划

序号	机械名称	类型、型号	需要量		货源	使用起止时间	备注
			单位	数量			

【例 6-3】 某建筑工程公司，拟建三幢相同的办公楼工程，砖混结构，其基础工程的施工过程有 A（平整场地、人工挖基槽）、B（300mm 厚混凝土垫层）、C（砖基础）、D（基础圈梁、基础构造柱）、E（回填土）。通过施工图计算每一幢办公室基础工程各施工过程的工程量 Q，见表 6-6，拟采用一班制组织施工，试绘制该基础工程的横道图进度计划和网络进度计划。

表 6-6 各施工过程的工程量

序号	名 称	工程量/m³
1	平整场地	335.59
2	人工挖基槽	256.82
3	300mm 厚混凝土垫层	39.98
4	砖基础	52.20
5	基础圈梁	6.43
6	基础构造柱	1.06
7	回填土	181.81

解：（1）查劳动定额，得到各施工过程的时间定额 H，见表 6-7。

（2）根据劳动量（工日）公式 $P=Q \cdot H$，得到各施工过程的劳动量 P，见表 6-7。

砌砖基础：$P = Q \cdot H = 52.20 \times 0.976 = 50.95$（工日）。

回填土：$P = Q \cdot H = 181.81 \times 0.190 = 34.54$（工日）。

当某一施工过程是由两个或两个以上不同分项工程（工序）合并而成时，或某一施工过程是由同一工种但不同做法、不同材料的若干个分项工程（工序）合并组成时，其总劳动量按下式计算：

$$P_{总} = \sum_{i=1}^{n} P_i = P_1 + P_2 + \cdots + P_n$$

例如，本案例 300mm 厚混凝土垫层施工，其支设模板、浇筑混凝土两个施工工序的工程量分别为 110.22m、39.50m³，查劳动定额得其时间定额分别为 0.282 工日/m、0.814 工日/m³，则完成此混凝土垫层施工所需的劳动量为

$$P = P_{模} + P_{混凝土} = 110.22 \times 0.282 + 39.50 \times 0.814 = 63.24 (工日)$$

同理，算得基础圈梁的劳动量为 103.48 工日，构造柱的劳动量为 24.46 工日。

则施工过程 D 的总劳动量为 $P = 103.48 + 24.46 = 127.94$（工日）。

同理施工过程 A 的总劳动量为 959.79 工日。

（3）一般工程在招投标中已限定工期，所以现场常用的方法是工期固定，资源无限。根据合同规定的总工期和本企业的施工经验，确定各分项工程的施工持续时间，然后按各

分项工程需要的劳动量或机械台班数量,确定每一分项工程每个工作班所需要的人工数或机械数量。也可根据施工单位现有的人员状况确定其劳动量,再计算各分项工程的施工持续时间,从而组成相应的流水施工方式。

本基础工程组织等节拍流水,确定每个施工过程的流水节拍均为 4 天,根据公式 $R=P/(DN)$,得到每个工作班所需的工人数 R,见表 6-7。

其中施工过程 A:$R=P/(DN)=959.79/(4×1)=254.52(人)$ 取 255 人

施工过程 B:$R=P/(DN)=63.23/(4×1)=15.81(人)$ 取 16 人

施工过程 C:$R=P/(DN)=50.95/(4×1)=12.74(人)$ 取 13 人

施工过程 D:$R=P/(DN)=127.94/(4×1)=31.99(人)$ 取 32 人

施工过程 E:$R=P/(DN)=34.54/(4×1)=8.64(人)$ 取 9 人

表 6-7 每个工作班所需的工人数

施工过程	名称	内容	工程量 Q	时间定额 H	劳动量 P_i 工日	总劳动量 P 工日	每天人数 R
A		平整场地	335.59m²	2.86 工日/m²	959.79	1018.09	255
		人工挖槽	256.82m³	0.227 工日/m³	58.30		
B	300mm 厚混凝土垫层	支模	110.22m	0.282 工日/m	31.08	63.23	16
		浇捣	39.50m³	0.814 工日/m³	32.15		
C		砖基础	52.20m³	0.976 工日/m³	50.95	50.95	13
D	基础圈梁	支模	53.58m²	1.76 工日/m²	103.48	127.94	32
		绑筋	0.623t	6.35 工日/t			
		浇捣	6.43m³	0.813 工日/m³			
	砖基础内构造柱部分	支模	6.614m²	3.32 工日/m²	24.46		
		绑筋	0.07t	6.50 工日/t			
		浇捣	1.06m³	1.93 工日/m³			
E		回填土	181.81m³	0.190 工日/m³	34.54	34.54	9

本基础工程是三幢相同的办公室工程,则 $m=3$,$n=5$,$k=t=4$

工期 T 为:$T=(m+n-1)×k+\sum t_j - \sum t_d = (3+5-1)×4 = 28(天)$,即总工期为 28 天。

横道图进度计划如图 6.3 所示。

网络进度计划如图 6.4 所示。

【例 6-4】 某房地产开发公司办公楼工程,四层,其室内装饰工程的施工过程有:A(顶棚、内墙面抹灰)、B(楼地面、踢脚线、细部)、C(刷乳胶漆、油漆及玻璃)、D(楼梯抹灰)。通过施工图计算出该办公楼装饰工程各施工过程所包含的主要工程量 Q,见表 6-8,拟采用一班制组织施工,试绘制该装饰工程的横道图进度计划和网络进度计划。

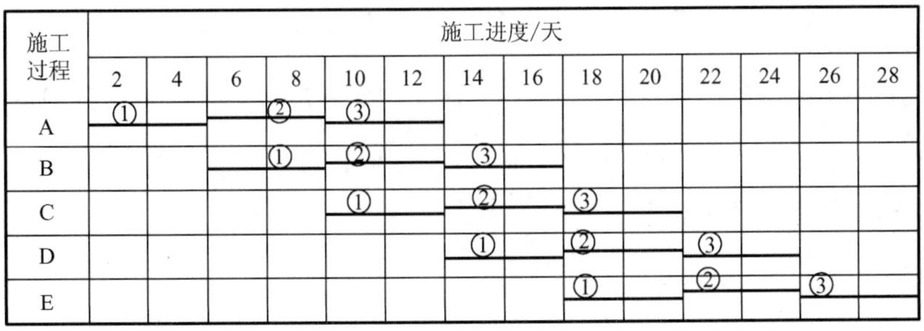

施工过程	施工进度/天													
	2	4	6	8	10	12	14	16	18	20	22	24	26	28
A	①			②	③									
B			①		②		③							
C					①		②		③					
D							①		②		③			
E									①		②		③	

图 6.3 横道图进度计划

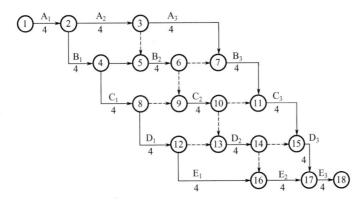

图 6.4 网络进度计划

表 6-8 各施工过程的主要工程量

序号	名称	工程量
1	顶棚抹灰	863.97m^2
2	内墙抹灰	1546.73m^2
3	木门窗框（扇、五金）安装	29 个
4	铝合金推拉门窗安装	141.12m^2
5	水泥砂浆楼地面	153.99m^2
6	800mm×800mm 地砖楼地面	491.59m^2
7	300mm×300mm 地砖楼地面	66.91m^2
8	地砖踢脚线	428.87m
9	水泥砂浆踢脚线	249.28m
10	卫生间墙裙贴瓷砖	154.94m^2
11	细部	345.13m^2
12	顶棚刷乳胶漆	863.97m^2
13	内墙刷乳胶漆	1546.73m^2
14	油漆	73.98m^2
15	安装玻璃	9.57m^2
16	楼梯抹灰	50.18m^2
17	楼梯不锈钢管扶手安装	22.35m

解：（1）查劳动定额，得到各施工过程的时间定额 H，见表 6-10。

（2）根据劳动量（工日）公式：$P = \sum_{i=1}^{n} P_i = P_1 + P_2 + \cdots + P_n$，得到各施工过程的总劳动量 P，见表 6-10。施工过程 A、B、C、D 的劳动量计算相同。

例如：施工过程 A 的劳动量为

$$P = \sum_{i=1}^{n} P_i = P_1 + P_2 + \cdots + P_n$$
$$= 863.97 \times 1.12/10 + 1546.73 \times 1.12/10 + 29 \times 1.904 + 141.12 \times 9.2/10$$
$$= 455.04（工日）$$

考虑门窗套处等零星位置的抹灰量未计，将总用工增加 5%，则施工过程 A 的总劳动量为

$$455.04 \times 1.05 = 477.80（工日）$$

① 其中铝合金推拉门窗安装的时间定额为综合时间定额，所包含的各分项工程见表 6-9。

表 6-9 各施工过程的时间定额

名　称	内　容	工　程　量	时间定额
铝合金推拉门窗安装 共计 141.12m²	铝合金推拉门安装	9.72m²	8.93 工日/10m²
	铝合金推拉窗安装（有上亮）	126.36m²	9.26 工日/10m²
	铝合金推拉窗安装（无上亮）	5.04m²	8.33 工日/10m²

铝合金推拉门窗安装的综合产量定额计算如下：

$$\overline{S} = \frac{Q_1 + Q_2 + Q_3}{\dfrac{Q_1}{S_1} + \dfrac{Q_2}{S_2} + \dfrac{Q_3}{S_3}} = \frac{9.72 + 126.36 + 5.04}{0.1 \times 9.72 \times 8.93 + 0.1 \times 126.36 \times 9.26 + 0.1 \times 5.04 \times 8.33} = 1.087（m^2/工日）$$

则铝合金推拉门窗安装的综合时间定额为

$$\overline{H} = \frac{1}{\overline{S}} = \frac{1}{1.087} = 9.2（工日/10m^2）$$

② 同理，门窗框（扇、五金）安装的时间定额（1.904 工日/个）也为综合时间定额，计算方法同上。

③ 水泥砂浆楼地面的时间定额根据定额要求，当为人力调制砂浆时（工程量较小时采用人力调制砂浆），应乘以 1.43 的系数，即 $0.654 \times 1.43 = 0.938$（工日/10m²）。

（3）本装饰工程组织成倍节拍流水，根据施工单位现有的人员条件及各工种的工作面大小，确定施工过程 A 的劳动量为 20 人/天，确定施工过程 B 的劳动量为 11 人/天，确定施工过程 C 的劳动量为 5 人/天，确定施工过程 D 的劳动量为 14 人/天；表中的 P 对于施工过程 A、B、D 来说为四层的总用工，则每层的用工量为 $P/4$；对于施工过程 C 来说为三层的总用工，则每层的用工量为 $P/3$。各施工过程的持续时间见表 6-10。施工采用 1 班制。

例如，施工过程 A 的持续时间为：$D = P/Rn = 477.80/4 \times 20 \times 1 = 5.97$（天），取 $D = 6$ 天；

施工过程 B 的持续时间为：$D = P/Rn = 246.81/4 \times 11 \times 1 = 5.61$（天），取 $D = 6$ 天；

施工过程C的持续时间为：$D=P/Rn=26.80/3\times5\times1=1.79$(天)，取$D=2$天；
施工过程D的持续时间为：$D=P/Rn=114.41/4\times14\times1=2.04$(天)，取$D=2$天。

表6-10 各施工过程的持续时间

施工过程	名　　称	工程量Q	时间定额H	劳动量P/工日	总劳动量P/工日	持续时间D/天
A	顶棚抹灰	863.97m²	1.12工日/10m²	96.76	455.04×1.05 =477.80	6
A	内墙抹灰	1546.73m²	1.12工日/10m²	173.23		
A	门窗框（扇、五金）安装	29个	1.904工日/个	55.22		
A	铝合金推拉门窗安装	141.12m²	9.2工日/10m²	129.83		
B	水泥砂浆楼地面	153.99m²	0.935工日/10m²	14.40	246.81	6
B	800mm×800mm地砖楼地面	491.59m²	1.99工日/10m²	97.83		
B	300mm×300mm地砖楼地面	66.91m²	2.31工日/10m²	15.46		
B	地砖踢脚线	428.87m	0.741工日/10m	31.78		
B	水泥砂浆踢脚线	249.28m	0.396工日/10m	9.87		
B	卫生间墙裙贴瓷砖	154.94m²	5.00工日/10m²	77.47		
C	楼梯抹灰	50.18m²	5.34工日/10m²	26.80	26.80	2
D	顶棚刷乳胶漆	863.97m²	0.364工日/10m²	31.45	114.41	2
D	内墙刷乳胶漆	1546.73m²	0.364工日/10m²	56.30		
D	油漆	73.98m²	1.34工日/10m²	9.91		
D	安玻璃	9.57m²	1.11工日/10m²	1.06		
D	楼梯不锈钢管扶手安装	22.35m	0.702工日/10m	15.69		

本装饰工程的施工方案是从顶层向底层流水施工，考虑到楼梯抹灰从上至下全部完成后，才能进行刷乳胶漆、油漆和安装玻璃的工作，需要采取一定的措施使施工过程C和施工过程D之间不发生干扰，要增加施工的难度和费用，故施工过程D采取不参与流水施工的方案。将本装饰施工分为四个施工段，每一层为一个施工段。

施工过程A、B、C的流水节拍之间存在最大公约数2，则可组织成倍节拍流水，加快施工进度。通过以上分析可知，$m=4$，$n=3$，$k=2$。

施工过程A工作队数等于6/2=3(个)，施工过程B工作队数等于6/2=3(个)，施工过程C工作队数等于2/2=1(个)，总工作队数为$n'=3+3+1=7$(个)。

由于施工过程D的持续时间是8天；施工过程C是三个施工段，若把三、四层间的楼梯段看成是四层的楼梯段，二、三层间的楼梯段看成是三层的梯段，一、二层间的楼梯段看成是二层的梯段，则施工过程C的持续时间是6天，则本装饰工程的总工期为：

$$T = (m+n'-1) \times k + \sum t_j - \sum t_d = (4+7-1) \times 2 - 2 + 8 = 26(天)$$

(4) 绘制横道图进度计划如图6.5所示，网络进度计划如图6.6所示。

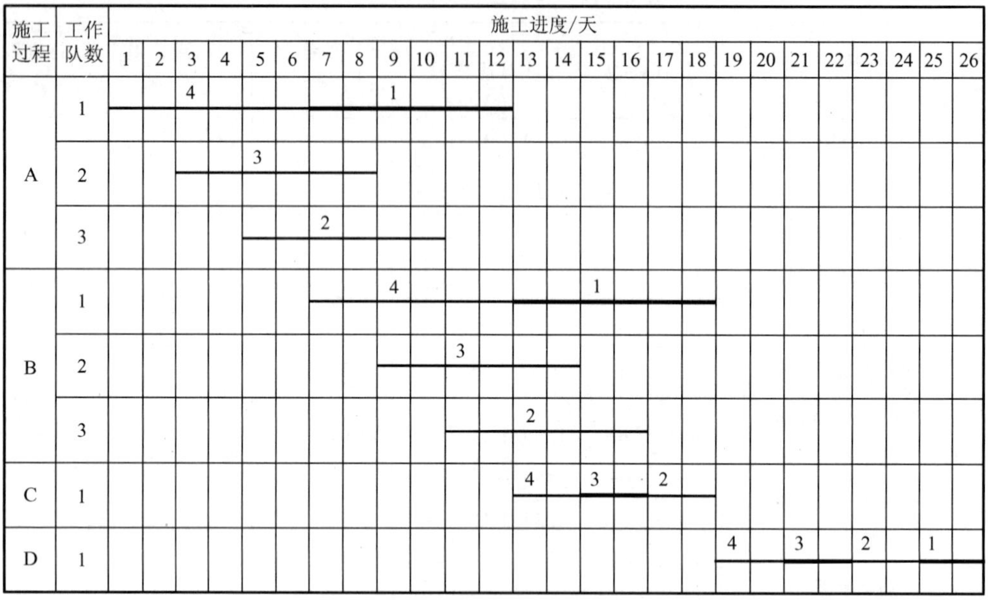

施工过程	工作队数	施工进度/天																									
		1	2	3	4	5	6	7	8	9	10	11	12	13	14	15	16	17	18	19	20	21	22	23	24	25	26
A	1			4						1																	
A	2				3																						
A	3					2																					
B	1							4						1													
B	2								3																		
B	3									2																	
C	1									4	3	2															
D	1																			4	3	2	1				

图 6.5 横道图进度计划

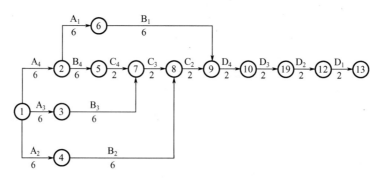

图 6.6 网络图进度计划

项目小结

本项目阐述了单位工程施工进度计划的具体内容，包括其作用、分类、编制依据、编制程序、编制内容和步骤，以及编制各项资源需要量计划的方法。

单位工程施工进度计划编制内容和步骤是：划分施工过程、计算工程量、套用施工定额、确定劳动量和机械台班量、确定各施工过程的持续时间、编制施工进度计划初步方案、检查与调整施工进度计划、编制正式施工进度计划。

各项资源需要量计划内容包括劳动力需要量计划、主要材料需要量计划、构件和半成品需要量计划、施工机械需要量计划。

习 题

一、思考题

1. 简述单位工程施工进度计划的作用和分类。
2. 编制施工进度计划的依据是什么？
3. 简述单位工程施工进度的编制步骤。
4. 划分施工过程时应注意哪些问题？
5. 怎样计算劳动量或机械台班数？
6. 确定施工过程持续时间有哪几种方法？

二、实操题

某四层框架结构，建筑面积为 1550m²，钢筋混凝土条形基础，其基础工程的劳动量和各班组人数见表 6-11，试据此组织基础工程流水施工并编制施工进度计划。

表 6-11 某基础工程劳动量一览表

序号	施工过程	劳动量/工日	班组人数
一	基础工程		
1	基槽挖土	200	16
2	混凝土垫层	20	10
3	绑扎基础钢筋	50	6
4	浇筑基础混凝土	120	20
5	回填土	60	8

项目 7 单位工程施工平面图设计

能力目标	知识要点	权重
能独立完成单位工程施工平面图设计	1. 单位工程施工平面图设计的总体要求及设计步骤； 2. 垂直运输机械的布置，临时道路设计； 3. 临时供水、供电设计	30%
能进行工程施工用水设计	1. 施工现场总用水量计算； 2. 供水管径的设计计算； 3. 供水管线的布置	35%
能进行工程施工用电设计	1. 施工现场用电量计算； 2. 变压器选择； 3. 配电导线截面选择； 4. 配电线路的布置	35%

 任务引入

【背景】

某住宅小区工程，施工场地面积共 20 公顷，工地施工人数共 350 人，居住人数 380 人，施工机械有塔式起重机、搅拌机、井架、卷扬机、振动器以及载重汽车 3 台，施工工程用水高峰期以每班浇筑 200m³ 混凝土计算，现场施工机具设备用量及供电线路如图 7.1 所示。

【提出问题】

1. 如何按图 7.1 进行施工供电设计？
2. 如何计算工地总用水量？
3. 如何计算居民区宿舍的面积？

项目 7　单位工程施工平面图设计

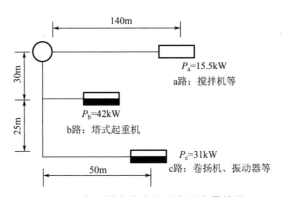

图 7.1　施工供电线路及设备用电量简图

知识点提要

单位工程施工平面图是对一个建筑物或构筑物的施工现场的平面规划和空间布置。它是根据工程规模、特点和施工现场的具体情况，正确地确定施工期间所需的各种暂设工程及其他设施等和永久性建筑物、拟建建筑物之间的合理位置关系。单位工程施工平面图是进行施工现场布置的依据，也是施工准备工作的一项重要依据，是实现文明施工、节约并合理利用工地、减少临时设施费用的先决条件，因此是施工组织设计的重要组成部分。

任务 7.1　单位工程施工平面图设计概述

单位工程施工平面图即一幢建筑物（或构筑物）的施工现场布置图。它的内容十分丰富，可分阶段绘制，分为基础、主体和装修（水电应放到同一张图上）；它是施工组织设计的重要组成部分，是布置施工现场的依据，是施工准备工作的一项重要内容，也是实现有组织有计划进行文明施工的先决条件。

7.1.1　单位工程施工平面布置图的内容

单位工程施工平面图的内容主要包含以下几点。

（1）施工现场的范围，已建及拟建建筑物、管线（煤气、水、电）和高压线等的位置关系和尺寸。

（2）材料、加工半成品、构件和机具的仓库或堆场。

（3）安全、防火、设施、消防立管位置。

（4）水源、电源、变压器的位置。临时供电线路、临时供水管网、泵房、消火栓位置以及通信线路布置。

(5) 塔式起重机或起重机轨道和行驶路线，塔轨的中线距建筑物的距离、轨道长度、塔式起重机型号、立塔高度、回转半径、最大最小起重量，以及固定垂直运输工具或井架的位置。

(6) 临建办公室、围墙、传达室、现场出入口等。

(7) 生产、生活用临时设施、面积、位置。如钢筋加工厂、木工房、工具房、混凝土搅拌站、砂浆搅拌站、化灰池等；工人生活区宿舍、食堂、开水房、小卖部等。

(8) 场内施工道路及其与场外交通的联系。

(9) 测量轴线及定位线标志，永久性水准点位置和土方取弃场地。

(10) 必要的图例、比例、方向及风向标记。

【单位工程施工平面图设计的步骤讲解】

7.1.2 设计步骤

单位工程施工平面图的设计步骤如图7.2所示。

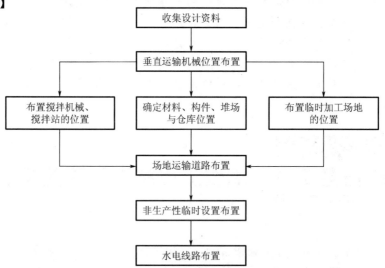

图7.2 单位工程施工平面图的设计步骤

7.1.3 绘制单位工程施工平面图的要求

绘制施工平面图总的要求是：比例准确、图例规范、线条粗细分明、标准、字迹端正、图面整洁、美观。

(1) 图幅一般可选用1号图纸（841mm×594mm）或2号图纸（594mm×420mm），比例一般采用1:200～1:500，具体应视工程规模大小而定。

(2) 施工平面图应有比例，应能明确区分原有建筑及各类暂设（中粗线）、拟建建筑（粗线）、尺寸线（细线），应有指北针、图框及图签。

(3) 将拟建单位工程置于平面图的中心位置，各项设施围绕拟建工程设置。

任务 7.2 垂直运输机械的布置

常用的垂直运输机械有建筑电梯、塔式起重机、井架、门架等，选择时主要根据机械性能，建筑物平面形状和大小，施工段划分情况、起重高度、材料和构件的重量、材料供应和已有运输道路等情况来确定。其目的是充分发挥起重机械的能力，做到使用安全、方便，便于组织流水施工，并使地面与楼面的水平运输距离最短。一般来讲，多层房屋施工中，多采用轻型塔式起重机、井架等；而高层房屋施工，一般采用建筑电梯和自升式或爬升式塔式起重机等作为垂直运输机械。

7.2.1 起重机械数量的确定

起重机械的数量应根据工程量大小和工期要求，考虑起重机的生产能力，按经验公式进行确定：

$$N = \frac{1}{TCK} \times \sum \frac{Q_i}{S_i} \tag{7-1}$$

式中：N——起重机台数；
T——工期（天）；
C——每天工作班次；
K——时间利用参数，一般取 0.7～0.8；
Q_i——各构件（材料）的运输量；
S_i——每台起重机械每班运输产量。

常用起重机械的台班产量见表 7-1。

表 7-1 常用起重机械台班产量一览表

起重机械名称	工作内容	台班产量
履带式起重机	构件综合吊装，按每吨起重能力计	5～10t
轮胎式起重机	构件综合吊装，按每吨起重能力计	7～14t
汽车式起重机	构件综合吊装，按每吨起重能力计	8～18t
塔式起重机	构件综合吊装	80～120 吊次
卷扬机	构件提升，按每吨牵引力计	30～50t
卷扬机	构件提升，按提升次数计（四、五层楼）	60～100 次

7.2.2 起重机械的布置

起重运输机械的位置直接影响搅拌站、加工厂、各种材料和构件的堆场或仓库位置、道路、临时设施及水、电管线的布置等,因此,它是施工现场全局的中心环节,应首先确定。由于各种起重机械的性能不同,其布置位置也不相同。

1. 塔式起重机

【塔式起重机】

1) 有轨式塔式起重机的布置

有轨式塔式起重机的轨道一般沿建筑物的长向布置,其位置和尺寸取决于建筑物的平面形状和尺寸、构件自重、起重机的性能及四周施工场地的条件。

塔式起重机的平面布置。通常有以下四种布置方案,如图7.3所示。

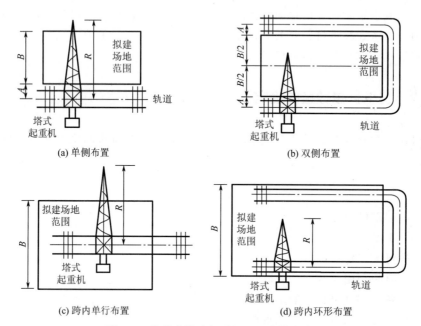

图 7.3 轨道式塔式起重机平面布置方案

第一种情况:单侧布置 [图 7.3(a)]。

当建筑物宽度较小时,可在场地较宽的一面沿建筑物的长向布置,其优点是轨道长度较短,并有较宽的场地堆放材料和构件。其起重机半径 R 应满足下式要求:

$$R \geqslant B + A \quad (7-2)$$

式中:R——塔式起重机的最大回转半径(m);

B——建筑物平面的最大宽度(m);

A——塔轨中心线至外墙外边线的距离(m)。

一般当无阳台时,A=安全网宽度+安全网外侧至轨道中心线的距离;当有阳台时,A=阳台宽度+安全网宽度+安全网外侧至轨道中心线的距离。

第二种情况:双侧布置(或环形布置)[图 7.3(b)]。

当建筑物较宽,构件自重较重时,可采用双侧布置(或环形布置)。起重半径应满足下式要求:

$$R \geqslant B/2 + A \quad (7-3)$$

第三种情况:跨内单行布置 [图 7.3(c)]。

当建筑物周围场地狭窄，或建筑物较宽、构件较重时，采用跨内单行布置。其起重半径应满足下式要求：

$$R \geqslant B/2 \tag{7-4}$$

第四种情况：跨内环形布置[图7.3(d)]。

当建筑物较宽，采用跨内单行布置不能满足构件吊装要求，且不可能跨外布置时，应选择跨内环形布置。

2）固定式塔式起重机的布置

固定式塔式起重机的布置主要根据机械性能、建筑物的平面形状和尺寸、施工段划分的情况、材料来向和已有运输道路情况而定。其布置原则是：充分发挥起重机械的能力，并使地面和楼面的水平运距最小。其布置时应考虑以下几个方面。

（1）当建筑物各部位的高度相同时，应布置在施工段的分界线附近；当建筑物各部位的高度不同时，应布置在高低分界线较高部位一侧，以使楼面上各施工段的水平运输互不干扰。

（2）塔式起重机的装设位置应具有相应的装设条件。如具有可靠的基础并设有良好的排水措施，可与结构可靠拉结，具备水平运输通道条件等。

3）塔式起重机布置的注意事项

（1）复核塔式起重机的工作参数。塔式起重机的平面布置确定后，应当复核其主要工作参数，使其满足施工需要。主要参数包括工作幅度（R）、起重高度（H）、起重量（Q）和起重力矩。

① 工作幅度（R）为塔式起重机回转中心至吊钩中心的水平距离。最大工作幅度 R_{max} 为最远吊点至回转中心的距离。

塔式起重机的工作幅度（回转半径）要满足式(7-2)的要求。

② 起重高度（H）应不小于建筑物总高度加上构件（或吊斗料笼）吊索（吊物顶面至吊钩）和安全操作高度（一般为2～3m）。当塔式起重机需要超越建筑物顶面的脚手架、井架或其他障碍物时，其超越高度一般不小于1m。

塔式起重机的起重高度 H 要满足式(7-5)的要求：

$$H \geqslant H_0 + h_1 + h_2 + h_3 \tag{7-5}$$

式中：H_0——建筑物的总高度；

h_1——吊运中的预制构件或起重材料与建筑物之间的安全高度（安全间隙高度，一般不小于0.3m）；

h_2——预制构件或起重材料底边至吊索绑扎点（或吊环）之间的高度；

h_3——吊具、吊索的高度。

③ 起重量（Q）包括吊物（包括笼斗和其他容器）、吊具（铁扁担、吊架）和索具等作用于塔机起重吊钩上的全部重量，起重力矩为起重量乘以工作幅度。因此，塔机的技术参数中一般都给出最小工作幅度时的最大起重量和最大工作幅度时的最大起重量。应当注意，塔式起重机一般宜控制在其额定起重力矩的75%以下，以保证塔式起重机本身的安全，延长使用寿命。

④ 塔式起重机的起重力矩 M 要大于或等于吊装各种预制构件时所产生的最大力矩 M_{max}，其计算公式为

$$M \geqslant M_{max} = \max\{(Q_i + q) \times R_i\} \tag{7-6}$$

式中：Q_i——某一预制构件或起重材料的自重；

R_i——该预制构件或起重材料的安装位置至塔机回转中心的距离;

q——吊具、吊索的自重。

(2) 绘出塔式起重机的服务范围。以塔基中心点为圆心,以最大工作幅度为半径画出一个圆形,该图形所包围的部分即为塔式起重机的服务范围。

塔式起重机布置的最佳状况应使建筑物平面尺寸均在塔式起重机的服务范围之内,以保证各种材料与构件直接运到建筑物的设计部位上,尽可能不出现死角。建筑物处于塔式起重机服务范围以外的阴影部分称为死角。有轨式塔式起重机的服务范围及死角如图7.4所示。如果难以避免,则要求死角越小越好,且使最重、最大、最高的构件不出现在死角,有时配合龙门架以解决死角问题。并且在确定吊装方案时,提出具体的技术和安全措施,以保证处于死角的构件顺利安装。此外,在塔式起重机服务范围内应考虑有较宽的施工场地,以便安排构件堆放、搅拌设备出料后能直接起吊,主要施工道路也应处于塔式起重机服务范围内。

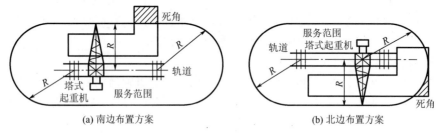

图 7.4　有轨式塔式起重机服务范围及死角示意图

(3) 当采用两台或多台塔式起重机,或采用一台塔式起重机、一台井架(或龙门架、施工电梯)时,必须明确规定各自的工作范围和二者之间的最小距离,并制定严格的、切实可行的防止碰撞的措施。

(4) 在高空有高压电线通过时,高压线必须高出塔式起重机,并保证规定的安全距离,否则应采取安全防护措施。

特别提示:塔式起重机各部分(包括臂架放置空间)距低压架空路线不应小于3m;距离高压架空输电线路不应小于6m。

(5) 固定式塔式起重机安装前应制定安装和拆除施工方案,塔式起重机位置应有较宽的空间,可以容纳两台汽车吊安装或拆除塔机吊臂的工作需要。

2. 井字架、龙门架的布置

【井字架、龙门架】

井字架和龙门架是固定式垂直运输机械,它的稳定性好、运输量大,是施工中最常用的,也是最为简便的垂直运输机械,采用附着式可搭设超过100m的高度。井架内设吊盘(也可在吊盘下加设混凝土料斗),井架截面尺寸1.5~2.0m,可视需要设置拔杆,其起质量一般为0.5~1.5t,回转半径可达10m。

井字架和龙门架的布置,主要是根据机械性能,工程的平面形状和尺寸、流水段划分情况、材料来向和已有运输道路情况而定。布置的原则是:充分发挥起重机械的能力,并使地面和楼面的水平运输最短。布置时应考虑以下几个方面的因素。

(1) 当建筑物呈长条形,层数、高度相同时,一般布置在流水段分界处或长度方向居中位置。

(2) 当建筑物各部位高度不同时，应布置在高低分界线较高部位一侧。

(3) 其布置位置以窗口处为宜，以避免砌墙留槎和减少井架拆除后的修补工作。

(4) 一般考虑布置在现场较宽的一面，因为这一面便于堆放材料和构件，以达到缩短运距的要求。

(5) 井架的高度应视拟建工程屋面高度和井架形式确定。一般不带悬臂拔杆的井架应高出屋面 3~5m。

(6) 井架的方位一般与墙面平行，当有两条进楼运输道路时，井架也可按与墙面呈 45°的方位布置。

(7) 井字架和龙门架的数量要根据施工进度、提升的材料和构件数量、台班工作效率等因素计算确定，其服务范围一般为 50~60m。

(8) 卷扬机应设置安全作业棚，其位置不应距起重机械太近，以便操作人员的视线能看到整个升降过程，一般要求此距离大于建筑物高度，且最短距离不小于 10m，水平距外脚手架 3m 以上（多层建筑不小于 3m、高层建筑宜不小于 6m）。

(9) 井架应立在外脚手架之外并有一定距离为宜，一般为 5~6m。

(10) 缆风设置，高度在 15m 以下时设一道，15m 以上时每增高 10m 增设一道，宜用钢丝绳，与地面夹角以 30°~45°为宜，不得超过 60°；当附着于建筑物时可不设缆风。

3. 建筑施工电梯的布置

建筑施工电梯（亦称施工升降机、外用电梯）是高层建筑施工中运输施工人员及建筑器材的主要垂直运输设施，它附着在建筑物外墙或其他结构部位上，随着建筑物升高，架设高度可达 200m 以上（有最高纪录为 645m）。

【建筑施工电梯】

在确定建筑施工电梯的位置时，应考虑便于施工人员上下和物料集散；由电梯口至各施工处的平均距离应最短；便于安装附墙装置；接近电源，有良好的夜间照明。

4. 自行无轨式起重机械

自行无轨式起重机械分履带式、汽车式和轮胎式三种起重机，它移动方便灵活，能为整个工地服务，一般专作构件装卸和起吊之用。它适用于装配式单层工业厂房主体结构的吊装。其吊装的开行路线及停机位置主要取决于建筑物的平面布置、构件自重、吊装高度和吊装方法等。

【自行无轨式起重机】

5. 混凝土泵和泵车

高层建筑施工中，混凝土的垂直运输量十分巨大，通常采用泵送方法进行。混凝土泵是在压力推动下沿管道输送混凝土的一种设备，它能一次连续完成水平运输和垂直运输，配以布料杆或布料机还可以有效地进行布料和浇筑。在泵送混凝土的施工中，混凝土泵和泵车的

【混凝土泵和泵车】

停放布置是一个关键，不仅影响混凝土输送管的配置，同时也影响到泵送混凝土的施工能否按质按量完成，其布置要求如下。

(1) 混凝土泵设置处的场地应平整坚实，具有重车行走条件，且有足够的场地、道路畅通，使供料调车方便。

(2) 混凝土泵应尽量靠近浇筑地点。

(3) 其停放位置接近排水设施，供水、供电方便，便于泵车清洗。

(4) 混凝土泵作业范围内，不得有障碍物、高压电线，同时要有防范高空坠物的措施。

(5) 当高层建筑采用接力泵泵送混凝土时，其设置位置应使上、下泵的输送能力匹配，且验算其楼面结构部位的承载力，必要时采取加固措施。

【临时建筑设施的布置要点讲解】

任务 7.3　临时建筑设施的布置

临时建筑设施可分为行政、生活用房、临时仓库以及加工厂等。

7.3.1　临时行政、生活用房的布置

1. 临时行政、生活用房分类

(1) 行政管理和辅助用房：包括办公室、会议室、门卫、消防站、汽车库及修理车间等。

(2) 生活用房：包括职工宿舍、食堂、卫生设施、工人休息室、开水房。

(3) 文化福利用房：包括医务室、浴室、理发室、文化活动室、小卖部等。

2. 临时行政、生活房屋的布置原则

(1) 办公生活临时设施的选址首先应考虑与作业区相隔离，保持安全距离。

特别提示：安全距离是指在施工坠落半径和高压线放电距离之外。建筑物高度 2～5m，坠落半径为 2m；高度 30m，坠落半径为 5m（如因条件限制，办公和生活区设置在坠落半径区域内，必须有保护措施）；1kV 以下裸露电线，安全距离为 4m，330～550V 裸露输电线，安全距离为 15m（最外线的投影距离）。

(2) 临时行政、生活用房的布置应利用永久性建筑、现场原有建筑、活动式临时房屋，或可根据施工不同阶段利用已建好的工程建筑，应视场地条件及周围环境条件对所设临时行政、生活用房进行合理的取舍。

(3) 在大型工程和场地宽松的条件下，工地行政管理用房宜设在工地入口处或中心地区。现场办公室应靠近施工地点，生活区应设在工人较集中的地方和工人出入必经地点，工地食堂和卫生设施应设在不受施工影响且有利于文明施工的地点。

在市区内的工程，往往由于场地狭窄，应尽量减少临时建设项目，且尽量沿场地周边集中布置，一般只考虑设置办公室，工人宿舍或休息室、食堂、门卫和卫生设施等。

3. 临时行政、生活用房设计规定

《施工现场临时建筑物技术规范》（JGJ/T 188—2009）对临时建筑物的设计规定如下：

1) 总平面

(1) 办公区、生活区和施工作业区应分区设置。

(2) 办公区、生活区宜位于塔式起重机等机械作业半径外面。

(3) 生活房宜集中建设、成组布置，并设置室外活动区域。

(4) 厨房、卫生间宜设置在主导风向的下风侧。

2) 建筑设计

(1) 办公室的人均使用面积不宜小于 $4m^2$，会议室使用面积不宜小于 $30m^2$。

(2) 办公用房室内净高不应低于2.5m。

(3) 餐厅、资料室、会议室应设在底层。

(4) 宿舍人均使用面积不宜小于2.5m², 室内净高不应低于2.5m, 每间宿舍居住人数不宜超过16人。

(5) 食堂应设在厕所、垃圾站的上风侧, 且相距不宜小于15m。

(6) 厕所蹲位男厕每50人一位, 女厕每25人一位。男厕每50人设1m长小便槽。

(7) 文体活动室使用面积不宜小于50m²。

4. 临时行政、生活用房建筑面积计算

在工程项目施工时，必须考虑施工人员的办公、生活用房及车库、修理车间等设施的建设。这些临时性建筑物建筑面积需要数量应视工程项目规模大小、工期长短、施工现场条件、项目管理机构设置类型等，依据建筑工程劳动定额，先确定工地年（季）高峰平均职工人数，然后根据现行定额或实际经验数值，按下式计算：

$$S = N \cdot P \tag{7-7}$$

式中：S——建筑面积（m²）；

N——人数；

P——建筑面积指标，详见表7-2。

表7-2　行政、生活福利临时设施建筑面积参考指标

序号		临时建筑物名称	指标使用方法	参考指标
一		办公室	按使用人数	3~4m²/人
二		宿舍	—	—
	1	单层通铺	按高峰年（季）平均人数	2.5~3.0m²/人
	2	双层床	（扣除不在工地住的人数）	2.0~2.5m²/人
	3	单层床	（扣除不在工地住的人数）	3.5~4.0m²/人
三		家属宿舍	—	16~25m²/户
四		食堂	按高峰年（季）平均人数	0.5~0.8m²/人
		食堂兼礼堂	按高峰年（季）平均人数	0.6~0.9m²/人
五		其他	—	—
	1	医务所	按高峰年（季）平均人数	0.05~0.07m²/人
	2	浴室	按高峰年（季）平均人数	0.07~0.1m²/人
	3	理发室	按高峰年（季）平均人数	0.01~0.03m²/人
	4	俱乐部	按高峰年（季）平均人数	0.1m²/人
	5	小卖部	按高峰年（季）平均人数	0.03m²/人
	6	招待所	按高峰年（季）平均人数	0.06m²/人
	7	托儿所	按高峰年（季）平均人数	0.03~0.06m²/人
	8	子弟学校	按高峰年（季）平均人数	0.06~0.08m²/人
	9	其他公共用房	按高峰年（季）平均人数	0.05~0.10m²/人
	10	开水房	每个项目设置一处	10~40m²
	11	厕所	按工地平均人数	0.02~0.07m²/人
	12	工人休息室	按工地平均人数	0.15m²/人
	13	会议室	按高峰年（季）平均人数	0.6~0.9m²/人

注：家属宿舍应以施工期长短和离基地情况而定，一般可按高峰平均职工人数的10%~30%考虑。

7.3.2 临时仓库、堆场的布置

1. 仓库的类型

（1）转运仓库：是设置在货物的转载地点（如火车站、码头和专用线卸货物）的仓库。

（2）中心仓库：是专供储存整个建筑工地所需材料、构件等物资的仓库，一般设在现场附近或施工区域中心。

（3）现场仓库：是为某一工程服务的仓库，一般在工地内或就近布置。

通常单位工程施工组织设计仅考虑现场仓库布置；施工组织总设计需对中心仓库和转运仓库做出设计布置。

2. 现场仓库的形式

现场仓库按其储存材料的性质和重要程度，可采用露天堆场、半封闭式（棚）或封闭式（仓库）三种形式。

（1）露天堆场，用于不受自然气候影响而损坏质量的材料，如砂、石、砖、混凝土构件。

（2）半封闭式（棚），用于储存需防止雨、雪、阳光直接侵蚀的材料，如堆放油毡、沥青、钢材等。

（3）封闭式（仓库），用于受气候影响易变质的制品、材料等，如水泥、五金零件、器具等。

3. 仓库和材料、构件的堆放与布置

（1）材料的堆放和仓库应尽量靠近使用地点，减少或避免二次搬运，并考虑到运输及卸料方便。基础施工用的材料可堆放在基坑四周，但不宜离基坑（槽）太近，一般不小于 0.5m，以防压塌土壁。

（2）如用固定式垂直运输设备，则材料、构件堆场应尽量靠近垂直运输设备，以减少二次搬运，或布置在塔式起重机起重半径之内。

（3）预制构件的堆放位置要考虑吊装顺序。先吊的放在上面，吊装构件进场时间应密切与吊装进行配合，力求直接卸到就位位置，避免二次搬运。

（4）砂石应尽可能布置在搅拌站后台附近，石子的堆场更应靠近搅拌机一些，并按石子的不同粒径分别设置。如用袋装水泥，要设专门干燥、防潮的水泥库房；采用散装水泥时，则一般设置圆形贮罐。

（5）石灰、淋灰池要接近灰浆搅拌站布置。沥青堆放和熬制地点均应布置在下风向，要离开易燃、易爆库房。

（6）模板、脚手架等周转材料，应选择在装卸、取用、整理方便和靠近拟建工程的地方布置。

（7）钢筋应与钢筋加工厂统一考虑布置，并应注意进场、加工和使用的先后顺序。应按型号、直径、用途分门别类堆放。

（8）油库、氧气库和电石库，危险品库宜布置在僻静、安全之处。

（9）易燃材料的仓库设在拟建工程的下风方向。

4. 各种仓库及堆场所需面积的确定

(1) 转运仓库和中心仓库面积的确定：转运仓库和中心仓库面积可按系数估算仓库面积，其计算公式为

$$F = \Phi \times m \qquad (7-8)$$

式中：F——仓库总面积（m^2）；

Φ——系数，见表7-3；

m——计算基数（生产工人数或全年计划工作量），见表7-3。

表7-3 按系数计算仓库面积表

序号	名　称	计算基础数 m	单　位	系数 Φ
1	仓库（综合）	按全员（工地）	m^2/人	0.7~0.8
2	水泥库	按当年水泥用量的40%~50%	m^2/t	0.7
3	其他仓库	按当年工作量	m^2/万元	2~3
4	五金杂品库	按年建安工作量计算 按在建建筑面积计算	m^2/100m^2	0.2~0.3 0.5~1
5	土建工具库	按高峰年（季）平均人数	m^2/人	0.1~0.2
6	水暖器材库	按年在建建筑面积	m^2/100m^2	0.2~0.4
7	电器器材库	按年在建建筑面积	m^2/100m^2	0.3~0.5
8	化工油漆危险品库	按年建安工作量	m^2/万元	0.1~0.15
9	三大工具库 （脚手架、跳板、模板）	按在建建筑面积 按年建安工作量	m^2/万元	1~2 0.5~1

(2) 现场仓库及堆场面积的确定：各种仓库及堆场所需的面积，可根据施工进度、材料供应情况等，确定分批分期进场，并根据下式计算：

$$F = Q/nqk \qquad (7-9)$$

式中：F——仓库或材料堆场需要面积；

Q——各种材料在现场的总用量（m^3）；

n——该材料分期分批进场的次数；

q——该材料每平方米储存定额；

k——堆场、仓库面积利用系数。

常用材料仓库或堆场面积计算参考指标见表7-4。

表7-4 常用材料仓库或堆场面积计算参考指标

序号	材料、半成品名称	单位	每平方米储存定额 q	面积利用系数 k	备　注	库存或堆场
1	水泥	t	1.2~1.5	0.7	堆高12~15袋	封闭库存
2	生石灰	t	1.0~1.5	0.8	堆高1.2~1.7m	棚

(续)

序号	材料、半成品名称	单位	每平方米储存定额 q	面积利用系数 k	备注	库存或堆场
3	砂子（人工堆放）	m³	1.0～1.2	0.8	堆高1.2～1.5m	露天
4	砂子（机械堆放）	m³	2.0～2.5	0.8	堆高2.4～2.8m	露天
5	石子（人工堆放）	m³	1.0～1.2	0.8	堆高1.2～1.5m	露天
6	石子（机械堆放）	m³	2.0～2.5	0.8	堆高2.4～2.8m	露天
7	块石	m³	0.8～1.0	0.7	堆高1.0～1.2m	露天
8	卷材	卷	45～50	0.7	堆高2.0m	库
9	木模板	m²	4～6	0.7	—	露天
10	红砖	千块	0.8～1.2	0.8	堆高1.2～1.8m	露天
11	泡沫混凝土	m³	1.5～2.0	0.7	堆高1.5～2.0m	露天

7.3.3 加工厂的布置

1. 工地加工厂类型及结构形式

工地加工厂类型主要有：钢筋混凝土预制加工厂、木材加工厂、钢筋加工厂、金属结构构件加工厂和机械修理厂。

各种加工厂的结构形式应根据使用期限长短和建设地区的条件而定。一般使用期限较短者，宜采用简易结构，如油毡、铁皮屋面的竹木结构；使用期限较长者，宜采用瓦屋面的砖木结构，砖石或装拆式活动房屋等。

2. 工地加工厂面积确定

现场加工作业棚主要包括各种料具仓库、加工棚等，其面积大小可参考表7-5确定。

表7-5 现场作业棚面积计算基数和计算指标表

序号	名称	面积	堆场占地面积	序号	名称	面积	堆场占地面积
1	木工作业棚	2m²/人	棚的3～4倍	8	电工房	15m²	
2	电锯房	40～80m²		9	钢筋对焊	15～24m²	棚的3～4倍
3	钢筋作业棚	3m²/人	棚的3～4倍	10	油漆工房	20m²	—
4	搅拌棚	10～18m²/台	—	11	机钳工修理	20m²	
5	卷扬机棚	6～12m²/台	—	12	立式锅炉房	5～10m²/台	—
6	烘炉房	30～40m²	—	13	发电机房	0.2～0.3m²/kW	
7	焊工房	20～40m²		14	水泵房	3～8m²/台	

常用各种临时加工厂的面积参考指标，见表7-6。

表7-6 临时加工厂所需面积参考指标

序号	加工厂名称	年产量 单位	年产量 数量	单位产量所需建筑面积	占地总面积 /m²	备 注
1	混凝土搅拌站	m³ m³ m³	3200 4800 6400	0.022m²/m³ 0.021m²/m³ 0.020m²/m³	按砂石堆场考虑	400L搅拌机2台 400L搅拌机3台 400L搅拌机4台
2	临时性混凝土预制厂	m³ m³ m³ m³	1000 2000 3000 5000	0.25m²/m³ 0.20m²/m³ 0.15m²/m³ 0.125m²/m³	2000 3000 4000 小于6000	生产屋面板和中小型梁柱板等，配有蒸养设施
3	半永久性混凝土预制厂	m³ m³ m³	3000 5000 10000	0.6m²/m³ 0.4m²/m³ 0.3m²/m³	9000~12000 12000~15000 15000~20000	
4	木材加工厂	m³ m³ m³	15000 24000 30000	0.0244m²/m³ 0.0199m²/m³ 0.018m²/m³	1800~3600 2200~4800 3000~5500	进行原木，木方加工
	综合木工加工厂	m³ m³ m³ m³	200 500 1000 2000	0.30m²/m³ 0.25m²/m³ 0.20m²/m³ 0.15m²/m³	100 200 300 420	加工木窗、模板、地板、屋架等
	粗木加工厂	m³ m³ m³ m³	5000 10000 15000 20000	0.12m²/m³ 0.10m²/m³ 0.09m²/m³ 0.08m²/m³	1350 2500 3750 4800	加工屋架、模板
	细木加工厂	万m³ 万m³ 万m³	5 10 15	0.0140m²/m³ 0.0114m²/m³ 0.0106m²/m³	7000 10000 14000	加工门窗、地板
	钢筋加工厂	t t t t	200 500 1000 2000	0.35m²/t 0.25m²/t 0.20m²/t 0.15m²/t	280~560 380~750 400~800 450~900	加工、成型、焊接

(续)

序号	加工厂名称	年产量 单位	年产量 数量	单位产量所需建筑面积	占地总面积/m²	备注
5	现场钢筋调直或冷拉 拉直场 卷扬机棚 冷拉场 时效场			所需场地（长×宽） (70~80m)×(3~4m) 15~20m² (40~60m)×(3~4m) (30~40m)×(6~8m)		包括材料和成品堆放
	钢筋对焊 对焊场地 对焊棚			所需场地（长×宽） (30~40m)×(4~5m) 15~24m²		包括材料和成品堆放
	钢筋冷加工 冷拔冷轧机 剪断机 弯曲机 φ12 以下 弯曲机 φ40 以下			所需场地/(m²/台) 40~50 30~40 50~60 60~70		按一批加工数量计算
6	金属结构加工 （包括一般铁件）			所需场地/(m²/t) 年产 500t 为 10 年产 1000t 为 8 年产 2000t 为 6 年产 3000t 为 5		按一批加工数量计算
7	贮灰池 石灰消化淋灰池 淋灰槽			5×3=15(m²) 4×3=12(m²) 3×2=6(m²)		每两个贮灰池配一个淋灰池
8	沥青锅场地			20~24m²		台班产量 1~1.5t/台

3. 工地加工厂布置原则

通常工地设有钢筋、混凝土、木材（包括模板、门窗等）、金属结构等加工厂，加工厂布置时应使材料及构件的总运输费用最小，减少进入现场的二次搬运量，同时使加工厂有良好的生产条件，做到加工与施工互不干扰。一般情况下，把加工厂布置在工地的边缘。这样既便于管理又能降低铺设道路、动力管线及给排水管道的费用。

（1）钢筋加工厂的布置，应尽量采用集中加工布置方式。

（2）混凝土搅拌站的布置，可采用集中、分散、集中与分散相结合三种方式。集中布置通常采用二阶式搅拌站。当要求供应的混凝土有多种标号时，可配置适当的小型搅拌机，采用集中与分散相结合的方式。当在城市内施工，采用商品混凝土时，现场只需布置泵车及输送管道位置。

（3）木材加工厂的布置，在大型工程中，根据木料的情况，一般要设置原木、锯材、成材、粗细木等集中联合加工厂，布置在铁路、公路或水路沿线。对于城市内的工程项目，木材加工宜在现场外进行或购入成材，现场的木材加工厂布置只需考虑门窗、模板的制作。木材加工厂的布置还应考虑远离火源及残料锯屑的处理问题。

（4）金属结构、锻工、机修等车间，相互密切联系，应尽可能布置在一起。

（5）产生有害气体和污染环境的加工厂，如熬制沥青、石灰熟化等，应位于场地下风向。

拓展讨论

党的二十大报告提出，推动绿色发展，促进人与自然和谐共生。讨论一下施工中还可以采取哪些措施保护环境，促进人与自然和谐共生。

4. 工地加工厂面积的确定

加工厂建筑面积的确定，主要取决于设备尺寸、工艺过程及设计、加工量、安全防火等，通常可参考有关经验指标等资料确定。

钢筋混凝土构件预制厂、锯木车间、模板车间、细木加工车间、钢筋加工车间（棚）等所需建筑面积可按式（7-10）计算：

$$S = \frac{k \times Q}{T \times D \times \alpha} \tag{7-10}$$

式中：S——所需确定的建筑面积（m^2）；

Q——加工总量（m^3或 t），依加工需要量计划而定；

k——不均匀系数，取 1.3～1.5；

T——加工总工期（月）；

D——每平方米场地月平均产量定额，查表 7-6；

α——场地或建筑面积利用系数，取 0.6～0.7。

7.3.4　搅拌站的布置

砂浆及混凝土的搅拌站位置，要根据房屋的类型、场地条件、起重机和运输道路的布置来确定。在一般的砖混结构中，砂浆的用量比混凝土用量大，要以砂浆搅拌站位置为主。在现浇混凝土结构中，混凝土用量大，因此要以混凝土搅拌站为主来进行布置。搅拌站的布置要求如下。

（1）搅拌站应有后台上料的场地，尤其是混凝土搅拌机，要与砂石堆场、水泥库一起考虑布置，既要互相靠近，又要便于材料的运输和装卸。

（2）搅拌站应尽可能布置在垂直运输机械附近或其服务范围内，以减少水平运距。

（3）搅拌站应设置在施工道路近旁，使小车、翻斗车运输方便。

（4）搅拌站场地四周应设置排水沟，以有利于清洗机械和排除污水，避免造成现场积水。

（5）混凝土搅拌台所需面积约 $25m^2$，砂浆搅拌台所需面积约 $15m^2$。

当现场较窄，混凝土需求量大或采用现场搅拌泵送混凝土时，为保证混凝土供应量和减少砂石料的堆放场地，宜建置双阶式混凝土搅拌站，骨料堆于扇形贮仓。

7.3.5　运输道路的布置

施工运输道路应按材料和构件运输的需要，沿着仓库和堆场进行布置，使之畅通无阻。

1. 施工现场道路的技术要求

(1) 施工现场道路的最小宽度和转弯半径见表 7-7 及表 7-8。

架空线及管道下面的道路,其通行空间宽度应大于道路宽度 0.5m,空间高度应大于 4.5m。

(2) 道路的做法。

一般砂质土可采用碾压土路方法。当土质黏或泥泞、翻浆时,可采用加骨料碾压路面的方法,骨料应尽量就地取材,如碎砖、卵石、碎石及大石块等。

表 7-7 施工现场道路最小宽度

序 号	车辆类别及要求	道路宽度/m
1	汽车单行道	≥3.0
2	汽车双行道	≥6.0
3	平板拖车单行道	≥4.0
4	平板拖车双行道	≥8.0

表 7-8 施工现场道路最小转弯半径

序 号	通行车辆类别	路面内侧最小曲率半径/m		
		无拖车	有一辆拖车	有两辆拖车
1	小客车、三轮汽车	6		
2	二轴载重汽车 三轴载重汽车 重型载重汽车	单车道 9 双车道 7	12	15
3	公共汽车	12	15	18
4	超重型载重汽车	15	18	21

为了排除路面积水,保证正常运输,道路路面应高出自然地面 0.1~0.2m,雨量较大的地区,应高出 0.5m 左右,道路两侧设置排水沟(表 7-9),一般沟深和底宽不小于 0.4m。

表 7-9 路边排水沟最小尺寸

沟边形状	最小尺寸/m		边坡宽度	适用范围
	深	底宽		
梯形	0.4	0.4	1:1~1:1.5	土质路基
三角形	0.3	—	1:1~1:1.3	岩石路基
方形	0.4	0.3	1:0	岩石路基

2. 施工道路的布置要求

(1) 应满足材料、构件等的运输要求,使道路通到各个仓库及堆场,并距离其装卸区越近越好,以便装卸。

(2) 应满足消防的要求,使道路靠近建筑物、木料场等易发生火灾的地方,以便车辆能开到消火栓处。消防车道宽度不小于 3.5m。

(3) 为提高车辆的行驶速度和通行能力,应尽量将道路布置成环路。如不能设置环形路,则应在路端设置掉头场地。

(4) 应尽量利用已有道路或永久性道路。根据建筑总平面图上永久性道路的位置,先修筑路基,作为临时道路(临时道路路面的种类和厚度见表 7-10)。工程结束后,再修筑路面。

(5) 施工道路应避开拟建工程和地下管道等地方,否则工程后期施工时,将切断临时道路,给施工带来困难。

表 7-10 临时道路路面的种类和厚度表

路 面 种 类	特点及其使用条件	路基土	路面厚度/cm	材料配合比
级配砾石路面	雨天照常通车,可通行较多车辆,但材料级配要求严	砂质土	10~15	体积比 黏土:砂子=1:0.7:3.5 重量比 (1) 面层:黏土13%~15%,砂石料85%~87% (2) 底层:黏土10%,砂石混合料90%
		黏质土或黄土	14~18	
碎(砾)石路面	雨天照常通车,碎(砾)石本身含土较多,不加砂	砂质土	10~18	碎(砾)石>65%,当土地含量≤35%
		砂质土或黄土	15~20	
碎砖路面	可维持雨天通车通行,车辆较少	砂质土	13~15	垫层:砂或炉渣4~5cm 底层:7~10cm 碎石 面层:2~5cm
		砂质土或黄土	15~18	
炉渣或矿渣路面	雨天可通车,通行车较少	一般土	10~15	炉渣或矿渣75%,当地土25%
		较松软时	15~30	
砂石路面	雨天停车,通行车少,附近不产石,只有砂	砂质土	15~20	粗砂50%,细砂、砂粉和黏质土50%
		黏质土	15~30	
风化石屑路面	雨天不通车,通行车少,附近有石料	一般土	10~15	石屑90%,黏土10%
石灰土路面	雨天停车,通行车少,附近产石灰	一般土	10~13	石灰10%,当地土90%

7.3.6 围挡的设计布置

根据《施工现场临时建筑物技术规范》(JGJ/T 188—2009)工地现场围挡的设计应遵循以下规定。

(1) 围挡宜选用彩钢板、砌体等硬质材料搭设。禁止使用彩条布、竹笆、安全网等易变质材料,应做到坚固、平稳、整洁、美观。

(2) 围挡高度。

市区主要路段、闹市区　　　　　$h \geqslant 2.5\text{m}$

市区一般路段　　　　　　　　　$h \geqslant 2.0\text{m}$

市郊或靠市郊　　　　　　　　　$h \geqslant 1.8\text{m}$

(3) 围挡的设置必须沿工地四周连续进行，不能留有缺口。

(4) 彩钢板围挡应符合下列规定。

① 围挡的高度不宜超过 2.5m。

② 当高度超过 1.5m 时，宜设置斜撑，斜撑与水平地面的夹角宜为 45°。

③ 立柱的间距不宜大于 3.6m。

(5) 砌体围挡不应采用空斗墙砌筑方式，墙厚度大于 300mm，并应在两端设置壁柱，柱距小于 5.0m，壁柱尺寸不宜小于 370mm×490mm，墙柱间设置拉结钢筋 Φ6@500mm，伸入两侧墙 $l \geqslant 1000\text{mm}$。

(6) 砌体围挡长度大于 30m 时，宜设置变形缝，变形缝两侧应设置端柱。

【施工现场标牌的布置】

7.3.7　施工现场标牌的布置

(1) 施工现场的大门口应有整齐明显的"五牌一图"。

(2) 门头及大门应设置企业标识。

(3) 在施工现场显著位置，设置必要的安全施工内容的标语。

(4) 宜设置读报栏、宣传栏和黑板报等宣传园地。

 特别提示

"五牌"即工程概况牌、组织机构牌、消防保卫牌、安全生产牌、文明施工牌。

"一图"即施工现场总平面布置图。

任务 7.4　临时供水设计

在建筑施工中，临时供水设施是必不可少的。为了满足生产、生活及消防用水的需要，要选择和布置适当的临时供水系统。

【用水量计算讲解】

7.4.1　用水量计算

建筑工地的用水包括生产、生活和消防用水三个方面，其计算如下。

1. 施工用水量计算

施工用水是指施工高峰的某一天或高峰时期内平均每天需要的最大用水量，可按下式计算：

$$q_1 = K_1 \sum \frac{Q_1 N_1}{T_1 t} \times \frac{K_2}{8 \times 3600} \qquad (7-11)$$

式中：q_1——施工用水量（L/s）；

K_1——未预见的施工用水系数，取 1.05～1.15；

Q_1——年（季、月）度工程量（以实物计量单位表示）；

T_1——年（季、月）度有效工作日；

N_1——施工用水定额，见表 7-11；

t——每天工作班数；

K_2——用水不均衡系数，见表 7-12。

特别提示

Q_1/T_1——指最大用水时，白天一个班所完成的实物工程量。

$\sum Q_1 N_1$——指在最大用水日那一天各施工项目的工程量与其相应用水定额的乘积之和。此日可在施工进度表中，选取既有大量浇筑混凝土又有大量砌砖工程的那一天施工的工程量、加工量和使用机械台班数等来估算。

表 7-11 施工用水参考定额

序号	用水对象	单位	耗水量（N_1）	备注
1	浇筑混凝土全部用水	L/m³	1700～2400	
2	搅拌普通混凝土	L/m³	250	
3	搅拌轻质混凝土	L/m³	300～350	
4	搅拌泡沫混凝土	L/m³	300～400	
5	搅拌热混凝土	L/m³	300～350	
6	混凝土养护（自然养护）	L/m³	200～400	
7	混凝土养护（蒸汽养护）	L/m³	500～700	
8	冲洗模板	L/m³	5	
9	搅拌机清洗	L/台班	600	
10	人工冲洗石子	L/m³	1000	2%＜含泥量＜3%
11	机械冲洗石子	L/m³	600	
12	洗砂	L/m³	1000	
13	砌砖工程全部用水	L/m³	150～250	
14	砌石工程全部用水	L/m³	50～80	
15	抹灰工程全部用水	L/m²	30	
16	耐火砖砌体工程	L/m³	100～150	包括砂浆搅拌
17	浇砖	L/千块	200～250	
18	浇硅酸盐砌块	L/m³	300～350	

(续)

序号	用水对象	单位	耗水量（N_1）	备注
19	抹面	L/m²	4～6	不包括调制用水
20	楼地面	L/m²	190	主要是找平层
21	搅拌砂浆	L/m³	300	
22	石灰消化	L/t	3000	
23	上水管道工程	L/m	98	
24	下水管道工程	L/m	1130	
25	工业管道工程	L/m	35	

表 7-12 施工用水不均衡系数

编号	用水名称	系　数
K_2	现场施工用水	1.5
	附属生产企业用水	1.25
K_3	施工机械、运输机械	2.00
	用水动力设备用水	1.05～1.10
K_4	施工现场生活用水	1.30～1.50
K_5	生活区生活用水	2.00～2.50

2. 施工机械用水量计算

$$q_2 = K_1 \sum Q_2 N_2 \times \frac{K_3}{8 \times 3600} \tag{7-12}$$

式中：q_2——机械用水量（L/s）；

　　　K_1——未预计施工用水系数，取 1.05～1.15；

　　　Q_2——同一种机械台数（台）；

　　　N_2——施工机械台班用水定额，参考表 7-14 中的数据换算求得；

　　　K_3——施工机械用水不均衡系数，见表 7-12。

3. 施工现场生活用水量计算

生活用水量是指施工现场人数最多时，职工及民工的生活用水量。其计算公式如下：

$$q_3 = \frac{P_1 N_3 K_4}{t \times 8 \times 3600} \tag{7-13}$$

式中：q_3——施工现场生活用水量（L/s）；

　　　P_1——施工现场高峰昼夜人数（人）；

　　　N_3——施工现场生活用水定额，取 20～60L/(人·班)；

　　　K_4——施工现场用水不均衡系数，见表 7-12；

　　　t——每天工作班数。

4. 生活区生活用水量计算

$$q_4 = \frac{P_2 N_4 K_5}{24 \times 3600} \tag{7-14}$$

式中：q_4——生活区生活用水（L/s）；

P_2——生活区居民人数（人）；

N_4——生活区生活用水定额，见表7-13；

K_5——生活区用水不均衡系数，见表7-12。

表7-13 生活用水量（N_3、N_4）定额

用水名称	单位	耗水量	用水名称	单位	耗水量
盥洗、饮用水	L/(人×日)	20～40	学校	L/(学生×日)	10～30
食堂	L/(人×日)	10～20	幼儿园、托儿所	L/(幼儿×日)	75～100
淋浴带大池	L/(人×次)	50～60	医院	L/(病床×日)	100～150
洗衣房	L/(kg×干衣)	40～60	施工现场生活用水	L/(人×班)	20～60
理发室	L/(人×次)	10～25	生活区全部生活用水	L/(人×日)	80～120

表7-14 机械用水量参考定额

序号	用水名称	单位	耗水量	备注
1	内燃挖土机	L/(台班×m³)	200～300	以斗容量立米计
2	内燃起重机	L/(台班×t)	15～18	以起重吨数计
3	蒸汽起重机	L/(台班×t)	300～400	以起重吨数计
4	蒸汽打桩机	L/(台班×t)	1000～1200	以锤重吨数计
5	蒸汽压路机	L/(台班×t)	100～150	以压路机吨数计
6	内燃压路机	L/(台班×t)	12～15	以压路机吨数计
7	拖拉机	L/(昼夜×台)	200～300	
8	汽车	L/(昼夜×台)	400～700	
9	标准轨蒸汽机车	L/(昼夜×台)	10000～20000	
10	窄轨蒸汽机车	L/(昼夜×台)	4000～7000	
11	空气压缩机	L/[台班×(m³/min)]	40～80	以空压机排气量 m³/min 计
12	内燃机动力装置	L/(台班×马力)	120～300	直流水
13	内燃机动力装置	L/(台班×马力)	25～40	循环水
14	锅驼机	L/(台班×马力)	80～160	不利用凝结水
15	锅炉	L/(h×t)	1000	以小时蒸发量计
16	锅炉	L/(h×m²)	15～30	以受热面积计

5. 消防用水量计算

消防用水主要是满足发生火灾时消火栓用水的要求，其用水量见表 7-15。

表 7-15 消防用水量

序号	用水名称	火灾同时发生次数	单位	用水量
1	居民区消防用水 5000 人以内 10000 人以内 25000 人以内	一次 两次 两次	L/s L/s L/s	10 10～15 15～20
2	施工现场消防用水 施工现场在 25ha 以内每增加 25ha	一次 一次	L/s L/s	10～15 5

6. 总用水量计算（Q）

(1) 当 $(q_1+q_2+q_3+q_4) \leqslant q_5$ 时，则 $Q = q_5 + 1/2(q_1+q_2+q_3+q_4)$。

(2) 当 $(q_1+q_2+q_3+q_4) > q_5$ 时，则 $Q = q_1+q_2+q_3+q_4$。

(3) 当工地面积小于 5ha，且 $(q_1+q_2+q_3+q_4) < q_5$ 时，则 $Q = q_5$。

最后计算出的总用水量，还应增加 10%，以补偿不可避免的水管漏水损失，即

$$Q_{总} = 1.1Q \tag{7-15}$$

特别提示

总用水量计算并不是所有用水量的总和，因为施工用水是间断的，生活用水时多时少，而消防用水又是偶然的。

7.4.2 水源选择及临时给水系统

1. 水源选择

建筑工程的临时供水水源有如下几种形式：已有的城市或工业供水系统；自然水域（如江、河、湖、蓄水库等）；地下水（如井水、泉水等）；利用运输器具（如供水运输车）。

水源的确定应首先利用已有的供水系统，并注意其供水量能否满足工程用水需要。减少或不建临时供水系统，在新建区域若没有现成的供水系统时，应尽量先建好永久性的给水系统，至少是能使该系统满足工程用水及部分生产用水的需要。当前述条件不能实现或因工程要求（如工期、技术经济条件）没有必要先建永久性给水系统时，应设立临时性给水系统，即利用天然水源，但其给水系统的设计应注意与永久性给水系统相适应，如供水管网的布置。

选择水源应考虑下列因素：水量要能满足最大用水量的需要。生活饮用水质应符合国家及当地的卫生标准；其他生活用水及施工用水中的有害及侵蚀性物质的含量不得超过有关规定的限制；否则，必须经软化及其他处理后，方可使用。与农业、水资源综合利用；蓄水、取水、输水、净水、贮水设施要安全经济；施工、运转、管理、维修方便。

2. 临时给水系统

临时给水系统包括取水设施、净水设施、贮水构筑物（水池、水塔、水箱）、输水管和配水管网。

1）地面水源取水设施

取水设施一般由进水装置、进水管及水泵组成。取水口距河底（或井底）不得小于 0.2~0.9m，在冰层下部边缘的距离也不得小于 0.25m。给水工程所用的水泵有离心泵、隔膜泵及活塞泵三种。所用的水泵要有足够的抽水能力和扬程。

水泵应具有的扬程按下列公式计算。

（1）将水送至水塔时的扬程。

$$H_p = (Z_t - Z_p) + H_t + a + h + h_s \qquad (7-16)$$

式中：H_p——水泵所需的扬程（m）；
Z_t——水塔所处的地面标高（m）；
Z_p——水泵中心的标高（m）；
H_t——水塔高度（m）；
a——水塔的水箱高度（m）；
h——从水泵到水塔间的水头损失（m）；
h_s——水泵的吸水高度（m）。

水头损失可用下式计算：

$$h = h_1 + h_2$$

式中：h_1——沿程水头损失（m），$h_1 = i \times L$；
h_2——局部水头损失（m）；
i——单位管长水头损失（mm/m）；
L——计算管段长度（km）。

实际工程中，局部水头损失一般不做详细计算，按沿程水头损失的 15%~20% 估计即可，亦即 $h = (1.15~1.2)h_1 = (1.15~1.2)iL$。

（2）将水直接送到用户时的扬程。

$$H_p = (Z_y - Z_p) + H_y + h + h_s \qquad (7-17)$$

式中：Z_y——供水对象（即用户）最不利处的标高（m）；
Z_p——供水对象最不利处的自由水头，一般为 8~10m。

其他符号意义同前。

2）净水设施

自然界中未经过净化的水，含有许多杂质，需要进行净化处理后，才可用作生产、生活用水。在这个过程中，要经过使水软化、去杂质（如水中含有的盐、酸、石灰质等）、沉淀、过滤和消毒等工程。

生活饮用水必须经过消毒后方可使用。消毒可通过氯化，在临时供水设施中，可以加入漂白粉使水氯化。其用量可参考表 7-16，氯化时间夏季 0.5h、冬季 1~2h。

3) 贮水构筑物

贮水构筑物系水池、水塔和水箱。在临时供水中，只有在水泵非昼夜工作时才设置水塔。水箱的容量，以每小时消防用水量决定，但容量一般不小于 $10\sim20m^3$。

表 7-16 消毒用漂白粉及漂白液用量参考

水源及水质	不同消毒剂的用量	
	漂白粉（含 25% 的有效氧）	1% 漂白粉液/(L/m³)
自流井水、清净的水	……	……
河水、大河过滤水	4~6	0.4~0.6
河、湖的天然水	8~12	0.6~1.2
透明井水和小河过滤水	6~8	0.6~0.8
浑浊井水和池水	12~20	1.2~2.0

水塔高度与供水范围、供水对象及水塔本身的位置关系有关，可用下式确定：

$$H_t = (Z_y - Z_t) + H_y + h \tag{7-18}$$

式中符号意义同前。

4) 配水管网布置

(1) 布置方式。临时供水管网布置一般有三种方式，即环状管网、枝状管网和混合式管网，如图 7.5 所示。

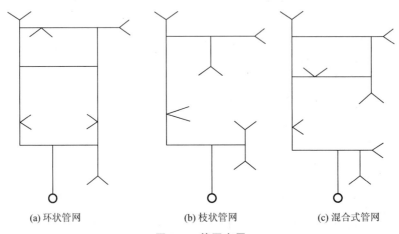

(a) 环状管网　　　(b) 枝状管网　　　(c) 混合式管网

图 7.5 管网布置

① 环状管网能保证供水的可靠性，当管网某处发生故障时，水仍能由其他管路供应。但管线长、造价高、管材消耗大。它适用于要求供水可靠的建设项目或建筑群工程。

② 枝状管网由干管及支管组成，管线短、造价低，但供水可靠性差，若在管网中某一处发生故障时，会造成断水，故适用于一般中小型工程。

③ 混合式管网可兼有上述两种管网的优点，总管采用环状、支管采用枝状，一般适用于大型工程。

管网的铺设可采用明管或暗管。一般宜优先采用暗铺,以避免妨碍施工,影响运输。在冬季施工中,水管宜埋置在冰冻线以下或采取防冻措施。

(2) 供水管网的布置要求。

① 应尽量提前修建并充分利用拟建的永久性供水管网作为工地临时供水系统,以节约修建费用;在保证供水要求的前提下,新建供水管线的长度越短越好,并应适当采用胶皮管、塑料管作为支管,使其具有可移动性,以便利施工。

② 供水管网的铺设要与土方平整规划协调一致,以防重复开挖;管网的布置要避开拟建工程和室外管沟的位置,以防二次拆迁改建。

③ 有高层建筑的施工工地,一般要设置水塔、蓄水池或高压水泵,以便满足高空施工与消防用水的要求。临时水塔或蓄水池应设置在地势较高处。

④ 供水管网应按防火要求布置室外消火栓。室外消火栓应靠近十字路口、工地出入口,并沿道路布置,距路边应不大于2m,距建筑物的外墙应不小于5m,为兼顾拟建工程防火而设置的室外消火栓与拟建工程的距离也不应大于25m,消火栓之间的间距不应超过120m;工地室外消火栓必须设有明显标志,消火栓周围3m范围内不准堆放建筑材料、停放机具和搭设临时房屋等;消火栓供水干管的直径不得小于100mm。

3. 管径的选择

1) 计算法

$$d = \sqrt{\frac{4Q}{\pi v \times 1000}} \tag{7-19}$$

式中:d——配水管直径(m);

Q——管段的用水量(L/s);

v——管网中水流速度(m/s),临时水管经济流速范围参见表7-17,一般生活及施工用水取1.5(m/s),消防用水取2.5m/s。

2) 查表法

为了减少计算工作,只要确定管段流量和流速范围即可,可直接查表7-17~表7-19,选取管径。

特别提示

查表时,可依"输水量"和流速查表确定,其中:输水量Q是指供给有关使用点的供水量。

表7-17 临时水管经济流速参考表

管径 d/mm	流速/(m/s)	
	正常时间	消防时间
<100	0.5~1.2	—
100~300	1.0~1.6	2.5~3.0
>300	1.5~2.5	2.5~3.0

表 7-18 临时给水铸铁管计算表

项次	管径 d/mm	75		100		150		200		250	
	流量 q/(L/s)	i	v	i	v	i	v	i	v	i	v
1	2	7.98	0.46	1.94	0.26						
2	4	28.4	0.93	6.69	0.52	0.91	0.23				
3	6	61.5	1.39	14.0	0.78	1.87	0.34				
4	8	109	1.86	23.9	1.04	3.14	0.46	0.77	0.26		
5	10	171	2.33	36.5	1.30	4.69	0.57	1.13	0.32	0.38	0.20
6	12	246	2.79	52.6	1.56	6.55	0.69	1.58	0.39	0.59	0.25
7	14			71.6	1.82	8.71	0.80	2.08	0.45	0.69	0.29
8	16			93.5	2.08	11.1	0.92	2.64	0.51	0.87	0.33
9	18			118	2.34	13.9	1.03	3.28	0.58	1.09	0.37
10	20			146	2.60	16.9	1.15	3.97	0.64	1.32	0.41
11	22			177	2.86	20.2	1.26	4.73	0.71	1.57	0.45
12	24					24.1	1.38	5.56	0.77	1.83	0.49
13	26					28.3	1.49	6.44	0.84	2.12	0.53
14	28					32.8	1.61	7.38	0.90	2.42	0.57
15	30					37.7	1.72	8.4	0.96	2.75	0.62
16	32					42.8	1.84	9.46	1.03	3.09	0.66
17	34					48.4	1.95	10.6	1.09	3.45	0.70
18	36					54.2	2.06	11.8	1.16	3.83	0.74
19	38					60.4	2.18	13.0	1.22	4.23	0.78

注：v—流速（m/s）；i—单位管长水头损失（m/km 或 mm/m）。

表 7-19 临时给水钢管计算表

项次	管径 d/mm	25		40		50		70		80	
	流量 q/(L/s)	i	v	i	v	i	v	i	v	i	v
1	0.1										
2	0.2	21.3	0.38								
3	0.4	44.2	0.56	5.42	0.24						
4	0.6	159	1.13	18.4	0.48	5.16	0.28				
5	0.8	279	1.51	31.4	0.64	8.52	0.38	2.53	0.23		
6	1.0	437	1.88	47.3	0.80	12.9	0.47	3.76	0.28	1.64	0.20
7	1.2	629	2.26	66.3	0.95	18.0	0.56	5.18	0.34	2.27	0.24
8	1.4	856	2.64	88.4	1.11	23.7	0.66	6.83	0.40	2.97	0.28
9	1.6	1118	3.01	114	1.27	30.4	0.75	8.70	0.45	3.96	0.32
10	1.8			144	1.43	37.8	0.85	10.70	0.51	4.66	0.36
11	2.0			178	1.59	46.0	0.94	13.00	0.57	5.62	0.40
12	2.6			301	2.07	74.9	1.22	21.00	0.74	9.03	0.52
13	3.0			400	2.39	99.8	1.41	27.44	0.85	11.70	0.60
14	3.6			577	2.86	144	1.69	38.40	1.02	16.30	0.72
15	4.0					177	1.88	46.80	1.13	19.80	0.81
16	4.6					235	2.17	61.20	1.30	25.70	0.93
17	5.0					277	2.35	72.30	1.42	30.00	1.01
18	5.6					348	2.64	90.70	1.59	37.00	1.13
19	6.0					399	2.82	104.00	1.70	42.10	1.21

3）经验法

单位工程施工供水也可以根据经验进行安排，一般5000~10000m² 的建筑物，施工用水的总管管径为100mm，支管管径为40mm或25mm。直径100mm管能够供一个人消防龙头的水量。

4. 管材的选择

（1）工地输水主干管常用铸铁管和钢管；一般露出地面用钢管；埋入地下用铸铁管；支管采用钢管。

（2）为了保证水的供给，必须配备各种直径的给水管。施工常用管材如表7-20所示。

表7-20 施工常用管材表

管 材	介绍参数		使用范围
	最大工作压力/MPa	温度范围/℃	
硬聚氯乙烯管 铝塑复合管	0.25~0.6	−15~60	给水
聚乙烯管	0.25~1.0	40~60	室内外给水
镀锌钢管	≤1	<100	室内外给水

公称直径为15mm、20mm、25mm、32mm、40mm、50mm、70mm、80mm、100mm的硬聚氯乙烯管、铝塑复合管、聚乙烯管、镀锌钢管使用比较普遍。铸铁管的公称直径有125mm、150mm、200mm、250mm、300mm。

5. 水泵的选择

可根据管段的计算流量 Q 和总扬程 H，从有关手册的水泵工作性能表中查出需要的水泵。

7.4.3 案例解析

【例7-1】 某项目占地面积为15000m²，施工现场使用面积为12000m²，总建筑面积为7845m²，所用混凝土和砂浆均采用现场搅拌，现场拟分生产、生活、消防三路供水，日最大混凝土浇筑量为400m³，施工现场高峰昼夜人数为180人，请计算该项目的用水量并选择供水管径。

解：1. 用水量计算

（1）计算现场施工用水量 q_1。

$$q_1 = K_1 \sum \frac{Q_1 \times N_1}{T_1 \times t} \times \frac{K_2}{8 \times 3600} = 1.15 \times 250 \times 400 \times 1.5/(8 \times 3600 \times 1) = 5.99(\text{L/s})$$

式中：$K_1=1.15$、$K_2=1.5$、$Q_1/T_1=400$m³/天，$t=1$；N_1 查表取250L/m³。

（2）计算施工机械用水量 q_2。

因施工中不使用特殊机械，所以 $q_2=0$。

(3) 计算施工现场生活用水量 q_3。

$$q_3 = P_1 N_3 K_4/(t \times 8 \times 3600) = 180 \times 40 \times 1.5/(1 \times 8 \times 3600) = 0.375(L/s)$$

式中：$K_4=1.5$，$P_1=180$ 人、$t=1$；N_3 按生活用水和食堂用水计算，

$$N_3 = 0.025 m^3/(人 \cdot d) + 0.015 m^3/(人 \cdot d) = 0.04 m^3/(人 \cdot d) = 40 L/(人 \cdot d)。$$

(4) 计算生活区生活用水量。

因现场不设生活区，故不计算 q_4。

(5) 计算消防用水量 q_5。

本工程现场使用面积为 $12000 m^2$，即 1.2 ha<25 ha，故 $q_5=10 L/s$。

(6) 计算总用水量 Q。

$$Q_1 = q_1 + q_2 + q_3 + q_4 = (5.99 + 0.375) L/s = 6.365 L/s < q_5 = 10 L/s$$

因工地面积为 1.2 ha<5 ha，并且 $Q_1 < q_5$，因此：$Q = q_5 = 10 L/s$

$$Q_总 = 1.1 \times 10 L/s = 11 L/s$$

即本工程用水量为 11L/s。

2. 供水管径的计算

$$d = \sqrt{\frac{4000Q}{\pi v}} = \sqrt{\frac{4000 \times 11}{3.14 \times 1.5}} mm = \sqrt{\frac{44000}{4.71}} mm = \sqrt{9341.83} mm = 97 mm \quad (v=1.5 m/s)$$

取管径为 100mm 的上水管。

【例 7-2】 某市一高层住宅楼，自三层及其以下为大底盘，出裙楼屋顶分为双塔楼，裙楼为框架-剪力墙结构，塔楼为全现浇钢筋混凝土剪力墙结构，建筑地上 30 层，裙房 3 层，地下室 1 层，建筑高度为 103.00m，总建筑面积为 $64475 m^2$。±0.000 相当于黄海高程 423.625m。防火等级为一级；抗震设防烈度为八度；防水等级为二级。本大楼地下层设有人防、停车库、设备用房等。工程严格按现代城市规划要求设计，是一栋高标准智能化的现代化高层住宅楼。本工程为一类高层建筑，耐火等级为一级，建筑结构安全等级为二级，防护等级为六级人防地下室、二等人员掩蔽体。基础采用钢筋混凝土人工挖孔灌注桩基础。地下室底板、顶板与侧墙交接处设置橡胶止水条。最高峰期日混凝土量 $300 m^3$；施工人数 500 人。

解：1. 施工用水量计算

本工程施工临时用水由工程施工用水、施工现场生活用水、生活区生活用水和消防用水四个部分组成。

(1) 施工用水 q_1：以最高峰期为最大的用水量，按公式 $q_1 = K_1 \sum Q_1 N_1 \dfrac{K_2}{8 \times 3600}$ 计算。

式中，K_1 取 1.1，K_2 取 1.5，Q_1 取 300，N_1 取 250，则

$$q_1 = 1.1 \times 300 \times 250 \times 1.5/(8 \times 3600) = 4.3(L/s)$$

(2) 本工程未使用特殊施工机械，因此 $q_2=0$。

(3) 施工现场生活用水量：以最多施工人员数考虑（按 500 人考虑）按公式 $q_3 = \dfrac{P_1 N_3 K_4}{t \times 8 \times 3600}$ 计算。

式中，P_1 取 500，K_4 取 1.5，t 取 2，N_3 取 30，则

$$q_3 = 500 \times 30 \times 1.5/(2 \times 8 \times 3600) = 0.39 (\text{L/s})$$

(4) 办公生活区生活用水量，按公式 $q_4 = \dfrac{P_2 N_4 K_5}{24 \times 3600}$ 计算。

式中，P_2 取 500，K_5 取 2.5，N_4 取 100，则

$$q_4 = 500 \times 100 \times 2.5/(24 \times 3600) = 1.45(\text{L/s})$$

(5) 消防用水量。

施工现场面积小于 5ha，q_5（消防用水量）为 10L/s。

(6) 总用水量计算。

$$q_1 + q_3 + q_4 = 6.14\text{L/s} < q_5 = 10\text{L/s}$$

$$Q = q_5 + \frac{1}{2}(q_1 + q_2 + q_3 + q_4) = 10 + 1/2 \times 6.14 = 13.07(\text{L/s})$$

2. 供水管管径计算

(1) 管径计算，按公式 $d = \sqrt{\dfrac{4Q}{\pi v \times 1000}}$ 计算。

式中，v 为管内水流速，取 2.0m/s，则 $d = \sqrt{\dfrac{4Q}{\pi v \times 1000}} = \sqrt{\dfrac{4 \times 13.07}{\pi \times 2.0 \times 1000}} = 0.09(\text{m})$。

(2) 计算结果及处理。

现场总供水管径计算需 $DN100$，工地内采用 $DN100$ 管环绕施工现场。对于楼层部位消防及施工用水，项目部准备利用拟建建筑物内消防水池做蓄水池，增设离心水泵一台，以解决该部分用水，施工现场的重点防火部位布设 16 只消火栓，楼层分区每层各设一台消火栓箱。详见施工现场临时用水用电平面布置图（略）。

任务 7.5 临时供电设计

施工现场安全用电的管理，是安全生产文明施工的重要组成部分，临时用电施工组织设计也是施工组织设计的组成部分。

7.5.1 临时用电施工组织设计的内容和步骤

(1) 现场勘探。
(2) 确定电源进线、变电所、配电室、总配电箱、分配电箱等的位置及线路走向。
(3) 进行荷载计算。
(4) 选择变压器容量、导线截面和电器的类型、规格。
(5) 绘制电器平面图、立面图和接线系统图。
(6) 制定安全用电技术措施和电器防火措施。

7.5.2 施工现场临时用电计算

【施工现场临时用电计算讲解】

在施工现场临时用电设计中应按照临电负荷进行现场临电的负荷验算，校核业主所提供的电量是否能够满足现场施工所需电量，如何合理布置现场临电的系统。通过计算确定变压器规格、导线截面、各级电箱规格和系统图。

1. 用电量计算

建筑工地临时供电，包括施工用电和照明用电两个方面，其用量可按以下公式计算：

$$P_{计} = (1.05 \sim 1.1)(k_1 \sum P_1 / \cos\phi + k_2 \sum P_2 + k_3 \sum P_3 + k_4 \sum P_4) \quad (7-20)$$

式中： $P_{计}$——计算用电量（kV·A）；

1.05～1.1——用电不均衡系数；

$\sum P_1$——全部施工用电设备中电动机额定容量之和；

$\sum P_2$——全部施工用电设备中电焊机额定容量之和；

$\sum P_3$——室内照明设备额定容量之和；

$\sum P_4$——室外照明设备额定容量之和；

$\cos a$——电动机的平均功率因素（在施工现场最高为0.75～0.78，一般为0.65～0.75）。

k_1、k_2、k_3、k_4——需要系数，见表7-21。

表7-21　k_1、k_2、k_3、k_4系数表

用电名称	数量	需要系数 k	数值	备注
电动机	3～10台 11～30台 30台以上	k_1	0.7 0.6 0.5	（1）为使计算结果切合实际，式(7-20)中各项动力和照明用电，应根据不同工作性质分类计算； （2）单班施工时，用电量计算可不考虑照明用电； （3）由于照明用电比动力用电要少得多，故在计算总用电时，只在动力用电量公式(7-20)括号内第1、2项之外再加10%作为照明用量即可
加工厂动力设备			0.5	
电焊机	3～10台 10台以上	k_2	0.6 0.5	
室内照明		k_3	0.8	
室外照明		k_4	1.0	

综合考虑施工用电约占总用电量的90%，室内外照明用电约占10%，则上式可进一步简化为下式：

$$P_{计} = 1.1(k_1 \sum P_c + 0.1 P_{计}) = 1.24 k_1 \sum P_c \quad (7-21)$$

式中：P_c——全部施工用电设备额定容量之和。

计算用电量时，可从以下各点考虑。

（1）在施工进度计划中施工高峰期同时用电机械设备最高数量。

(2) 各种机械设备在施工过程中的使用情况。

(3) 现场施工机械设备及照明灯具的数量。

施工机械设备用电定额可参考表 7-22。

表 7-22 施工机械设备用电定额参考表

机械名称	型号	功率/kW	机械名称	型号	功率/kW
塔式起重机	红旗 11-16 整体拖运	19.5	塔式起重机	法国 POTAIN 厂产 TOPKTTFO/25（135t·m）	160
	QT40 TQ2-6	48		法国 B.P.R 厂产 GTA91-83（450t·m）	160
	TQ60/80	55.5	混凝土搅拌站	HL80	41
	自升式 TQ90	58	混凝土输送泵	HB-15	32.2
	自升式 QJ100	63	混凝土喷射机（回转式）	HPH6	7.5
	法国 PDTAIN 厂产，H5-56B5P（235t·m）	150	混凝土喷射机（罐式）	HPG4	3
	法国 PDTAIN 厂产 H5-56B（235t·m）	137	插入式振捣器	ZX25	0.8
				ZX35	0.8
				ZX50	1.1
				ZX50C	1.1
				ZX70	1.5
平板式振动器	ZB5	0.5	蛙式夯实机	HW-32	1.5
	ZB11	1.1		HW-60	3
冲击式钻孔机	YKC-20C	20	钢筋调直切断机	GT4/14	4
	YKC-22M	20		GT6/14	11
	YKC-30M	40		GT6/8	5.5
螺旋式钻孔机	BQ-2400	22		GT3/9	7.5
螺旋式钻孔机	ZKL400	40	钢筋切断机	QJ40	7
	ZKL600	55		QJ40-1	5.5
	ZKL800	90		QJ32-1	3
振动打拔桩机	DZ45	45	塔式起重机	德国 PEINE 生产 SK280-055（307.314t·m）	150
	DZ45Y	30			
	DZ55Y	55			
	DZ90B	90		德国 PEINE 生产 SK560-05（675t·m）	170
	DZ90A	90			

（续）

机械名称	型号	功率/kW	机械名称	型号	功率/kW
附着式振动器	ZW4	0.8	自落式混凝土搅拌机	JD150	5.5
	ZW5	1.1		JD200	7.5
	ZW7	1.5		JD250	11
	ZW10	1.1		JD350	15
	ZW30-5	0.5		JD500	18.5
混凝土振动台	ZT-1*2	7.5	卷扬机	JJK0.5	3
	ZT-1.5*6	30		JJK-0.5B	2.8
	ZT-2.4*6.2	55		JJK-1A	7
真空吸水器	HZX-40	4		JJK-5	40
	HZX-60A	4		JJZ-1	7.5
	改型泵Ⅰ号	5.5		JJZ-1	7
	改型泵Ⅱ号	5.5		JJK-3	28
预应力拉伸机油泵	ZB1/630	1.1		JJK-5	3
	ZB2X2/500	3		JJM-5	11
	ZB4/49	3		JJM-10	22
	ZB10/49	11	强制式混凝土搅拌机	JW250	11
振动式夯实机	HZD250	4		JW500	30
钢筋弯曲机	GW40	3	电动弹涂机	DT120A	8
	WJ40	3	液压升降机	YSF25-50	3
	GW32	2.2			
交流电焊机	BX3-120-1	9	泥浆泵	红星30	30
				红星75	60
	BX3-300-2	23.4	液压控制台	YKT-36	7.5
	BX-500-2	38.6	自动控制、调平液压控制台	YZKT-56	11
	BX2-100（BC-1000）	76	静电触探车	ZJYY-20A	10
直流电焊机	AX4-300-1（AG-300）	10	混凝土沥青切割机	BC-D1	5.5
			小型砌块成型机	GC-1	6.7
	AX1-165（AB-165）	6	载货电梯	JT1	7.5
			建筑施工外用电梯	SCD100/100A	11
	AX-320（AT-320）	14	木工电刨	MIB2-80/1	0.7
			木工刨板机	MB1043	3
	AX5-500 AX3-500（AG-500）	26	木工圆锯	MJ104	3
				MJ114	3
				MJ106	5.5

（续）

机械名称	型 号	功率/kW	机械名称	型 号	功率/kW
纸筋麻刀搅拌机	ZMB-10	3	脚踏截锯机	MJ217	7
灰浆泵	UB3	4	单面木工压刨床	MB103	3
挤压式灰浆泵	UBJ2	2.2		MB103A	4
灰气联合泵	UB-76-1	5.5		MB106	7.5
粉碎淋灰机	FL-16	4		MB104A	4
单盘水磨石机	SF-D	2.2	双面木工压刨床	MB106A	4
双盘水磨石机	SF-S	4	木工平刨床	MB503A	3
侧式磨光机	CM2-1	1		MB504A	3
立面水磨石机	MQ-1	1.65	普通木工车床	MCD616B	3
墙面水磨石机	YM200-1	0.55	单头直榫开榫机	MX2112	9.8
地面磨光机	DM-60	0.4	灰浆搅拌机	UJ325	3
套丝切管机	TQ-3	1		UJ100	2.2
电动液压弯管机	WYQ	1.1	反循环钻孔机	BDM-1型	22

现场室内照明用电定额可参考表7-23。

表 7-23 室内照明用电定额参考表

序号	用 电 名 称	定额/(W/m²)	序号	用 电 名 称	定额/(W/m²)
1	混凝土及灰浆搅拌站	5	13	学校	6
2	钢筋室外加工	10	14	招待所	5
3	钢筋室内加工	8	15	医疗所	6
4	木材加工（锯木及细木制做）	5～7	16	托儿所	9
5	木材加工（模板）	8	17	食堂或娱乐场所	5
6	混凝土预制构件厂	6	18	宿舍	3
7	金属结构及机电维修	12	19	理发店	10
8	空气压缩机及泵房	7	20	淋浴间及卫生间	3
9	卫生技术管道加工	8	21	办公楼、试验室	6
10	设备安装加工厂	8	22	棚仓库及仓库	2
11	变电所及发电站	10	23	锅炉房	3
12	机车或汽车停放库	5	24	其他文化福利场所	3

室外照明用电可参考表 7-24。

表 7-24 室外照明用电参考表

序号	用 电 名 称	容量	序号	用 电 名 称	容量
1	安装及铆焊工程	2.0（W/m²）	6	行人及车辆主干道	2000（W/km）
2	卸车场	1.0（W/m²）	7	行人及非车辆主干道	1000（W/km）
3	设备存放、砂、石、木材、钢材、半成品存放	0.8（W/m²）	8	打桩工程	0.6（W/m²）
			9	砖石工程	1.2（W/m²）
4	夜间运料（或不运料）	0.8（0.5）（W/m²）	10	混凝土浇筑工程	1.0（W/m²）
			11	机械挖土工程	1.0（W/m²）
5	警卫照明	1000（W/km）	12	人工挖土工程	0.8（W/m²）

白天施工且没有夜班时可不考虑灯光照明。

2. 变压器容量计算

工地附近有 10kV 或 6kV 高压电源时，一般多采取在工地设小型临时变电所，装设变压器将二次电源降至 380V/220V，有效供电半径一般在 500m 以内。大型工地可在几处设变压器（变电所）。

需要变压器容量可按以下公式计算：

$$W = \frac{1.05 P_{计}}{\cos\varphi} = 1.4 P_{计} \tag{7-22}$$

式中：W——变压器容量（kV·A）；

1.05——功率损失系数；

$P_计$——变压器服务范围内的总用电量（kW）；

$\cos\varphi$——用电设备功率因数，一般建筑工地取 0.7～0.75。

求得 W 值，可查表 7-25 选择变压器容量和型号。

表 7-25 常用电力变压器性能表

型　号	额定容量/(kV·A)	额定电压/kV		耗损/W		总量/kg
		高压	低压	空载	短路	
SL7-30/10	30	6；6.3；10	0.4	150	800	317
SL7-50/10	50	6；6.3；10	0.4	190	1150	480
SL7-63/10	63	6；6.3；10	0.4	220	1400	525
SL7-80/10	80	6；6.3；10	0.4	270	1650	590
SL7-100/10	100	6；6.3；10	0.4	320	2000	685
SL7-125/10	125	6；6.3；10	0.4	370	2450	790
SL7-160/10	160	6；6.3；10	0.4	460	2850	945
SL7-200/10	200	6；6.3；10	0.4	540	3400	1070
SL7-250/10	250	6；6.3；10	0.4	640	4000	1235
SL7-315/10	315	6；6.3；10	0.4	760	4800	1470
SL7-400/10	400	6；6.3；10	0.4	920	5800	1790
SL7-500/10	500	6；6.3；10	0.4	1080	6900	2050
SL7-630/10	630	6；6.3；10	0.4	1300	8100	2760
SL7-50/35	50	35	0.4	265	1250	830
SL7-100/35	100	35	0.4	370	2250	1090
SL7-125/35	125	35	0.4	420	2650	1300
SL7-160/35	160	35	0.4	470	3150	1465
SL7-200/35	200	35	0.4	550	3700	1695
SL7-250/35	250	35	0.4	640	4400	1890
SL7-315/35	315	35	0.4	760	5300	2185
SL7-400/35	400	35	0.4	920	6400	2510
SL7-500/35	500	35	0.4	1080	7700	2810
SL7-630/35	630	35	0.4	1300	9200	3225
SL7-200/10	200	10	0.4	540	3400	1260
SL7-250/10	250	10	0.4	640	4000	1450
SL7-315/10	315	10	0.4	760	4800	1695
SL7-400/10	400	10	0.4	920	5800	1975
SL7-500/10	500	10	0.4	1080	6900	2200
SL7-630/10	630	10	0.4	1400	8500	3140
S6-10/10	10	10	0.433	60	270	245
S6-30/10	30	10	0.4	125	600	140
S6-50/10	50	10	0.433	175	870	540
S6-80/10	80	6～10	0.4	205	1240	685
S6-100/10	100	6～10	0.4	300	1470	740
S6-125/10	125	6～10	0.4	360	1720	855
S6-160/10	160	6～10	0.4	430	2100	990
S6-200/10	200	6～11	0.4	500	2500	1240
S6-250/10	250	6～10	0.4	600	2900	1330
S6-315/10	315	6～10	0.4	720	3450	1495
S6-400/10	400	6～10	0.4	870	4200	1750
S6-500/10	500	6～10.5	0.4	1030	4950	2330
S6-630/10	630	6～10	0.4	1250	5800	3080

3. 配电导线截面计算

导线截面一般根据用电量计算允许电流进行选择,然后再以允许电压降及机械强度加以校核。

1) 按允许电流强度选择导线截面

配电导线必须能承受负荷电流长时间通过所引起的温升,而其最高温升不超过规定值。

电流强度的计算如下。

(1) 三相四线制线路上的电流强度可按下式计算:

$$I = \frac{1000P}{\sqrt{3}U_{线} \cos\varphi} \tag{7-23}$$

式中:I——某一段线路上的电流强度(A);

P——该段线路上的总用电量(kW);

$U_{线}$——线路工作电压值(V),三相四线制低压时,$U_{线}=380\mathrm{V}$;

$\cos\varphi$——功率因数,临时电路系统时,取 $\cos\varphi=0.7\sim0.75$(一般取 0.75)。

将三相四线制低压线时,$U_{线}=380\mathrm{V}$ 值代入,式(7-23)可简化为

$$I_{线} = 2P \tag{7-24}$$

即表示 1kW 耗电量等于 2A 电流。

(2) 二线制线路上的电流可按式(7-25)计算:

$$I = \frac{1000P}{U\cos\varphi} \tag{7-25}$$

式中:U——线路工作电压值(V),二相制低压时,$U=220\mathrm{V}$;

其余符号同前。

求出线路电流后,可根据导线持续允许电流,按表 7-26 初选导线截面,使导线中通过的电流控制在允许范围内。

表 7-26　配电导线持续允许电流强度 (A)(空气温度 25℃ 时)

序号	导线标称截面/mm²	裸线			橡皮或塑料绝缘线(单芯 500V)			
		TJ 型导线	钢芯铝绞线	LJ 型导线	BX 型(铜橡)	BLX 型(铝橡)	BV 型(铜、塑)	BLV 型(铝、塑)
1	0.75	—	—	—	18	—	16	—
2	1	—	—	—	21	—	19	—
3	1.5	—	—	—	27	19	24	18
4	2.5	—	—	—	35	27	32	25
5	4.0	—	—	—	45	35	45	32
6	6	—	—	—	58	45	55	42
7	10	—	—	—	85	65	75	50
8	16	130	105	105	110	85	105	80
9	25	180	135	135	145	110	138	105
10	35	220	170	170	180	138	170	130
11	50	270	215	215	230	175	215	165
12	70	340	265	265	285	220	265	205
13	95	415	325	325	345	265	325	250
14	120	485	375	375	400	310	375	285
15	150	570	440	440	470	360	430	325
16	185	645	500	500	540	420	490	380
17	240	770	610	610	600	510	—	—

2) 按机械强度要求选择导线截面

配电导线必须具有足够的机械强度,以防止受拉或机械损伤时折断。在各种不同敷设方式下,导线按机械强度要求所必须达到的最小截面积应符合表 7-27 的规定。

表 7-27 导线按机械强度要求所必须达到的最小截面

导 线 用 途	导线最小截面/mm²	
	铜 线	铝 线
照明装置用导线: 户内用 户外用	0.5 1.0	2.5 2.5
双芯软电线: 用于吊灯 用于移动式生产用电设备	0.35 0.5	— —
多芯软电线及软电缆: 用于移动式生产用电设备	1.0	—
绝缘导线:固定架设在户内支持件上,其间距为: 2m 及以下 6m 及以下 25m 及以下	1.0 2.5 4	2.5 4 10
裸导线: 户内用 户外用	2.5 6	4 16
绝缘导线: 穿在管内 设在木槽板内	1.0 1.0	2.5 2.5
绝缘导线: 户外沿墙敷设 户外其他方式敷设	2.5 4	4 10

3) 按导线允许电压降选择配电导线截面

配电导线上的电压降必须限制在一定限度之内,否则距变压器较远的机械设备会因电压不足而难以启动,或经常停机而无法正常使用;即使能够使用,也会由于电动机长期处在低压运转状态,造成电动机电流过大、升温过高而过早地损坏或烧毁。

按导线允许电压降选择配电导线截面的计算公式如下:

$$S = \frac{\sum(PL)}{C[\varepsilon]}\% = \frac{\sum M}{C[\varepsilon]}\% \qquad (7-26)$$

式中:S——配电导线的截面积(mm^2);

P——线路上所负荷的电功率(即电动机额定功率之和)或线路上所输送的电功率(即用电量)(kW);

L——用电负荷至电源(变压器)之间的送电线路长度(m);

M——每一次用电设备的负荷距(kW·m);

$[\varepsilon]$——配电线路上允许的相对电压降(即以线路的百分数表示的允许电压降),一般为2.5%~5%;

C——系数,是由导线材料、线路电压和输电方式等因素决定的输电系数,见表7-28。

表7-28 按允许电压降计算时的 C 值

线路额定电压/V	线路系统及电流种类	系数 C 值	
		铜线	铝线
380/220	三相四线	77	46.3
380/220	二相三线	34	20.5
220	单线或直流	12.8	7.75
110		3.2	1.9
36		0.34	0.21
24		0.153	0.092
12		0.038	0.023

以上通过计算或查表所选择的配电导线截面面积,必须同时满足以上三项要求,并以求得的三个导线截面面积中最大者为准,作为最后确定选择配电导线的截面面积。

实际上,配电导线截面面积计算与选择的通常方法是:当配电线路比较长,线路上的负荷比较大时,往往以允许电压降为主确定导线截面;当配电线路比较短时,往往以允许电流为主确定导线截面;当配电线路上的负荷比较小时,往往以导线机械强度要求为主选择导线截面。当然,无论以哪一种为主选择导线截面,都要同时符合其他两种要求,以求无误。

根据实践,一般建筑工地配电线路较短,导线截面可由允许电流选定;而在道路工程和给排水工程,工地作业线比较长,导线截面由电压降确定。

7.5.3 变压器及供电线路的布置

1. 变压器的选择与布置要求

(1)当施工现场只需设置一台变压器时,供电线路可按枝状布置,变压器应设置在引入电源的安全区域内。

(2)当工地较大,需要设置多台变压器时,应先用一台主降压变压器,将工地附近的110kV或35kV的高压电网上的电压降至10kV或6kV,然后再通过若干个分变压器将电压降至380V/220V。主变压器与各分变压器之间采用环状连接布置;每个分变压器到该变压器负担的各用电点的线路可采用枝状布置,分变电器应设置在用电设备集中、用电量大的地方或该变压器所负担区域的中心地带,以尽量缩短供电线路的长度;低压变电器的有效供电半径为400~500m。

实际工程中,单位工程的临时供电系统一般采用枝状布置,并尽量利用原有的高压电网和已有的变压器。

2. 供电线路的布置要求

(1) 工地上的 3kV、6kV 或 10kV 的高压线路,可采用架空裸线,其电杆距离为 40～60m;也可采用地下电缆;户外 380V/220V 的低电压线路,可采用架空裸线,与建筑物、脚手架等距离相近时,必须采用绝缘架空线,其电杆距离为 25～40m;分支线或引入线均必须从电杆处连接,不得从两杆之间的线路上直接连接。电杆一般采用钢筋混凝土电杆;低压线路也可采用木杆。

(2) 为了维修方便,施工现场一般采用架空配电线路,并尽量使其线路最短。要求现场架空线与施工建筑物水平距离不小于 1m,线与地面距离不小于 4m,跨越建筑物或临时设施时,垂直距离不小于 2.5m,线间距不小于 0.3m。

(3) 各用电点必须配备与用电设备功率相匹配的,由闸刀开关、熔断保险、漏电保护器和插座等组成的配电器,其高度与安装位置应以操作方便、安全为准;每台用电机械或设备均应分设闸刀开关和熔断器,实行单机单闸,严禁一闸多机。

(4) 设置在室外的配电箱应有防雨措施,严防漏电、短路及触电事故的发生。

(5) 线路应布置在起重机的回转半径之外,否则应搭设防护栏,其高度要超过线路 2m,机械运转时还应采取相应措施,以确保安全。现场机械较多时,可采用埋地电缆,以减少互相干扰。

(6) 新建变压器应远离交通要道口处,布置在现场边缘高压线接入处,离地高度应大于 3m,四周设有高度大于 1.7m 的铁丝网防护栏,并设置明显标志。

7.5.4 案例解析

【例 7-3】 施工工地施工机具设备用电量及供电线路布置如图 7.6 所示,试进行施工供电设计。

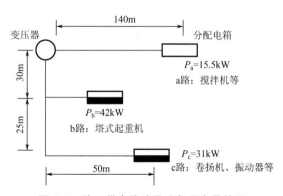

图 7.6 施工供电线路及设备用电量简图

解:(1) 工地用电量计算。

全部电动机总功率:

$$\sum P_1 = P_a + P_b + P_c = 15.5 + 42 + 31 = 88.5 (\text{kW})$$

取 $K_1=0.7$（因浇筑混凝土时，搅拌机、塔式起重机、振动器等都需同时工作）。

取 $\cos\varphi=0.75$，考虑照明用电为动力用电的 10%，则

$$P=1.05\times1.1\times K_1\frac{\sum P_1}{\cos\varphi}=1.05\times1.1\times0.7\times\frac{88.5}{0.75}=95.40(\text{kW})$$

（2）变压器容量计算。

$$P_0=\frac{1.05P}{\cos\varphi}=\frac{1.05\times95.4}{0.75}=133.56(\text{kV}\cdot\text{A})$$

输入工地的高压电源为 10kV，查表 7-25，选用 SL7-160/10 型电力变压器，额定容量 $160\text{kV}\cdot\text{A}>133.56\text{kV}\cdot\text{A}$。

（3）配电导线截面选择。

① a 路：按导线的允许电流选择。

$$I_1=2P=2\times15.5=31(\text{A})$$

查表 7-26，选用 4mm^2 塑料绝缘铝芯线（BLV 型）。

按导线允许电压降选择：

$$S=\frac{\sum PL}{C[\varepsilon]}\%=\frac{15.5\times140}{46.3\times7}\%=6.7(\text{mm}^2)$$

按机械强度选择：查表 7-27，得塑料绝缘铝芯线户外敷设，最小截面为 10mm^2。

三者中选择最大值，故选择 10mm^2 塑料绝缘铝芯线。

② b 路与 c 路交界到变压器段导线，因距离短，可按导线允许电流选择：

$$I_1=2P=2\times(42+31)=146(\text{A})$$

查表 7-26，选用 50mm^2 塑料绝缘铝芯线，中线则选用小一号的 35mm^2 即可。

③ b 路：选用塔式起重机电源馈电电缆 YHC（$3\times16+1\times6$），YHC 型为移动式铜芯软电缆，$3\times16+1\times6$ 即三芯 16mm^2，第四芯供接地接零保护用，截面为 6mm^2。

$$I_1=2P=2\times42=84(\text{A})$$

④ c 路：$\sum P_c=31\text{ kW}$。

按导线的允许电流选择：

$$I_1=2P=2\times31=62(\text{A})$$

查表 7-26，选 16mm^2 塑料绝缘铝芯线，符合允许电压降和机械强度要求。

【例 7-4】 某两栋多层住宅楼工程，每栋建筑面积为 2803m^2，共计 5606m^2。施工前，室外管线均接通至小区干线，用电设施如下：塔式起重机 2 台，共计 72kW；400L 搅拌机 2 台，共计 20kW；3t 卷扬机 2 台，共计 15kW；振捣器 4 台，共计 6kW；蛙式打夯机 2 台，共计 6kW；电锯和电刨等 30kW；电焊机 2 台，共计 41kW；室外照明用电为 25kW，计算用电量并选变压器。

解：已经查表：$\phi=1.05\sim1.1$，取 1.1；$K_1=0.6$，$K_2=0.6$，$K_3=0$，$K_4=1.0$。

由公式 $P=\phi(K_1\dfrac{\sum P_1}{\cos\varphi}+K_2\sum P_2+K_3\sum P_3+K_4\sum P_4)$ 得，

$$P=1.1\times[0.6\times(72+20+15+6+6+30)/0.75+0.6\times41+1\times25]=185.68(\text{kV}\cdot\text{A})$$

查表，可选用 SL7-200/10 变压器一台。

【例 7-5】 某工业厂房建筑工地，高压电源为 10kV，临时供电线路布置、设备用量如图 7.7(a)，共有设备 15 台，取 $K_1=0.7$，施工采取单班制作业，部分因工序连续需要采取两班制作业，试计算确定：(1) 用电量；(2) 需要变压器型号、容量；(3) 导线截面。

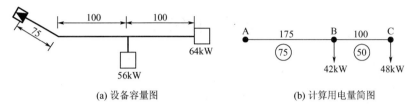

(a) 设备容量图 　　　　　　　　(b) 计算用电量简图

图 7.7　供电线路布置与设备容量图

解： 计算用量取 75%，如图 7.7(b) 所示。敷设动力、照明 380V/220V 三相四线制混合型架空线路，按枝状线路布置架设。

1. 计算施工用电量

$$P_{计} = 1.24 K_1 \sum P_c = 1.24 \times 0.7 \times (56+64) = 104 (\text{kW})$$

2. 计算变压器容量和选择型号

$$P_{变} = 1.4 P_{计} = 1.4 \times 104 = 146 (\text{kV} \cdot \text{A})$$

当地高压供电 10kV，查表 7-25 得型号为 SL7-160/10，变压器额定容量 160>146kV·A，可满足要求。

3. 确定配电导线截面

(1) 按导线允许电流选择。

该线路工作电流为 $I_{线} = 2 P_{计} = 2 \times 104 = 208 (\text{A})$

为安全起见，选用 BLX 型铝芯橡皮线，查表 7-26 得：当选用 BLX 型导线截面为 70mm² 时，持续允许电流 220A>208A，可满足要求。

(2) 按导线允许电压降校核。

该线路电压降为：

$$\varepsilon_{AC} = \frac{\sum M}{CS} = \frac{M_{AB}+M_{BC}}{CS} = \frac{(42+48) \times 175 + 48 \times 100}{46.3 \times 70} = 6.3 < [\varepsilon] = 7\%$$

线路 AC 段导线截面为：$S_{AC} = \dfrac{M}{C \cdot [\varepsilon]} = \dfrac{M_{AB}+M_{BC}}{C \cdot [\varepsilon]} = \dfrac{20550}{46.3 \cdot 7} = 63.4 (\text{mm}^2)$

仍选用 70 mm² 即可。

线路 AB 段电压降为：$\varepsilon_{AB} = \dfrac{M_{AB}}{CS_{AB}} = \dfrac{15750}{46.3 \times 70} = 4.86\%$

线路 BC 段电压降应大于：$\varepsilon_{BC} = 7\% - 4.86\% = 2.14\%$

线路 BC 段导线需要截面为：$S_{BC} = \dfrac{M_{BC}}{C \cdot \varepsilon_{BC}} = \dfrac{4800}{46.3 \times 2.14} = 48.4 (\text{mm}^2)$

线路 BC 段导线需要截面选用 50 mm²。

(3) 将所选用导线按允许电流校核。

$$I_{BC} = 2 \times 48 = 96 (\text{A})$$

查表 7-26，当选用 BLX 型线截面为 $50\ mm^2$ 时，持续允许电流为 175A＞96A，所以可以满足温升要求。

（4）按导线机械强度校核。

线路上各段导线截面均大于 $10\ mm^2$，大于允许的最小截面，可满足机械强度要求。

项目小结

本项目主要讲述了单位工程施工平面图设计的依据、设计内容、设计步骤，垂直运输设施的布置，以及临时建筑物、临时道路、供水、供电的设计。

（1）施工平面布置图的内容：工程施工场地状况；拟建建（构）筑物的位置、轮廓尺寸、层数等；工程施工现场的加工设施、存贮设施、办公和生活用房等的位置和面积；垂直运输设施、供电设施、供水设施、临时施工道路等的布置；施工现场必备的安全、消防、保卫和环境保护设施等的设置；相邻的地上、地下既有建（构）筑物及相关环境。

（2）施工平面图设计的主要步骤：①垂直运输机械的布置；②运输道路的修筑；③临时生活设施的布置；④施工给排水管网的布置；⑤施工供电的布置等。

通过本项目内容的学习和实训，应具备能独立编制单位工程施工平面图的能力。

习 题

一、思考题

1. 什么是单位工程施工平面图？施工平面图设计的主要步骤有哪些？
2. 单位工程施工平面图设计的主要内容有哪些？

二、实操题

市内某工程，根据总进度计划，确定施工高峰和用水高峰期在 7、8、9 三个月，其每月每天（单班工作）的主要工程量及施工人数如下：浇筑混凝土 $110m^3$；砌砖墙 72 千块；粉刷 $260m^2$；施工人员 350 人。试计算该工程的总用水量及管径。

项目 8 施工组织总设计

能力目标	知识要点	权 重
能掌握施工组织总设计的作用、编制内容和编制程序	1. 施工组织总设计的作用; 2. 施工组织总设计的编制内容; 3. 施工组织总设计的编制程序	10%
能编写建设项目工程概况	工程项目的特点、施工条件、承包合同目标	15%
能进行项目工程施工部署和正确选择施工方案	1. 项目经理部的设立; 2. 确定工程开展程序; 3. 选择主要工程项目的施工方案; 4. 编制施工准备工作计划、资源需要量计划和临时设施规划	35%
能编制施工总进度计划	施工总进度计划的编制原则、编写依据、内容和编制步骤	20%
能设计施工总平面图	施工总平面图的设计原则、设计内容及设计方法	20%

 任务引入

【背景】

某住宅小区紧靠商业中心,场外运输道路通畅。本住宅小区规划新建住宅 14 栋,大礼堂 1 栋,配套公用建筑 1 栋。小区分三期建设,第一期工程新建职工住宅 6 栋,均为一梯两户型,八层两单元住宅,建筑面积为 48000m²;第二期为小高层 8 栋,每栋为 16 层,建筑面积为 180000m²;第三期为大礼堂、配套公用建筑及小区道路、围墙、园林绿化等工程,总工期 3 年。

【提出问题】
1. 住宅小区的施工组织总设计该如何编制？
2. 施工总工期如何保证？如何编制施工总进度计划？
3. 住宅小区施工总平面图如何设计？

知识点提要

施工组织总设计是以整个建设项目或建筑群为对象，根据初步设计图样和有关资料及现场施工条件编制，用以指导施工全过程各项活动的全局性、控制性的技术经济文件。它一般由建设总承包公司或大型工程项目经理部的总工程师主持编制。

任务 8.1　施工组织总设计概述

8.1.1　施工组织总设计的作用

施工组织总设计是施工单位在施工前所编制的用以指导施工的策划设计。该设计针对施工全过程进行总体策划，是指导施工准备工作和组织施工的十分重要的技术、经济文件，是施工所必须遵循的纲领性综合文件。施工组织总设计的主要作用如下。
（1）确定施工设计方案的可能性和经济合理性。
（2）为建设单位主管机构编制基本建设规划提供依据。
（3）为施工单位主管部门编制建设安装工程计划提供依据。
（4）为组织物资技术供应提供依据。
（5）保证及时进行施工准备工作。
（6）解决有关建筑生产和生活基地组织或发展的问题。

8.1.2　施工组织总设计的编制依据

施工组织总设计是为大中型建设项目或群体建筑施工而进行的规划设计，是一种综观全局的战略性部署，其编制依据应包括以下内容。
（1）中标文件及施工总承包合同。
（2）国家（当地政府）批准的基本建设文件。
（3）已经批准的工程设计、工程总概算。

（4）建设区域以及工程场地的有关调查资料，如地形、交通状况、气象统计资料、水文地质资料、物质供应状况、周边环境及社会治安状况等。

（5）国家现行规范、规程、规定以及当地的概算、施工预算定额、与基本建设有关的政策性文件（如税收、投资调控、环境保护、对于物资及施工队伍的市场准入规定等）。

（6）设计单位提交的施工图设计供应计划。

8.1.3　施工组织总设计的内容和编制程序

施工组织总设计要从统筹全局的高度对整个工程的施工进行战略部署，因而不仅涉及范围广泛，而且要突出重点、提纲挈领。它是施工单位编制年度计划和单位工程施工组织设计的依据。

1. 施工组织总设计的内容

（1）工程概况。

① 介绍工程所在地的地理位置、工程规模、结构形式及结构特点、建筑风格及装修标准、电气、给排水、暖通专业的配套内容及特点。

② 阐述工程的重要程度以及建设单位对工程的要求。分析工程特点，凡涉及与质量和工期有关的部分应予特别强调，以引起管理人员以及作业层在施工中给予特别重视。

③ 介绍当地的气候、交通、水电供应、社会治安状况等情况。

（2）施工部署。包括施工建制及队伍选择、总分包项目划分及相互关系（责任、利益和权利）、所有工程项目的施工顺序、总体资源配置、开工和竣工日期等。

（3）主要工程项目的施工方案。

（4）施工总进度计划。

（5）主要工程的实物工程量、资金工作量计划以及机械、设备、构配件、劳动力、主要材料的分类调配及供应计划。

（6）施工准备工作计划。包括直接为工程施工服务的附属单位以及大型临时设施规划、场地平整方案、交通道路规划、雨期排洪、施工排水，以及施工用水、用电、供热、动力等的需要计划和供应实施计划。

（7）工程质量、安全生产、消防、环境保护、文明施工、降低工程成本等主要的经济技术指标总的要求。

（8）施工组织总平面布置图。

2. 施工组织总设计的编制程序

施工组织总设计是在工程的初步设计阶段，由工程建设总承包单位负责编制，编制程序如图8.1所示。

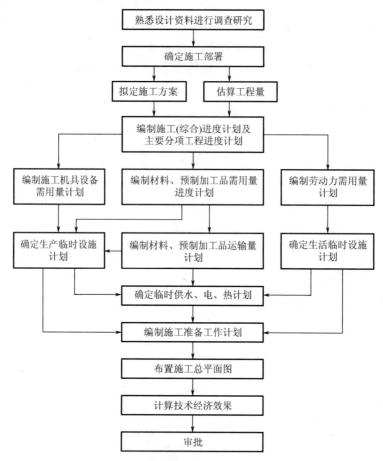

图 8.1 施工组织总设计的编制程序

【施工组织总设计的编制】

任务 8.2 施工组织总设计的编制

8.2.1 工程概况的编写

工程概况及特点分析是对整个建设项目的总说明和总分析,也是对整个建设项目或建筑群所做的一个简单扼要、突出重点的文字介绍。有时为了补充文字介绍的不足,还可以附有建设项目总平面图,主要建筑物的平、立、剖面示意图及辅助表格。

1. 建设项目与建设场地的特点

1) 建设项目的特点

包括工程性质、建设地点、建设总规模、总工期、总占地面积、总建筑面积、分期分批投入使用的项目和工期、总投资、主要工种工程量、设备安装及其吨数、建筑安装工程量、生产流程和工艺特点、建筑结构类型、新技术、新材料、新工艺的复杂程度和应用情况等。

2) 建设场地的特点

包括地形、地貌、水文、地质、气象等情况；建设地区资源、交通、运输、水、电、劳动力、生活设施等情况。

2. 工程承包合同目标

工程承包合同是以完成建设工程为内容的，它确定了工程所要达到的目标以及和目标相关的所有具体问题。合同确定的工程目标主要有三个方面。

(1) 工期：包括工程开始、工程结束以及过程中的一些主要活动的具体日期等。

(2) 质量：包括详细、具体的工作范围，技术和功能等方面的要求，如建筑材料、设备、施工等的质量标准，技术规范，建筑面积，项目要达到的生产能力等。

(3) 费用：包括工程总造价、各分项工程的造价、支付形式、支付条件和支付时间等。

3. 施工条件

主要包括施工企业的生产能力、技术装备、管理水平、主要设备、材料和特殊物资供应状况；土地征用范围、数量和居民搬迁时间等情况。

8.2.2 施工部署和施工方案的编写

施工部署是对整个建设项目全局做出的统筹规划和全面安排，主要解决影响建设项目全局的组织问题和技术问题。

施工部署由于建设项目的性质、规模和施工条件等不同，其内容也有所区别，主要包括：项目经理部的组织结构和人员配备、确定工程开展程序、拟定主要工程项目的施工方案、明确施工任务划分与组织安排、编制施工准备工作计划、全场临时设施的规划等。

1. 项目经理部的组织结构和人员配备

绘制项目经理部组织结构图，表明相互之间的信息传递和沟通方法；人员的配备数量和岗位职责要求。项目经理部各组成人员的资质要求，应符合国家有关规定。

2. 确定工程开展程序

确定建设项目中各项工程施工的程序合理性是关系到整个建设项目能否顺利完成投入使用的重要问题。

对于一些大中型工业建设项目，一般要根据建设项目总目标的要求，分期分批建设，既可使各具体项目尽快建成，尽早投入使用，又可在全局上实现施工的连续性和均衡性，减少暂设工程数量，降低工程成本。至于分几期施工，各期工程包含哪些项目，则需要根据生产工艺的要求、建设部门的要求、工程规模的大小和施工的难易程度、资金、技术等情况由建设单位和施工单位共同研究确定。

对于大中型民用建设项目（如居民小区），一般也应分期分批建设。除考虑住宅以外，还应考虑幼儿园、学校、商店和其他公共设施的建设，以便交付使用后能及早发挥经济效益、社会效益和环境保护效益。

对于小型工业与民用建筑或大型建设项目的某一系统，由于工期较短或生产工艺的要求，也不必分期分批建设，采取一次性建设投产。

在安排各类项目施工时，要保证重点、兼顾其他，其中应优先安排工程量大、施工难度大、工期长的项目；或按生产工艺要求，先期投入生产或起主导作用的工程项目等。

3. 拟定主要工程项目的施工方案

施工组织设计中要拟定一些主要工程项目的施工方案，这与单位工程施工组织设计中的施工方案所要求的内容和深度有所不同。前者相当于设计概算，后者相当于施工图预算。施工组织总设计拟定主要工程项目施工方案的目的是进行技术和资源的准备工作，同时也为了能使施工顺利进行和现场的布局合理，它的内容包括施工方法、施工工艺流程、施工机械设备等。

施工方法的确定要考虑技术工艺的先进性和经济上的合理性；对施工机械的选择，应使主导机械的性能既能满足工程的需要，又能发挥其效能。

4. 明确施工任务的划分与组织安排

在已明确施工项目管理体制、机构的条件下，且在确定了项目经理部领导班子后，划分施工阶段，明确参与建设的各施工单位的施工任务；明确总包单位与分包单位的关系，各施工单位之间协作配合关系；确定各施工单位分期分批的主导项目和穿插施工项目。

5. 编制施工准备工作计划

要提出分期施工的规模、期限和任务分工；提出"三通一平"的完成时间；土地征用、居民拆迁和障碍物的清除工作，要满足开工的要求；按照建筑总平面图做好现场测量控制网；了解和掌握施工图出图计划、设计意图和拟采用的新结构、新材料、新技术、新工艺，并组织进行试验和试制工作；安排编制施工组织设计和研究有关施工技术措施；安排临时工程的设置；组织材料、设备、构件、加工品、机具等的申请、订货、生产和加工工作。

6. 全场临时设施的规划

根据工程开展程序和施工项目施工方案的要求，对施工现场临时设施进行规划，主要内容包括：安排生产和生活性临时设施的建设；安排原材料、成品、半成品、构件的运输和储存方式；安排场地平整方案和全场排水设施；安排场内道路、水、电、气引入方案；安排场地内的测量标志等。

8.2.3 施工总进度计划的编写

1. 基本要求

施工总进度计划是施工现场各项施工活动在时间上和空间上的具体体现。编制施工总进度计划是根据施工部署中的施工方案和工程项目开展的程序，对整个工程的所有工程项目做出时间和空间上的安排。其作用在于确定各个建筑物及其主要工程和全工地性工程的施工期限及开、竣工的日期，从而确定建筑施工现场劳动力、材料、成品、半成品、构配件、施工机械的需要数量和调配情况，以及现场临时设施的数量、水电供应数量、能源和交通的需要数量等。因此，正确地编制施工总进度计划是保证各项目以及整个建设工程按期交付使用，充分发挥投资效益，降低建筑工程成本的重要条件。

编制施工总进度计划的基本要求是：保证拟建工程在规定的期限内完成，采用合理的施工方法保证施工的连续性和均衡性，发挥投资效益，节约施工费用。

要根据施工部署中拟建工程分期分批的投产顺序，将每个系统的各项工程分别列出，在控制的期限内进行各项工程的具体安排。如建设项目的规模不大，各系统工程项目不多时，也可不按分期分批投产顺序安排，而直接安排总进度计划。

2. 施工总进度计划的编制依据与原则

1）施工总进度计划的编制依据

（1）经过审批的建筑总平面图、地质地形图、工艺设计图、设备与基础图、采用的各种标准图集等，以及与扩大初步设计有关的技术资料。

（2）合同工期要求及开、竣工日期。

（3）施工条件、劳动力、材料、构件等供应条件、分包单位情况等。

（4）确定的重要单位工程的施工方案。

（5）劳动定额及其他有关的要求和资料。

2）施工总进度计划的编制原则

（1）合理安排施工顺序，保证在人力、物力、财力消耗最少的情况下，按规定工期完成施工任务。

（2）采用合理的施工组织方法使建设项目的施工保持连续、均衡、有节奏地进行。

（3）在安排全年度工程任务时，要尽可能按季度均匀分配建设投资。

3. 施工总进度计划的编制内容

施工总进度计划的编制内容一般包括：计算各主要项目的实物工程量；确定各单位工程的施工期限；确定各单位工程开、竣工时间和相互搭接关系，以及施工总进度计划表的编制。

4. 施工总进度计划的编制步骤

1）列出工程项目一览表并计算工程量

施工总进度计划主要起控制总工期的作用，因此项目划分不宜过细，可按确定的主要工程项目的开展顺序排列，一些附属项目、辅助工程及临时设施可以合并列出。

在列出工程项目一览表的基础上，计算各主要项目的实物工程量。计算工程量可按初步（或扩大初步）设计图样并根据各种定额手册进行计算。常用的定额资料有以下几种。

（1）万元、十万元投资的工程量、劳动力及材料消耗扩大指标。

这种定额规定了某一种结构类型建筑，每万元或十万元投资中劳动力、主要材料等的消耗数量。根据设计图样中的结构类型，即可计算出拟建工程各分项工程需要的劳动力和主要材料的消耗数量。

（2）概算指标或扩大概算定额。查定额时，首先查找与本建筑物结构类型、跨度、高度相类似的部分，然后查出这种建筑物按定额单位所需要的劳动力和各项主要材料消耗量，从而推算出拟计算建筑物所需要的劳动力和材料的消耗数量。

（3）标准设计或已建房屋、构筑物的资料。

在缺少上述几种定额手册的情况下，可采用与标准设计或已建成的类似房屋实际所消耗的劳动力及材料进行类比，按比例估算。但是，由于和拟建工程完全相同的已建工程是极为少见的，因此，在采用已建工程资料时，一般都要进行折算、调整。

除房屋建筑外,还必须计算主要的、全工地性工程的工程量,如场地平整、铁路及道路和地下管线的长度等,这些可以根据建筑总平面图来计算。

将按上述方法计算的工程量填入统一的工程量汇总表中,见表8-1。

表 8-1 工程项目工程量汇总表

工程项目分类	工程项目名称	结构类型	建筑面积/1000 m²	幢(跨)数/个	概算投资/万元	主要实物工程量						
						场地平整/1000 m²	土方工程/1000 m³	桩基工程/1000 m³	…	砖石工程/1000 m³	钢筋混凝土工程/1000 m³	…	装饰工程/1000 m³	…
工地性工程												
主体项目												
辅助项目												
永久住宅												
临时建筑												
合计												

2) 确定各单位工程的施工期限

单位工程的施工期限应根据建设单位要求和施工单位的具体条件(施工技术与施工管理水平、机械化程度、劳动力和材料供应等)及单位工程的建筑结构类型、体积大小和现场地形地质、施工条件、现场环境等因素加以确定。此外,也可参考有关的工期定额来确定各单位工程的施工期限。

3) 确定各单位工程的开、竣工时间和相互之间的搭接关系

根据施工部署及单位工程施工期限,就可以安排各单位工程的开、竣工时间和相互之间的搭接关系。通常应考虑下列因素。

(1) 保证重点、兼顾一般。在安排进度时,要分清主次,抓住重点,同时期进行的项目不宜过多,以免分散有限的人力和物力。

(2) 要满足连续、均衡的施工要求。应尽量使劳动力和材料、施工机械消耗在全工地上,达到均衡,避免出现高峰或低谷,以利于劳动力的调配和材料供应。

(3) 要满足生产工艺要求,合理安排各个建筑物的施工顺序,以缩短建设周期,尽快发挥投资效益。

(4) 要全面考虑各种条件的限制。在确定各建筑物施工顺序时,应考虑各种客观条件

的限制,如施工单位的施工力量、各种原材料、机械设备的供应情况、设计单位提供图样的时间、各年度建设投资数量等,对各项建筑物的开工时间和先后顺序予以调整。同时,由于建筑施工受季节、环境影响较大,经常会对某些项目的施工时间提出具体要求,从而对施工的时间和顺序安排产生影响。

4) 安排施工总进度计划

施工总进度计划可以用横道图和网络图表达。由于施工总进度计划只是起控制性作用,而且施工条件复杂,因此项目划分不必过细。当用横道图表达施工总进度计划时,项目的排列可按施工总体方案所确定的工程展开程序排列。横道图上应表达出各施工项目开、竣工时间及其施工持续时间,见表8-2。

表8-2 施工总进度计划

序号	工程项目名称	工程量	建筑面积	总工日	施工进度计划					
					××年		××年		××年	

近年来,随着网络技术的推广,采用网络图表达施工总进度计划已经在实践中得到广泛应用。采用时间坐标网络图表达施工总进度计划,比横道图更加直观明了,还可以表达出各施工项目之间的逻辑关系。同时,由于网络图可以应用计算机进行计算和分析,便于对进度计划进行调整、优化、统计资源数量等。

5) 施工总进度计划的调整和修正

施工总进度计划表绘制完成后,将同一时期各项工程的工作量加在一起,用一定的比例画在施工总进度计划的底部,即可得出建设项目工作量的动态曲线。若曲线上存在较大的高峰和低谷,则表明在该时间内各种资源的需求量变化较大,需要调整一些单位工程的施工速度或开、竣工时间,以便消除高峰和填平低谷,使各个时间的工作量尽可能达到均衡。

8.2.4 施工总平面图的绘制

施工总平面图是拟建项目施工场地的总布置图。它是按照施工方案和施工总进度计划的要求,将施工现场的交通道路、材料仓库、附属企业、临时房屋、临时水电管线等做出合理的规划布置,从而正确处理全工地施工期间所需各项

【施工总平面图的绘制】

设施与永久性建筑以及拟建项目之间的空间关系。

1. 施工总平面图设计的原则

（1）尽量减少施工用地、少占农田、使平面布置紧凑合理。

（2）合理组织运输、减少运输费用，保证运输方便通畅。

（3）施工区域的划分和场地的确定，应符合施工流程要求，尽量减少专业工种和各工程之间的干扰。

（4）充分利用各种永久性建筑物、构筑物和原有设施为施工服务，降低临时设施费用。

（5）各种临时设施应便于生产和生活需要。

（6）满足安全防火、劳动保护、环境保护等要求。

2. 施工总平面图设计的内容

（1）工程项目建筑总平面图上一切地上和地下建筑物、构建物及其他设施的位置和尺寸。

（2）一切为全工地施工服务的临时设施的布置，包括：

① 施工用地范围、施工用的各种道路；

② 加工厂、搅拌站及有关机械的位置；

③ 各种建筑材料、构件、半成品的仓库和堆场，取土和弃土位置；

④ 行政管理用房、宿舍、文化生活和福利设施等；

⑤ 水源、电源、变压器位置，临时给排水管线和供电、动力设施；

⑥ 机械站、车库位置；

⑦ 安全、消防设施等。

（3）永久性测量放线标桩的位置。

许多规模巨大的建设项目，其建设工期往往很长。随着工程的进展，施工现场的面貌将不断改变。在这种情况下，应设置永久性的测量放线标桩位置，或按不同阶段分别绘制若干张施工总平面图，或根据工地的实际变化情况，及时对施工总平面图进行调整和修正，以便适应不同时期的需要。

3. 施工总平面图的设计方法

1）场外交通的引入

设计全工地性施工总平面图时，首先应从大宗材料、成品、半成品、设备等进入工地的运输方式入手。当大批材料由铁路运来时，首先要解决铁路的引入问题；当大批材料是由水路运来时，首先应考虑原有码头的运输能力和是否增设专用码头的问题；当大批材料是由公路运入工地时，由于汽车线路可以灵活布置，因此一般先布置场内仓库和加工厂，然后再引入场外交通。

2）仓库与材料堆场的布置

通常考虑设置在运输方便、位置适中、运距较短及安全防火的地方，并应根据不同材料、设备和运输方式来设置。

（1）当采用铁路运输时，仓库应沿铁路线布置，并且要有足够的装卸作业面。如果没有足够的装卸作业面，必须在附近设置转运仓库。布置铁路沿线仓库时，应将仓库设置在靠近工地一侧，避免运输时跨越铁路。同时仓库不宜设置在弯道或坡道上。

(2) 当采用水路运输时，一般应在码头附近设置转运仓库，以缩短船只在码头上的停留时间。

(3) 当采用公路运输时，仓库的布置比较灵活。一般中心仓库布置在工地中央或靠近使用的地方，也可以布置在靠近与外部交通连接处。水泥、砂、石、木材等仓库或堆场宜布置在搅拌站、预制场和加工厂附近；砖、预制构件等应直接布置在施工项目附近，避免二次搬运。工业项目建筑工地还应考虑主要设备的仓库或堆场，一般较重设备应尽量放在车间附近，其他设备可布置在外围空地上。

3) 加工厂和搅拌站的布置

各种加工厂布置，应以方便使用、安全防火、运输费用少、不影响建筑安装工程施工的正常进行为原则。一般应将加工厂与相应的仓库或材料堆场布置在同一地区，且多处于工地边缘。

(1) 预制加工厂的布置。尽量利用建设地区永久性加工厂，只有在运输困难时才考虑现场设置预制加工厂，一般设置在建设场地空闲地带上。

(2) 钢筋加工厂的布置。一般采用分散或集中布置。对于需要进行冷加工、对焊、点焊的钢筋或大片钢筋网，宜集中布置在中心加工厂；对于小型加工件，利用简单机具成型的钢筋加工，宜分散在钢筋加工棚中进行。

(3) 木材加工厂的布置。应视木材加工的工作量、加工性质和种类决定是集中设置还是分散设置。

(4) 混凝土供应站。根据城市管理条例的规定，并结合工程所在地点的情况，可选择两种方式。

① 有条件的地区尽可能采用商品混凝土供应方式。

② 若不具备商品混凝土供应的地区，且现浇混凝土量大时，宜在工地设置搅拌站；当运输条件好时，宜采用集中搅拌为好；当运输条件较差时，宜采用分散搅拌。

(5) 砂浆搅拌站。宜采用分散就近布置。

(6) 金属结构、锻工、电焊和机修等车间。由于它们在生产上联系密切，应尽可能布置在一起。

4) 场内道路的布置

根据各加工厂、仓库及各施工对象的相对位置，考虑货物运转，区分主要道路和次要道路，进行道路的规划。

(1) 合理规划临时道路与地下管网的施工程序。应充分利用拟建的永久性道路，提前修建永久性道路或先修路基和简易路面，作为施工所需的临时道路，以达到节约投资的目的。

(2) 保证运输畅通。应采用环形布置，主要道路宜采用双车道，宽度不小于6m，次要道路宜采用单车道，宽度不小于3.5m。

(3) 选择合理的路面结构。根据运输情况和运输工具的不同类型而定，一般场外与省、市公路相连的干线，宜建成混凝土路面；场区内的干线宜采用碎石级配路面；场内支线一般为砂碎石路面。

5) 临时设施的布置

临时设施包括办公室、汽车库、休息室、开水房、食堂、俱乐部、厕所、浴室等。根据工地施工人数，可计算临时设施的建筑面积。应尽量利用原有建筑物，不足部分另行建造。

一般全工地性行政管理用房宜设在工地入口处，以便对外联系；也可设在工地中间，便于工地管理。工人用的福利设施应设置在工人较集中的地方或工人必经之处。生活区应设在场外，距工地 500～1000m 为宜。食堂可布置在工地内部或工地与生活区之间。临时设施的设计，应以经济、适用、拆装方便为原则，并根据当地的气候条件、工期长短确定其结构形式。

6) 临时水电管网及其他动力设施的布置

当有可以利用的水源、电源时，可以将水、电直接接入工地。临时的总变电站应设置在高压电引入处，不应放在工地中心。临时水池应放在地势较高处。

当无法利用现有水、电时，为获得电源，可在工地中心或附近设置临时发电设备；为获得水源，可利用地下水或地上水设置临时供水设备（水塔、水池）。施工现场供水管网有环状、枝状和混合式三种形式。过冬的临时水管必须埋在冰冻线以下或采取保温措施。

消火栓应设置在易燃建筑物附近，并有通畅的出口和车道，其宽度不小于 6m，与拟建房屋的距离不得大于 25m，也不得小于 5m，消火栓间距不应大于 100m，到路边的距离不应大于 2m。

临时配电线路的布置与供水管网相似。工地电力网，一般 3～10kV 的高压线采用环状，沿主干道布置；380V/220V 低压线采用枝状布置。通常采用架空布置方式，距路面或建筑物不小于 6m。

上述布置应采用标准图例绘制在总平面图上，比例为 1∶1000 或 1∶2000。上述各设计步骤不是独立的，而是相互联系、相互制约的，需要综合考虑、反复修改才能确定下来。若有几种方案时，应进行方案比较。

项目小结

本项目阐述了建设项目施工组织总设计的具体内容，包括其编制依据、编写程序和编制内容。重点介绍了编制内容中的工程概况、施工部署、施工方案的选择、施工总进度计划、施工总平面图的设计等。

通过本项目的学习，学生能熟悉建设项目施工组织总设计的编制方法，通过配套实训后，达到能独立编制小型建设项目的施工组织总设计。

习 题

思考题

1. 试述施工组织总设计编制的内容和编制程序。
2. 试述施工部署包括哪些内容。
3. 试述施工总进度计划编制的步骤。
4. 试述施工总平面图设计的步骤和方法。

专项工程施工方案设计

能力目标	知识要点	权重
能通过查阅相关规范掌握专项施工方案设计的方法	1. 脚手架专项施工方案设计方法； 2. 模板与支撑架专项施工方案设计方法； 3. 塔式起重机基本专项施工方案设计方法	20%
能根据施工图样和施工现场条件进行各专项施工方案设计	1. 脚手架专项施工方案设计计算； 2. 模板与支撑架专项施工方案设计计算； 3. 塔式起重机基本专项施工方案设计计算	80%

 任务引入

【背景】

某框架住宅楼高 25m，需进行外墙脚手架工程支设方案设计、模板与支撑架工程方案设计和塔式起重机基础工程方案设计。

【提出问题】

1. 采用何种形式的脚手架？应如何搭设？
2. 梁、板、墙和柱模板的搭设方式一样吗？设计方式又是如何？
3. 应根据哪些条件设计塔式起重机基础？

 知识点提要

住建部《关于印发〈危险性较大的分部分项工程安全管理办法〉的通知》（建质〔2009〕87 号）中指出"施工单位在编制施工组织设计的基础上，针对危险性较大的分部分项工程应在施工前单独编制专项施工方案"；"对于超过一定规模的危险性较大的分部分项工程，施工单位应当组织专家对专项方案进行论证"。危险性较大及高危的分部分项工程范围见表 9-1。

表 9-1 危险性较大及高危的分部分项工程范围

序号	分部分项工程名称	危险性较大的分部分项工程范围	高危分部分项工程范围
1	基坑支护、降水工程	1. 开挖深度 $h \geq 3m$ 基坑支护、降水工程； 2. 开挖深度 $h < 3m$，但地质条件及周边环境复杂	1. $h \geq 5m$ 基坑工程； 2. $h < 5m$，但地质条件及周边环境复杂
2	土方开挖工程	$h \geq 3m$ 基坑（槽）土方工程	
3	模板工程及支撑体系	1. 工具式模板工程，如滑模、爬模、飞模、大模板等； 2. $h \geq 5m$ 和 $L \geq 10m$ 混凝土模板支撑工程； 3. $P \geq 15kN/m$ 或高度大于支撑宽度、独立的混凝土模板支撑	1. 工具式模板工程，如滑模、爬模、飞模、大模板等； 2. $h \geq 8m$，$L \geq 18m$，$q \geq 15kN/m^2$、$P \geq 20kN/m^2$ 混凝土模板支撑
4	起重吊装及安装拆除工程	1. 单件 $Q \geq 10kN$ 采用非常规设备、方法吊装工程； 2. 采用起重机械进行吊装的工程； 3. 起重机械设备的安装、拆除	1. $Q \geq 100kN$ 采用非常规方法的吊装工程； 2. $Q \geq 300kN$ 设备安装工程； 3. $h \geq 200m$ 内爬塔式起重机拆除工程
5	脚手架工程	1. $h \geq 24m$ 落地架； 2. 附着式脚手架； 3. 悬挑式脚手架； 4. 吊篮脚手架； 5. 自制卸料平台、移动操作平台	1. $h \geq 50m$ 落地架； 2. $h \geq 150m$ 附着式整体提升架； 3. $h \geq 20m$ 悬挑架
6	拆除、爆破工程	1. 建筑物、构筑物拆除工程； 2. 采用爆破拆除的工程	1. 建筑物、构筑物拆除工程； 2. 采用爆破拆除的工程
7	其他工程	1. 幕墙工程； 2. 钢结构、网架安装工程； 3. 人工挖孔桩工程； 4. 地下暗挖、顶管、水下作业工程； 5. 预应力工程； 6. "四新"工程	1. $h \geq 50m$ 幕墙工程； 2. $L \geq 36m$ 钢结构工程； 3. $L \geq 60m$ 网架工程； 4. 深度 $\geq 16m$ 人工挖孔桩工程； 5. 地下暗挖、顶管、水下作业； 6. 四新工程
8	备注	编制单项施工方案	需 5 人以上专家论证（除编单独方案外）

脚手架工程、模板与支撑架工程和塔式起重机基础工程是事故频发，且极易造成群死群伤严重后果的专项工程，因此只有掌握专项工程施工方案的设计和计算方法，方能全面而正确地编制施工方案。

本项目将重点讲述其设计计算方法，具体应掌握如下内容。

（1）扣件式钢管脚手架的构造；扣件式钢管脚手架的荷载及传力路径；构配件内力计算；构配件强度及稳定性验算。

（2）模板与支撑架的构造；作用于模板的荷载及传力路径；构配件内力计算；构配件强度及稳定性验算。

（3）塔式起重机基础的构造；地基承载力的验算；塔式起重机基础的配筋计算。

任务 9.1 扣件式钢管脚手架施工方案设计

9.1.1 扣件式钢管脚手架的设计

扣件式钢管脚手架钢管规格见表 9-2，其截面特性见表 9-3。

表 9-2 脚手架钢管尺寸

截面尺寸/mm		最大长度/mm	
外径 d	壁厚 t	横向水平杆	其他杆
48（51）	3.5（3.0）	2200	6500

表 9-3 脚手架钢管截面特性

外径 d /mm	壁厚 t /mm	截面积 A /cm²	惯性矩 I /cm⁴	截面模量 W /cm²	回转半径 i /cm	每米长质量 /(kg/m)
48	3.5	4.89	12.19	5.08	1.58	3.84
51	3.0	4.52	13.08	5.13	1.70	3.55

1. 荷载分类

1）永久荷载

（1）脚手架结构自重，包括立杆、纵向水平杆、横向水平杆、剪刀撑、横向斜撑和扣件等的自重。

（2）构、配件自重，包括脚手板、栏杆、挡脚板、安全网等防护设施的自重。

2）可变荷载

（1）施工荷载，包括作业层上的人员器具和材料的自重。

（2）风荷载。

2. 荷载标准值

永久荷载标准值应符合下列规定。

(1) 每米立杆承受的结构自重标准值 g_k（包括剪刀撑自重）按表 9-4 采用。

表 9-4　$\phi48\times3.5$mm 钢管脚手架每米立杆承受的结构自重标准值　　单位：kN/m

步距/m	脚手架类型	纵距/m				
		1.2	1.5	1.8	2.0	2.1
1.20	单排	0.1581	0.1723	0.1865	0.1958	0.2004
	双排	0.1489	0.1611	0.1734	0.1815	0.1856
1.35	单排	0.1473	0.1601	0.1732	0.1818	0.1861
	双排	0.1379	0.1491	0.1601	0.1674	0.1711
1.50	单排	0.1384	0.1505	0.1626	0.1706	0.1746
	双排	0.1291	0.1394	0.1495	0.1562	0.1596
1.80	单排	0.1253	0.1360	0.1467	0.1539	0.1575
	双排	0.1161	0.1248	0.1337	0.1395	0.1424
2.00	单排	0.1195	0.1298	0.1405	0.1471	0.1504
	双排	0.1094	0.1176	0.1259	0.1312	0.1338

(2) 冲压钢脚手板、木脚手板与竹串片脚手板自重标准值按表 9-5 采用。

(3) 栏杆与挡脚板自重标准值按表 9-6 采用。

表 9-5　脚手板自重标准值表

类　别	标准值/(kN/m²)
冲压钢脚手板	0.30
竹串片脚手板	0.35
木脚手板	0.35

表 9-6　栏杆与挡脚板自重标准值

类　别	标准值/(kN/m²)
栏杆、冲压钢脚手板挡板	0.11
栏杆、竹串片脚手板挡板	0.14
栏杆、木脚手板挡板	0.14

(4) 脚手架上吊挂的安全设施（安全网、苇席、竹笆及帆布等）的荷载按实际情况采用。

(5) 装修与结构脚手架作业层上的施工均布活荷载标准值按表 9-7 采用，其他用途脚手架的施工均布活荷载根据实际情况确定。

表 9-7　施工均布活荷载标准值

类　别	标准值/(kN/m²)
装修脚手架	2
结构脚手架	3

(6) 作用于脚手架上的水平风荷载标准值按下式计算：

$$w_k = 0.7 \mu_z \mu_s w_0 \tag{9-1}$$

式中：μ_z——风压高度变化系数，取值参见表 9-8；
$\quad\mu_s$——脚手架风荷载体型系数，取值参见表 9-9；
$\quad w_0$——基本风压（kN/m^2），按《建筑结构荷载规范》的规定采用。

表 9-8 风压高度变化系数 μ_z

离地面或海平面高度/m	地面粗糙度类型			
	A	B	C	D
5	1.17	1.00	0.74	0.62
10	1.38	1.00	0.74	0.62
15	1.52	1.14	0.74	0.62
20	1.63	1.25	0.84	0.62
30	1.80	1.42	1.00	0.62
40	1.92	1.56	1.13	0.73
50	2.03	1.67	1.25	0.84
60	2.12	1.77	1.35	0.93
70	2.20	1.86	1.45	1.02
80	2.27	1.95	1.54	1.11
90	2.34	2.02	1.62	1.19
100	2.40	2.09	1.70	1.27
150	2.64	2.38	2.03	1.61
200	2.83	2.61	2.30	1.92
250	2.99	2.80	2.54	2.19
300	3.12	2.97	2.75	2.45
350	3.12	3.12	2.94	2.68
400	3.12	3.12	3.12	2.91
≥450	3.12	3.12	3.12	3.12

敞开式双排脚手架：
$$\mu_s = \mu_{stw} = 1.2\phi(1+\eta) \tag{9-2}$$

敞开式单排脚手架：
$$\mu_s = 1.2\phi \tag{9-3}$$

系数 η 的取值见表 9-10。

表 9-9　脚手架风荷载体型系数 μ_s

背靠建筑物的状况		全封闭墙	敞开、框架和开洞墙
脚手架状况	全封闭、半封闭	1.0ϕ	1.3ϕ
	敞开	μ_{stw}	

表 9-10　系数 η

ϕ	$l_b/H \leqslant 1$	$l_b/H \leqslant 2$
$\leqslant 0.1$	1.00	1.00
0.2	0.85	0.90

注：l_b 为脚手架立杆横距；H 为脚手架高。

① 表 9-9 中的 ϕ 为挡风系数，其取值见表 9-11。
敞开式单、双排扣件式钢管（$\phi 48 \times 3.5$mm）脚手架的挡风系数 ϕ。

表 9-11　敞开式单、双排扣件式钢管（$\phi 48 \times 3.5$mm）脚手架的挡风系数 ϕ

步距/m	纵距/m			
	1.2	1.5	1.8	2.0
1.2	0.115	0.105	0.099	0.097
1.35	0.110	0.100	0.093	0.091
1.5	0.105	0.095	0.089	0.087
1.8	0.099	0.089	0.083	0.080
2.0	0.096	0.086	0.080	0.077

注：当采用 $\phi 51 \times 3.0$mm 钢管时，表中系数乘以 1.06。

也可由下式计算确定：

$$\phi = \frac{1.2 A_n}{l_a \cdot h} \tag{9-4}$$

$$A_n = (l_a + h + 0.325 l_a h) d \tag{9-5}$$

式中：1.2——节点面积增大系数；
　　　A_n——一步一纵距（跨）内钢管的总挡风面积；
　　　l_a——立杆纵距；
　　　h——立杆步距；
　　　0.325——脚手架立面每平方米内剪刀撑的平均长度；
　　　d——钢管外径。

② 密目式安全立网的挡风系数 ϕ 可查表 9-12。

表 9-12　密目式安全立网的挡风系数 ϕ

网目密度 $n/100\text{cm}^2$	密目式安全立网挡风系数
2300 目 100cm², $A_0 = 1.3$mm²	0.841
3200 目 100cm², $A_0 = 0.7$mm²	0.931

也可由下式计算确定 ϕ：

$$\phi = \frac{1.2 A_{n1}}{A_{w1}} = \frac{1.2(100 - nA_0)}{100} \tag{9-6}$$

式中：A_0——每目孔隙面积；

A_{n1}——密目式安全立网在 100cm² 的挡风面积；

A_{w1}——密目式安全立网在 100cm² 的迎风面积。

③ 密目式安全立网全封闭脚手架挡风系数。

记密目式安全立网挡风系数为 ϕ_1，敞开式脚手架的挡风系数为 ϕ_2，则

$$\phi = \frac{1.2A_n}{A_w} = \frac{1.2(\frac{A_{n1}}{A_{w1}}l_a h - \frac{A_{n1}}{A_{w1}}A_{n2} + A_{n2})}{l_a h} = \frac{1.2A_{n1}}{A_{w1}} - \frac{1.2A_{n1}}{A_{w1}} \cdot \frac{A_{n2}}{l_a h} + 1.2\frac{A_{n2}}{l_a h}$$
$$= \phi_1 + \phi_2 - \phi_1 \cdot \phi_2/1.2 \tag{9-7}$$

式中：A_{n2}——一步一纵距（跨）内钢管的总挡风面积。

3. 荷载效应组合

(1) 设计脚手架的承重构件时，应根据使用过程中可能出现的荷载取其最不利组合进行计算，荷载效应组合宜按表 9-13 采用。

表 9-13 荷载效应组合

计 算 项 目	荷载效益组合
纵向、横向水平杆强度与刚度	永久荷载＋施工均布活荷载
脚手架立杆稳定	永久荷载＋施工均布活荷载
	永久荷载＋0.85（施工均布活荷载＋风荷载）
连墙件承载力	单排架，风荷载＋3.0kN
	双排架，风荷载＋5.0kN

(2) 在基本风压小于或等于 0.35kN/m² 的地区，对于仅有栏杆和挡脚板的敞开式脚手架，当每个连墙点覆盖的面积小于或等于 30m² 且符合构造规定时，验算脚手架立杆的稳定性时可不考虑风荷载的作用。

9.1.2 设计方法

1. 设计要求

1) 基本设计规定

脚手架的承载能力应按概率极限状态设计法的要求，采用分项系数设计表达式进行设计，计算构件的强度稳定性与连接强度时应采用荷载效应基本组合设计值。永久荷载分项系数取 1.2，可变荷载分项系数取 1.4。

2) 计算项目

(1) 纵向、横向水平杆等受弯构件的强度和连接扣件的抗滑承载力计算。

(2) 立杆的稳定性计算。

(3) 连墙件的强度稳定性和连接强度的计算。

(4) 立杆地基承载力计算。

2. 荷载传递路线

1) 竖向荷载

竖向荷载→脚手板→纵向水平杆→纵向水平杆与立杆连接的扣件→横向水平杆→扣件→

立杆→垫板→地基。

2）水平荷载

风荷载→立杆→连墙杆→连墙杆的扣件→在建结构。

3. 计算步骤

大横杆、小横杆根据实际情况，分别简化为简支梁、两跨连续梁或三跨连续梁（多于三跨仍按三跨计算）。

1）纵向水平杆（大横杆）计算

纵向水平杆按三跨连续梁计算，计算跨度取纵距 l_a。

（1）强度计算。

$$\sigma = M/W < f \tag{9-8}$$

式中：σ——作用于横杆上的正应力；

M——计算横杆段由竖向荷载产生的弯矩；

W——截面模量；

f——钢材抗压强度设计值。

（2）刚度验算。

$$\nu < [\nu] \tag{9-9}$$

式中：ν——计算横杆段由竖向荷载产生的挠度；

$[\nu]$——受弯构件容许挠度，见表9-15。

（3）最大弯矩计算。

表9-14列出了三跨连续梁各种荷载作用形式时，跨内及支座的弯矩值。计算时，可变荷载取最不利状态时的荷载组合，即可得到最大弯矩。

表9-14 三跨连续梁荷载作用系数表

编号	荷载图	跨内最大弯矩		支座弯矩	
		$M_1(ql^2)$	$M_2(ql^2)$	$M_B(ql^2)$	$M_C(ql^2)$
1		0.080	0.025	−0.100	—
2		0.101	—	−0.050	—
3		−0.075	−0.050	−0.050	—
4		0.073	0.054	−0.117	−0.033
5		0.094	—	−0.067	0.017

2）横向水平杆（小横杆）计算

（1）强度计算。

计算模型为简支梁，则有

$$\sigma = M/W < f$$

（2）刚度验算。

$$\nu < [\nu]$$

（3）立杆扣件验算。

$$R < R_C \tag{9-10}$$

式中：R——作用在扣件上的竖向作用荷载设计值；

R_C——扣件的抗滑承载力设计值，取值见表 9-16。

表 9-15 受弯构件的挠度表

构件类别	容许挠度 $[\nu]$
脚手板、纵向、横向水平杆	$l/150$ 与 10mm
悬挑受弯构件	$l/400$

表 9-16 扣件、底座的承载力设计值

项目	承载力设计值/kN
双接扣件（抗滑）	3.20
直角扣件、旋转扣件（抗滑）	8.00
底座（抗压）	40.00

注：扣件螺栓拧紧扭力矩值不应小于 40N·m，且不应大于 65N·m。

（4）立杆稳定性验算。

不组合风荷载时：

$$\frac{N}{\varphi A} \leqslant f \tag{9-11}$$

组合风荷载时：

$$\frac{N}{\varphi A} + \frac{M_w}{W} \leqslant f \tag{9-12}$$

式中：N——计算立杆段的轴向力设计值。

（5）立杆段的轴向力设计值计算。

不组合风荷载时：

$$N = 1.2(N_{G1k} + N_{G2k}) + 1.4 \sum N_{Qk} \tag{9-13}$$

组合风荷载时：

$$N = 1.2(N_{G1k} + N_{G2k}) + 0.85 \times 1.4 \sum N_{Qk} \tag{9-14}$$

式中：N_{G1k}——脚手架结构自重标准值产生的轴向力；

N_{G2k}——脚手架构配件自重标准值产生的轴向力；

$\sum N_{Qk}$——施工荷载标准值产生的轴向力总和，内外立杆可按一纵距（跨）内施工荷载总和的 1/2 取值；

φ——轴心受压构件的稳定系数；

A——立杆的截面面积；

W——钢管的截面模量；

f——钢材抗压强度设计值；

M_w——计算立杆段由风荷载设计值产生的弯矩。

M_w 的计算式如下：

$$M_w = 0.85 \times 1.4 M_{wk} \tag{9-15}$$

式中：M_{wk}——风荷载标准值产生的弯矩。

M_{wk} 的计算式如下：

$$M_{wk} = \frac{w_k l_a h^2}{10} \tag{9-16}$$

式中：w_k——风荷载标准值；

l_a——立杆纵距；

h——立杆步距。

轴心受压杆件稳定系数 φ 的确定方法如下：

① 计算杆件的计算长度：

$$l_0 = k\mu h \tag{9-17}$$

式中：l_0——计算长度；

k——计算长度的附加系数，其取值为 1.155；

μ——考虑脚手架整体支撑情况的单杆计算长度系数，其取值见表 9-17。

表 9-17 脚手架整体稳定因素的单杆计算长度系数 μ

	立杆横距 l_b	连墙件布置	
		2 步 3 跨	3 步 3 跨
双排架	1.05	1.50	1.70
	1.30	1.55	1.75
	1.55	1.60	1.80
单排架	≤1.5	1.80	2.00

② 计算杆件的长细比：

$$\lambda = \frac{l_0}{i} \tag{9-18}$$

式中：λ——长细比；

i——钢管截面回转半径。

由 λ 查表 9-18 可得 φ。

$$\text{当 } \lambda > 250 \text{ 时}, \varphi = 7320/\lambda^2 \tag{9-19}$$

表 9-18 Q235-A 钢轴心受压构件的稳定系数 φ

λ	0	1	2	3	4	5	6	7	8	9
0	1.000	0.997	0.995	0.992	0.989	0.987	0.984	0.981	0.979	0.976
10	0.974	0.971	0.968	0.966	0.963	0.960	0.958	0.955	0.952	0.949

(续)

λ	0	1	2	3	4	5	6	7	8	9
20	0.947	0.944	0.941	0.938	0.936	0.933	0.930	0.927	0.924	0.921
30	0.918	0.915	0.912	0.909	0.906	0.903	0.899	0.896	0.893	0.889
40	0.886	0.882	0.879	0.875	0.872	0.868	0.864	0.861	0.858	0.855
50	0.852	0.849	0.846	0.843	0.839	0.836	0.832	0.829	0.825	0.822
60	0.818	0.814	0.810	0.806	0.802	0.797	0.793	0.789	0.784	0.779
70	0.775	0.770	0.765	0.760	0.755	0.750	0.744	0.739	0.733	0.728
80	0.722	0.716	0.710	0.704	0.698	0.692	0.686	0.680	0.673	0.667
90	0.661	0.654	0.648	0.641	0.634	0.626	0.618	0.611	0.603	0.595
100	0.588	0.580	0.573	0.566	0.558	0.551	0.544	0.537	0.530	0.523
110	0.516	0.509	0.502	0.496	0.489	0.483	0.476	0.470	0.464	0.458
120	0.452	0.446	0.440	0.434	0.428	0.423	0.417	0.412	0.406	0.401
130	0.396	0.391	0.386	0.381	0.376	0.371	0.367	0.362	0.357	0.353
140	0.349	0.344	0.340	0.336	0.332	0.328	0.324	0.320	0.316	0.312
150	0.308	0.305	0.301	0.298	0.294	0.291	0.287	0.284	0.281	0.277
160	0.274	0.271	0.268	0.265	0.262	0.259	0.256	0.253	0.251	0.248
170	0.245	0.243	0.240	0.237	0.235	0.232	0.230	0.227	0.225	0.223
180	0.220	0.218	0.216	0.214	0.211	0.209	0.207	0.205	0.203	0.201
190	0.199	0.197	0.195	0.193	0.191	0.189	0.188	0.186	0.184	0.182
200	0.180	0.179	0.177	0.175	0.174	0.172	0.171	0.169	0.167	0.166
210	0.164	0.163	0.161	0.160	0.159	0.157	0.156	0.154	0.153	0.152
220	0.150	0.149	0.148	0.146	0.145	0.144	0.143	0.141	0.140	0.139
230	0.138	0.137	0.136	0.135	0.133	0.132	0.131	0.130	0.129	0.128
240	0.127	0.126	0.125	0.124	0.123	0.122	0.121	0.120	0.119	0.118
250	0.117	—	—	—	—	—	—	—	—	—

(6) 脚手架可搭设高度计算。当立杆采用单管时,敞开式、全封闭、半封闭脚手架的可搭设高度 H_s,应按下列公式计算并取小者。

不组合风荷载时:

$$H_s = \frac{\varphi A f - (1.2 N_{G2k} + 1.4 \sum N_{Qk})}{1.2 g_k} \quad (9-20)$$

组合风荷载时:

$$H_s = \frac{\varphi A f - [1.2 N_{G2k} + 0.85 \times 1.4 (\sum N_{Qk} + \frac{M_{wk}}{W} \varphi A)]}{1.2 g_k} \quad (9-21)$$

式中：H_s——按稳定计算的搭设高度；
G_k——每米立杆承受的结构自重标准值（可查表9-4）。

当上面两式计算的脚手架搭设高度 H_s 等于或大于26m时，可按式(9-22)调整且不宜超过50m。

$$[H_s] = \frac{H_s}{1 + 0.001 H_s} \quad (9-22)$$

式中：$[H_s]$——脚手架搭设高度限值。

高度超过50m的脚手架，可采用双管立杆、分段悬挑或分段卸荷等有效措施，必须另行专门设计。

（7）连墙件计算。作用在扣件上的轴向力设计值应按下式计算：

$$N_l = N_{lw} + N_0 \quad (9-23)$$
$$N_{lw} = 1.4 w_k A_w \quad (9-24)$$

式中：N_l——连墙件轴向力设计值（kN）；
N_{lw}——风荷载产生的连墙件轴向力设计值；
A_w——每个连墙件的覆盖面积内脚手架外侧面的迎风面积；
w_k——风荷载标准值；
N_0——连墙件约束脚手架平面外变形所产生的轴向力（kN），单排架取3，双排架取5。

$$n = \frac{N_l}{R_C} \quad (9-25)$$

式中：n——连墙件采用的扣件个数（单侧）；
R_C——扣件抗滑承载力设计值，取值见表9-16。

扣件连墙件的连接扣件应按式(9-10)验算抗滑承载力。

（8）立杆地基承载力计算。

$$p \leqslant f_g \quad (9-26)$$
$$f_g = k_c f_{gk} \quad (9-27)$$

式中：p——立杆基础底面的平均压力，$p = N/A$；
N——上部结构传至基础顶面的轴向力设计值；
A——基础底面积；
f_g——地基承载力设计值；
k_c——脚手架地基承载力调整系数（对碎石土、砂土、回填土应取0.4；对黏土应取0.5；对岩石、混凝土应取1.0）；
f_{gk}——地基承载力标准值。

9.1.3 扣件式双排脚手架案例（南方做法）

1. 脚手架的计算参数

1）计算脚手架的尺寸

搭设高度 $H = 25m$，脚手架采用单立管，背靠物为框架结构；长度 $L = 50m$；宽度

$W=25\text{m}$;步距 $h=1.8\text{m}$;立杆纵距 $l_a=1.6\text{m}$;立杆横距 $l_b=1.2\text{m}$;内立杆距墙 $b=0.3\text{m}$;连墙件设置为2步3跨;安全网为2300目/100cm²;脚手板为木脚手板,脚手板铺设层数 $n_2=7$ 层;同时作业层数 $n_1=2$。

2)荷载与钢管的技术参数

脚手架材质选用 $\phi 48\times 3.5$ 钢管,截面面积 $A=489\text{mm}^2$,截面模量 $W=5.08\times 10^3\text{mm}^3$,回转半径 $i=15.8\text{mm}$,抗压、抗弯强度设计值 $f=205\text{N/mm}^2$,弹性模量 $E=2.06\times 10^6\text{N/mm}^2$;钢管自重标准值 $g_{k1}=3.84\text{kg/m}\times 9.8\text{N/kg}=0.0376\text{kN/m}$;木脚手板自重标准值 $g_{k2}=0.35\text{kN/m}^2$;栏杆与挡板自重标准值 $g_{k3}=0.14\text{kN/m}$;吊挂安全网自重标准值 $g_{k4}=0.005\text{kN/m}^2$;施工荷载标准值 $g_{k1}=2.0\text{kN/m}^2$;基本风压 $w_0=0.50\text{kN/m}^2$;地面粗糙度类型为C类。

3)地质情况

地基土质为碎石,承载力标准值 $f_{gk}=0.4\text{N/mm}^2$,立杆底部垫板面积 $A=0.1\text{m}^2$。

2. 计算书

1)纵向水平杆(大横杆)的强度和挠度计算

纵向水平杆按照三跨连续梁进行强度和挠度计算。三跨连续梁支座反力示意图如图9.1所示。

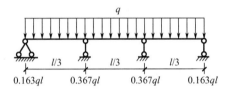

图9.1 三跨连续梁支座反力示意图

(1)荷载标准值和设计值。

纵向水平杆自重标准值:$g_{k1}=0.0376\text{kN/m}$

脚手板传到纵向水平杆上的自重标准值:$g'_{k1}=0.367\times 0.35\times 1.2=0.154(\text{kN/m})$

永久荷载标准值:$g_k=0.192\text{kN/m}$

永久荷载设计值:$g=1.2\times 0.192=0.230(\text{kN/m})$

传到纵向水平杆上的可变荷载标准值:$q_k=0.367\times 2.0\times 1.2=0.881(\text{kN/m})$

可变荷载设计值:$q=1.4\times 0.881=1.233(\text{kN/m})$

(2)纵向水平杆计算简图(图9.2)。

(3)跨中最大弯矩值,由荷载组合①+②求得

$M_{\max 1}=0.08gl_a^2+0.101ql_a^2=(0.08\times 0.23+0.101\times 1.233)\times 1.6^2=0.366(\text{kN}\cdot\text{m})$

支座最大弯矩值,由荷载组合①+③求得

$M_{\max 2}=0.1gl_a^2+0.117ql_a^2=(0.1\times 0.23+0.117\times 1.233)\times 1.6^2=0.428(\text{kN}\cdot\text{m})$

取上述两值中的较大值,则 $M_{\max 2}=0.428\text{kN}\cdot\text{m}$

抗弯强度 $\sigma=\dfrac{M}{W}=\dfrac{0.428}{5.08}\times 10^3=84.25(\text{N/mm}^2)<f=205\text{N/mm}^2$

纵向水平杆抗弯强度满足要求。

(4)纵向水平杆挠度验算。

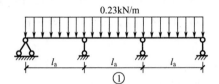
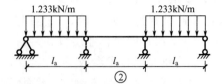

(a) 跨中最大弯矩、挠度

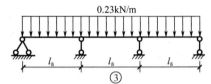
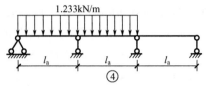

(b) 支座最大弯矩、挠度

图 9.2　纵向水平杆计算简图

$$\nu_{max}=0.677\frac{g_k l_a^4}{100EI}+0.99\frac{q_k l_a^4}{100EI}=\frac{(0.677\times 0.192+0.99\times 0.881)\times 1.6^4\times 10^{12}}{100\times 2.06\times 10^5\times 12.19\times 10^4}=3.9(mm)$$

容许挠度 $[\nu]=\dfrac{l_a}{150}=\dfrac{1.6\times 10^3}{150}=10.67(mm)$

满足 $\nu_{max}\leqslant[\nu]$，并且小于 10mm，故纵向水平杆挠度满足要求。

2) 横向水平杆（小横杆）的强度和挠度计算

横向水平杆按简支梁进行强度和挠度计算。

(1) 荷载标准值和设计值。

纵向水平杆传来的自重标准值：$P_{k1}=0.192\times 1.6=0.307(kN)$

横向水平杆自重标准值：$g_{k1}=0.0376 kN/m$

永久荷载设计值：$P=1.2\times 0.307=0.368(kN)$

$$g_1=1.2\times 0.0376=0.045(kN/m)$$

可变荷载标准值：$Q_k=0.367\times 2.0\times 1.2\times 1.6=1.409(kN)$

可变荷载设计值：$Q=1.4Q_k=1.4\times 1.409=1.973(kN)$

(2) 横向水平杆强度验算。横向水平杆计算简图如图 9.3 所示。

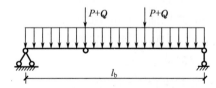

图 9.3　横向水平杆计算简图

$$M_{max}=\frac{g_1 l_b^2}{8}+\frac{(P+Q)l_b}{3}=\frac{0.045\times 1.2^2}{8}+\frac{(0.368+1.973)\times 1.2}{3}=0.938(kN\cdot m)$$

抗弯强度 $\sigma=\dfrac{M_{max}}{W}=\dfrac{0.938}{5.08}\times 10^3=184.6 N/mm^2<f=205 N/mm^2$

横向水平杆抗弯强度满足要求。

(3) 横向水平杆挠度验算。

均布荷载标准值：$g_k=g_{k1}=0.0376 kN/m$

集中荷载标准值：$P_k = P_{k1} + Q_k = 0.307 + 1.409 = 1.716 (kN)$

$$\nu_{max} = \frac{5g_k l_b^4}{384EI} + \frac{(3l_b^2 - \frac{4}{9}l_b^2)P_k l_b}{72EI}$$

$$= \frac{5 \times 0.0376 \times 1.2^4 \times 10^{12}}{384 \times 2.06 \times 12.19 \times 10^9} + \frac{(3 \times 1.2^2 - \frac{4}{9} \times 1.2^2) \times 1.716 \times 1.2 \times 10^{12}}{72 \times 2.06 \times 12.19 \times 10^9}$$

$$= 4.23 (mm)$$

容许挠度 $[\nu] = \frac{l_b}{150} = \frac{1.2 \times 10^3}{150} = 8.00 (mm)$

满足 $\nu_{max} \leq [\nu]$，并且小于10mm，故纵横向水平杆挠度满足要求。

3）立杆扣件验算

（1）荷载标准值和设计值。

横向水平杆传给立杆扣件的竖向作用力：

横向水平杆自重标准值：$g_{k1} \times l_b = 0.0376 \times 1.2 = 0.045 (kN)$

纵向水平杆自重标准值：$g_{k1} \times l_a \times 2 = 0.0376 \times 1.6 \times 2 = 0.120 (kN)$

脚手板荷载标准值：$g_{k2} \times l_a \times l_b = 0.35 \times 1.6 \times 1.2 = 0.081 (kN)$

永久荷载标准值：0.246kN

可变荷载标准值：$q \times l_a \times l_b = 2.0 \times 1.6 \times 1.2 = 3.84 (kN)$

（2）立杆扣件验算。

作用在扣件上的竖向作用荷载设计值：

$$R = (1.2 \times 0.246 + 1.4 \times 3.84)/2 = 2.836 (kN)$$

$R < R_C = 8.0kN$，故扣件的抗滑承载力满足要求。螺栓拧紧扭力矩不应小于40N·m，且不应大于65N·m。

4）立杆稳定性验算

（1）荷载标准值和设计值。

每米立杆承受的结构自重标准值：$g_k = 0.1278 kN/m$

脚手架立杆承受的结构自重标准值：$N_{Gk1} = g_k \times H = 0.1278 \times 25 = 3.195 (kN)$

脚手板自重标准值：$n_2 \times g_{k2} \times l_a \times l_b/2 = 7 \times 0.35 \times 1.6 \times 1.2/2 = 2.352 (kN)$

栏杆与挡板自重标准值：$n_2 \times g_{k3} \times l_a = 7 \times 0.14 \times 1.6 = 1.568 (kN)$

吊挂安全网自重标准值：$g_{k4} \times l_a \times H = 0.005 \times 1.6 \times 25 = 0.2 (kN)$

构配件自重标准值：$N_{Gk2} = 4.12 (kN)$

永久荷载标准值：$N_{Gk} = N_{Gk1} + N_{Gk2} = 3.195 + 4.12 = 7.315 (kN)$

可变荷载标准值：$N_{Qk} = n_1 \times q_k \times l_a \times l_b/2 = 2 \times 2.0 \times 1.6 \times 1.2/2 = 3.84 (kN)$

（2）不考虑风荷载时，底层立杆稳定性计算。

查表9-17得 $\mu = 1.53$

$$l_0 = 1.155\mu h = 1.155 \times 1.53 \times 1.8 = 3.181 (m)$$

$$\lambda = l_0/i = 3.181 \times 10^2/1.58 = 201.32$$

查表9-18得稳定系数 $\varphi = 0.1733$

立杆轴向力设计值：

$$N = 1.2(N_{G1k} + N_{G2k}) + 1.4\sum N_{Qk}$$
$$= 1.2 \times (3.195 + 4.12) + 1.4 \times 3.84 = 14.154(kN)$$

立杆稳定性计算：
$$\frac{N}{\varphi A} = \frac{14.154 \times 10^3}{0.1733 \times 4.89 \times 10^2} = 167.02(N/mm^2) \leqslant f = 205N/mm^2$$

故底层立杆满足抗压要求。

(3) 组合风荷载时，底层立杆稳定性计算。

风荷载标准值 $w_k = 0.7\mu_z \mu_s w_0$

查表 9-8 得地面处 $\mu_z = 0.74$

查表 9-11 得密目式安全立网挡风系数 $\phi_1 = 0.841$

$$\phi_2 = \frac{1.2A_n}{l_a h} = \frac{1.2(l_a + h + 0.325 l_a h)d}{l_a h}$$

$$= \frac{1.2(1.6 + 1.8 + 0.325 \times 1.6 \times 1.8) \times 0.048}{1.6 \times 1.8} = 0.087$$

$$\phi_1 + \phi_2 - \phi_1 \cdot \phi_2/1.2 = 0.841 + 0.087 - 0.841 \times 0.087/1.2 = 0.867$$

$$\mu_s = 1.3\phi = 1.3 \times 0.867 = 1.127$$

$$w_k = 0.7\mu_z \mu_s w_0 = 0.7 \times 0.74 \times 1.127 \times 0.50 = 0.292(kN/m^2)$$

$$M_{wk} = \frac{w_k l_a h^2}{10} = \frac{0.292 \times 1.6 \times 1.8^2}{10} = 0.151(kN \cdot m)$$

$$M_w = 1.4 \times 0.85 M_{wk} = 1.4 \times 0.85 \times 0.151 = 0.180(kN \cdot m)$$

$$N = 1.2(N_{G1k} + N_{G2k}) + 0.85 \times 1.4\sum N_{Qk}$$

$$= 1.2 \times (3.195 + 4.12) + 0.85 \times 1.4 \times 3.84 = 13.348(kN)$$

$$\frac{N}{\varphi A} + \frac{M_w}{W} = \frac{13.348}{0.1733 \times 4.89 \times 10^2} + \frac{0.180 \times 10^6}{5.08 \times 10^3}$$

$$= 192.94(N/mm^2) \leqslant f = 205N/mm^2$$

故满足立杆抗压要求。

5) 最大限制高度计算

(1) 不组合风荷载时：

$$H_s = \frac{\varphi A f - (1.2N_{G2k} + 1.4\sum N_{Qk})}{1.2g_k}$$

$$= \frac{0.1733 \times 4.89 \times 205 \times 10^{-1} - 1.2 \times 4.12 - 1.4 \times 3.84}{1.2 \times 0.1278} = 45.99(m)$$

(2) 组合风荷载时：

$$H_s = \frac{\varphi A f - [1.2N_{G2k} + 0.85 \times 1.4(\sum N_{Qk} + \frac{M_{wk}}{W}\varphi A)]}{1.2g_k}$$

$$= \frac{17.372 - [1.2 \times 4.12 + 0.85 \times 1.4(3.84 + \frac{0.151}{5.08} \times 0.1733 \times 4.89 \times 10^2)]}{1.2 \times 0.1278}$$

$$= 31.70(m)$$

上面两式中取最小值，则 $H_s=31.70\text{m}>26\text{m}$，按下式调整：

$$[H_s]=\frac{H_s}{1+0.001H_s}=\frac{31.70}{1+0.001\times 31.70}=30.73(\text{m})$$

取 $[H_s]$ 与 50m 中的最小值，则最大限制高度为 30.73m，而脚手架的实际高度为 25m，故满足要求。

6) 连墙件计算

查表 9-8 得 25m 高度处 $\mu_z=0.92$

$$w_k=0.7\mu_z\mu_s w_0=0.7\times 0.92\times 1.127\times 0.50=0.363(\text{kN/m}^2)$$
$$A_w=2\times 3l_a\,h=2\times 3\times 1.6\times 1.8=17.28(\text{kN/m}^2)$$
$$N_1=N_{lw}+N_0=1.4w_k A_w+5=1.4\times 0.363\times 17.28+5=13.779(\text{kN})$$

一个扣件的抗滑承载力设计值 $R_C=8.0\text{kN}$，采用直角扣件连接，则需在墙面或连接点的两边至少各用 2 个扣件扣牢。每个扣件的螺栓拧紧扭力矩不应小于 40 N·m，且不应大于 65N·m。

7) 立杆地基承载力计算

立杆底部垫板面积：$A=0.1\text{m}^2$

立杆基础底面平均压力：$p=N/A=14.154\text{kN}/0.1\text{m}^2=0.142\text{N/mm}$

$$f_g=k_c f_{gk}=0.4\times 0.4=0.16(\text{N/mm})$$

因为 $p<f_g$，立杆地基承载力满足要求。

任务 9.2 模板专项工程施工方案设计

9.2.1 模板的结构设计

1. 计算模板及其支架的自重标准值

(1) 模板及支架自重可根据模板设计图纸计算确定。肋形楼板及无梁楼板的自重标准值可参考表 9-19。

表 9-19 楼板模板自重标准值　　　　　　　单位：kN/m²

模 板 构 件	木 模 板	定型组合钢模板
平板模板及小楞	0.3	0.5
楼板模板（包括梁模板）	0.5	0.75
楼板模板及支架（楼层高度≤4m）	0.75	1.1

(2) 新浇筑混凝土的自重标准值普通混凝土用 24kN/m³，其他混凝土根据实际重力密度确定。

(3) 钢筋自重标准值根据设计图纸确定。一般梁板结构每立方米混凝土的钢筋自重标准值为：楼板 1.1kN；梁 1.5kN。

（4）施工人员及设备标准值。一般均布活荷载取 2.0kN/m²。上料平台、混凝土输送泵、混凝土堆集料等按实际情况计算。

（5）振捣混凝土时产生的荷载标准值。对梁底模为 2.0kN/m²；对梁侧模、厚度小于 100mm 的墙、边长小于 300mm 的柱，取 4.0kN/m²（作用范围在有效压头高度之内）。

（6）新浇混凝土对模板侧面的压力标准值。振捣使混凝土流体化，对模板产生类似流体静压力的侧压力。采用内部振动器，混凝土浇筑速度在 6m/h 以下，作用于模板上的最大侧压力可按以下两式计算，取其中较小值：

$$F_k = 0.22 \gamma_c t_0 \beta_1 \beta_2 V^{\frac{1}{2}} \tag{9-28}$$

$$F_k = \gamma_c H \tag{9-29}$$

式中：F_k——新浇筑混凝土对模板的最大侧压力（kN/m²）；

γ_c——混凝土的重力密度，取 $\gamma_c = 24$kN/m³；

t_0——新浇筑混凝土的初凝时间（h），可按实测确定，当缺乏试验资料时，可按 $t_0 = 200/(T+15)$ 计算（T 为混凝土的温度，℃）；

V——混凝土的浇筑速度（m/h）；

H——混凝土侧压力计算位置处至新浇筑混凝土顶面的总高度（m）；

β_1——外加剂影响修正系数（不掺外加剂时取 1.0；掺具有缓凝作用的外加剂时取 1.2）；

β_2——混凝土坍落度影响修正系数（当坍落度小于 30mm 时，取 0.85；当坍落度为 50~90mm 时，取 1.0；当坍落度为 110~150mm 时，取 1.15）。

混凝土侧压力的计算分布图形，如图 9.4 所示。

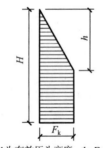

h 为有效压头高度，$h = F_k / \gamma_c$

图 9.4 混凝土侧压力分布图

（7）倾倒混凝土时产生的荷载标准值。

倾倒混凝土时对垂直面模板产生的水平荷载标准值，按表 9-20 采用。

表 9-20 倾倒混凝土时产生的水平荷载标准值　　　　单位：kN/m²

项 次	向模板中供料方法	水平荷载标准值
1	用溜槽、串筒或由导管输出	2
2	用容量小于 0.2m³ 的运输器具倾倒	2
3	用容量为 0.2~0.8m³ 的运输器具倾倒	4
4	用容量大于 0.8m³ 的运输器具倾倒	6

2. 荷载效应组合

模板工程设计中,计算模板及支架的荷载时,应根据表 9-21 进行荷载效应组合,且应采用荷载标准值乘以相应的荷载分项系数求得荷载设计值,荷载分项系数按表 9-22 采用。

表 9-21 计算模板及支架的荷载组合

模板类型	参与组合的荷载项	
	计算承载力	验算刚度
平板和薄壳的模板及支架	1+2+3+4	1+2+3
梁和拱模板的底板及支架	1+2+3+5	1+2+3
梁、拱、柱(边长≤300mm)、墙(厚≤100mm)的侧模	5+6	6
大体积结构、柱(边长>300mm)、墙(厚>100mm)的侧模	6+7	6

表 9-22 模板及支架荷载分项系数

项 次	荷载类别	γ_i
1	模板及支架自重	1.2
2	新浇筑混凝土自重	
3	钢筋自重	
4	施工人员及施工设备荷载	1.4
5	振捣混凝土时产生的荷载	
6	新浇筑混凝土对模板侧面的压力	1.2
7	倾倒混凝土时产生的荷载	1.4

另外,因模板工程是临时性工程,设计钢模板及支架时,其截面塑性发展系数取 1.0,设计荷载值可乘以 0.85 予以折减;设计木模板及支架时,设计荷载值可乘以 0.9 予以折减;采用冷弯薄壁型钢时,其设计荷载值不予折减。

9.2.2 计算方法

1. 梁与楼板模板计算

1) 混凝土楼板底模设计

楼板底模按三跨连续梁计算(图 9.5)。

图 9.5 楼板底模计算简图

抗弯承载力计算:

$$M_{\max} \leqslant M_{抵} \tag{9-30}$$

式中：$M_{抵}$——木楞抵抗矩，$M_{抵} = fW_{抵}$。

刚度计算：

$$\nu_{\max} \leqslant [\nu] \tag{9-31}$$

式中：$[\nu]$——允许挠度值，$[\nu] = l/250$。

2）木楞设计

木楞按简支梁计算（图 9.6）。

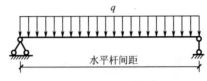

图 9.6　木楞计算简图

抗弯承载力计算：

$$M_{\max} \leqslant M_{抵}$$

刚度计算：

$$\nu_{\max} \leqslant [\nu]$$

式中：$[\nu] = l/250$。

抗剪承载力计算：

$$\tau \leqslant f_v \tag{9-32}$$

式中：f_v——木楞的抗剪强度；
　　　τ——木楞承受的剪应力值，$\tau = 1.5V/bh$；
　　　V——木楞承受的最大剪力值，$V = 0.5ql$。

3）水平杆

水平杆按三跨连续梁计算，并取最不利荷载组合。

抗弯承载力计算：

$$M/W \leqslant f \tag{9-33}$$

刚度计算：

$$\nu_{\max} \leqslant [\nu]$$

式中：$[\nu] = l/150$。

4）扣件抗滑承载力

$$R \leqslant R_c \tag{9-34}$$

式中：R_c——扣件抗滑力。

5）模板支架立杆

模板支架立杆计算长度应按下两式计算，并取其中的较大值：

$$l_0 = k\mu h \tag{9-35}$$

$$l_0 = h + 2a \tag{9-36}$$

式中：l_0——计算长度；
　　　k——计算长度的附加系数，其取值为 1.155；

h——立杆步距；

μ——考虑脚手架整体支撑情况的单杆计算长度系数，取 1.5。

立杆稳定性计算：

$$\frac{N}{\varphi A} \leqslant f \quad (9-37)$$

长细比：

$$\lambda = \frac{l_0}{i} \quad (9-38)$$

式中：φ——立杆稳定系数，可由 λ 查表 9-18 得。

2. 柱模板计算

1) 浇筑混凝土时的侧压力计算

新浇混凝土作用于模板上的最大侧压力按式 (9-28)、式 (9-29) 计算，取其中较小值。

新浇混凝土对模板产生的侧压力荷载设计值：

$$F_6 = 0.85 \sim 0.9 \gamma_6 F_k \quad (9-39)$$

混凝土振捣对模板产生的侧压力荷载设计值：

$$F_7 = 0.85 \sim 0.9 \gamma_7 F' \quad (9-40)$$

式中：$0.85 \sim 0.9$——设计木模板时的折减系数 0.9，设计钢模板时的折减系数为 0.85；

γ_6——新浇混凝土侧压力的荷载分项系数 1.2；

γ_7——倾倒混凝土时产生荷载的荷载分项系数 1.4；

F'——倾倒混凝土时产生的水平荷载标准值（kN/m^2），按表 9-19 取值。

2) 模板设计

计算模型根据模板的支撑（内楞）而定。

抗弯承载力计算：

$$M_{max} \leqslant M_{抵}$$

刚度计算：

$$\nu_{max} \leqslant [\nu]$$

式中：$[\nu] = l/250$。

抗剪承载力计算：

$$\tau \leqslant f_v$$

式中：f_v——模板的抗剪强度；

τ——模板承受的剪应力值，$\tau = 1.5V/bh$；

V——模板承受的剪力值，$V = 0.6ql$。

3) 内楞设计

计算模型根据内楞的支撑（柱箍）而定，一般按三跨连续梁计算（图 9.7）。

抗弯承载力计算：

$$M_{max} \leqslant M_{抵}$$

刚度计算：
$$v_{\max} \leqslant [v]$$
式中：$[v] = l/250$。
抗剪承载力计算：
$$\tau \leqslant f_v$$
式中：f_v——内楞的抗剪强度；
　　　τ——内楞承受的剪应力值，$\tau = 1.5V/bh$；
　　　V——内楞承受的剪力值，$V = 0.6ql$。

4）柱箍设计

按简支梁模型计算（图9.8）。

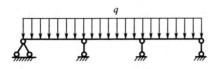
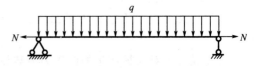

图9.7　内楞计算简图　　　　　图9.8　柱箍计算简图

整体稳定计算：
$$\frac{N}{A} + \frac{M_x}{\gamma_x W_{nx}} \leqslant f \tag{9-41}$$

式中：N——柱箍承受的轴向拉力设计值。

刚度计算：
$$v_{\max} \leqslant [v]$$
式中：$[v] = l/250$。

3. 墙模板计算

1）浇筑混凝土时的侧压力计算

新浇混凝土作用于模板上的最大侧压力按式(9-28)、式(9-29)计算，取其中较小值。
$$F_k = 0.22\gamma_c t_0 \beta_1 \beta_2 V^{\frac{1}{2}}$$
$$F_k = \gamma_c H$$

2）模板设计

计算模型根据模板的支撑（内楞）而定，一般按三跨连续梁计算（图9.9）。

抗弯承载力计算：
$$M_{\max} \leqslant M_{抵}$$

刚度计算：
$$v_{\max} \leqslant [v]$$
式中：$[v] = l/250$。
抗剪承载力计算：
$$\tau \leqslant f_v$$

3）内楞设计

计算模型根据内楞的支撑（外楞）而定，一般按三跨连续梁计算（图9.10）。

抗弯承载力计算：
$$M_{\max} \leqslant M_{抵}$$

刚度计算

$$\nu_{max} \leqslant [\nu]$$

式中：$[\nu] = l/250$。

抗剪承载力计算：

$$\tau \leqslant f_v$$

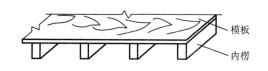 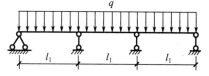

图 9.9　模板计算简图

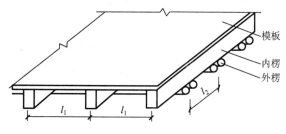 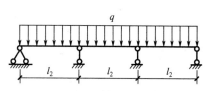

图 9.10　内楞计算简图

4）外楞设计

计算模型根据外楞的支撑（对拉螺栓）而定，一般按三跨连续梁计算。

抗弯承载力计算：

$$M_{max} \leqslant M_{抵}$$

刚度计算：

$$\nu_{max} \leqslant [\nu]$$

式中：$[\nu] = l/250$。

5）对拉螺栓与扣件设计

$$R \leqslant R_c$$

式中：R_c——对拉螺栓容许应力；

　　　R——每个对拉螺栓承受的混凝土侧压力，$R = l_2 l_3 F$，如图 9.11 所示，其中 l_2 为外楞间距，l_3 为对拉螺栓间距。

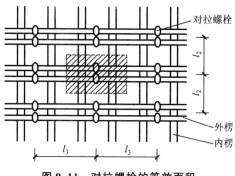

图 9.11　对拉螺栓的等效面积

9.2.3 模板专项工程设计案例（墙模板设计计算书）

1. 基本参数

1) 混凝土参数

剪力墙浇筑高度为 2.65m；混凝土墙不粉刷，厚度为 200mm；浇筑速度 $V=1.2\text{m/h}$；混凝土浇筑温度 $T=15℃$；掺外加剂，混凝土坍落度为 140mm；采用内部振捣器振捣，料斗斗容量为 0.6m^3。

2) 材料参数

（1）木胶合板模板厚度为 18mm，弹性模量 $E=5200\text{N/mm}^2$，抗弯强度 $f=15\text{N/mm}^2$。

（2）内楞为 $50\text{mm}\times 100\text{mm}$ 木楞。抗弯强度 $f_w=17\text{N/mm}^2$，抗剪强度 $f_v=1.5\text{N/mm}^2$，弹性模量 $E=9000\text{N/mm}^2$。

（3）外楞为 $2\phi 48\text{mm}\times 3.5\text{mm}$ 双钢管。惯性矩 $I=12.19\text{cm}^4$，截面模量 $W=5.08\text{cm}^3$，截面积 $A=4.89\text{cm}^2$，回转半径 $i=1.58\text{cm}$，弹性模量 $E=2.06\times 10^5\text{N/mm}^2$。Q235 钢抗拉、抗压和抗弯强度设计值 $f=205\text{N/mm}^2$。

2. 计算书

1) 浇筑混凝土时的侧压力计算

新浇混凝土作用于模板上的最大侧压力标准值按下两式计算，取其中较小值：

$$F_{k1}=0.22\gamma_c t_0 \beta_1 \beta_2 V^{\frac{1}{2}}=0.22\times 24\times \frac{200}{15+15}\times 1.2\times 1.15\times \sqrt{1.2}=53.21(\text{kN/m}^2)$$

$$F_{k2}=\gamma_c H=2.65\times 24=63.6(\text{kN/m}^2)$$

取两式中的较小值：

$$F_k=53.21\text{kN/m}^2$$

新浇混凝土对模板产生的侧压力荷载设计值：

$$F_6=0.9\gamma_6 F_k=0.9\times 1.2\times 53.21=57.47(\text{kN/m}^2)$$

混凝土振捣对模板产生的侧压力荷载设计值：

$$F_7=0.9\gamma_7 F'=0.9\times 1.4\times 4=5.04(\text{kN/m}^2)$$

混凝土有效压头高度：

$$h=F_6/\gamma_c=57.47/24=2.4(\text{m})$$

因 F_7 仅作用在有效压头高度范围内，可忽略不计。

2) 模板（内楞间距）设计

新浇混凝土侧压力均匀作用在木胶合板上，单位宽度的面板可以视为梁，内楞为梁的支座。一般按三跨连续梁计算，梁宽取 200mm，则作用在梁上的线荷载为设计值 $q=0.2\times 57.47=11.49(\text{kN/m})$，标准值为 $q_k=0.2\times 53.21=10.64(\text{kN/m})$。

（1）按抗弯承载力计算：

三跨连续梁最大弯矩 $M_{\max}=0.1ql_1^2$，木胶合板的抗弯承载力 $M_{抵}=fW_{抵}$

由于 $M_{\max}\leqslant M_{抵}$

所以 $0.1ql_1^2\leqslant fW=fbh^2/6$，得

$$l_1 \leqslant \sqrt{\frac{fbh^2}{0.6q}} = \sqrt{\frac{15 \times 200 \times 18^2}{0.6 \times 11.49}} = 375.5(\text{mm})$$

(2) 按抗剪承载力计算：

$$\tau = 1.5V/bh, \quad V = 0.6ql_1$$

由于 $\tau \leqslant f_v$，所以 $1.5 \times 0.6ql_1/bh \leqslant f_v$，得

$$l_1 \leqslant \frac{f_v bh}{1.5 \times 0.6q} = \frac{1.7 \times 200 \times 18}{1.5 \times 0.6 \times 11.49} = 591.8(\text{mm})$$

(3) 按刚度计算：

$$\nu_{\max} = 0.677 \frac{q_k l_1^4}{100EI}, \quad [\nu] = l_1/250$$

由于 $\nu_{\max} \leqslant [\nu]$

所以 $0.677 \dfrac{q_k l_1^4}{100EI} \leqslant \dfrac{l_1}{250}$，得

$$l_1 \leqslant \sqrt[3]{\frac{100EI}{0.677 \times 250 q_k}} = \sqrt[3]{\frac{100 \times 5200 \times 200 \times 18^3}{12 \times 0.677 \times 250 \times 10.64}} = 303.9(\text{mm})$$

根据抗弯、抗剪和刚度计算，模板最大跨度（即内楞最大间距）应取三者的最小值，即 303.9mm，由于内楞宽 50mm，因此取 $l_1 = 300$mm。

3) 内楞（外楞间距）设计

新浇混凝土侧压力均匀作用在木楞上，按三跨连续梁计算，外楞为内楞的支座，梁上作用均布侧压力荷载的受荷宽度即为内楞间距 l_1，则作用在梁上的线荷载设计值为 $q = Fl_1 = 54.47 \times 0.3 = 16.34(\text{kN/m})$，标准值 $q_k = F_k l_1 = 53.21 \times 0.3 = 15.96(\text{kN/m})$。

(1) 按抗弯承载力计算：

三跨连续梁最大弯矩 $M_{\max} = 0.1ql_2^2$，内楞的抗弯承载力 $M_{抵} = fW_{抵}$

由于 $M_{\max} \leqslant M_{抵}$

所以 $0.1ql_2^2 \leqslant fW = fbh^2/6$，得

$$l_2 \leqslant \sqrt{\frac{fbh^2}{0.6q}} = \sqrt{\frac{17 \times 50 \times 100^2}{0.6 \times 16.34}} = 931.1(\text{mm})$$

(2) 按抗剪承载力计算：

$$\tau = 1.5V/bh, \quad V = 0.6ql_2$$

由于 $\tau \leqslant f_v$，所以 $1.5 \times 0.6ql_2/bh \leqslant f_v$，得

$$l_2 \leqslant \sqrt{\frac{f_v bh}{1.5 \times 0.6q}} = \sqrt{\frac{1.5 \times 50 \times 100}{1.5 \times 0.6 \times 16.34}} = 510.0(\text{mm})$$

(3) 按刚度计算：

$$\nu_{\max} = 0.677 \frac{q_k l_2^4}{100EI}, \quad [\nu] = l_2/250$$

由于 $\nu_{\max} \leqslant [\nu]$，所以 $0.677 \dfrac{q_k l_2^4}{100EI} \leqslant \dfrac{l_2}{250}$，得

$$l_2 \leqslant \sqrt[3]{\frac{100EI}{0.677 \times 250 q_k}} = \sqrt[3]{\frac{100 \times 9000 \times 50 \times 100^3}{12 \times 0.677 \times 250 \times 15.96}} = 1115.6(\text{mm})$$

根据抗弯、抗剪和刚度计算，内楞最大跨度（即外楞最大间距）应取三者的最小值，

即 510mm，由于双钢管轴线间距为 90mm，因此取 $l_2=500$mm。

4) 外楞（对拉螺栓间距）设计

外楞采用双钢管，按三跨连续梁计算，对拉螺栓为外楞的支座，梁上作用均布侧压力荷载的受荷宽度即为外楞间距 l_2。则作用在梁上的线荷载设计值为 $q=Fl_2=54.47\times0.5=27.24$(kN/m)，标准值为 $q_k=Fl_2=53.21\times0.5=26.61$(kN/m)。

(1) 按抗弯承载力计算：

三跨连续梁最大弯矩 $M_{max}=0.1ql_3^2$，内楞的抗弯承载力 $M_{抵}=fW_{抵}$

由于 $M_{max}\leqslant M_{抵}$

所以 $0.1ql_3^2\leqslant fW$，得

$$l_3\leqslant\sqrt{\frac{fW}{0.1q}}=\sqrt{\frac{205\times2\times5.08\times10^3}{0.1\times27.24}}=874.4(\text{mm})$$

(2) 按刚度计算：

$$\nu_{max}=0.677\frac{q_k l_3^4}{100EI},\quad [\nu]=l_2/250$$

由于 $\nu_{max}\leqslant[\nu]$，所以 $0.677\dfrac{q_k l_3^4}{100EI}\leqslant\dfrac{l_3}{250}$，得

$$l_3\leqslant\sqrt[3]{\frac{100EI}{0.677\times250q_k}}=\sqrt[3]{\frac{100\times2.06\times10^5\times12.19\times10^4}{0.677\times250\times26.61}}=823.1(\text{mm})$$

根据抗弯和刚度计算，外楞最大跨度（即对拉螺栓最大间距）应取两者的最小值，即 823.1mm，因此取 $l_3=800$mm。

5) 对拉螺栓与扣件设计

每个对拉螺栓承受的混凝土侧压力 $R=l_2 l_3 F=0.5\times0.8\times54.47=21.79$(kN)

采用 M16 对拉螺栓，容许拉力 $R_c=24.5$kN，可满足抗拉承载力要求。

扣件数量至少为 1 个，容许拉力为 $1\times26=26$(kN)，故螺栓扣件抗拉承载力满足要求。

任务 9.3　钢筋混凝土塔式起重机基础施工方案设计

9.3.1　钢筋混凝土塔式起重机基础的设计

1. 地基计算

参照《建筑地基基础设计规范》（GB 50007—2011）的规定，塔式起重机的地基承载力计算方法如下。

(1) 基础底面的压力，应符合下式要求。

① 当轴心荷载作用时：
$$p \leqslant f_a \quad (9-42)$$
$$f_a = f_{ak} + \eta_b \gamma (b-3) + \eta_d \gamma_m (d-0.5) \quad (9-43)$$

式中：p——基础底面的平均压力值；

f_a——修正后的地基承载力特征值；

f_{ak}——地基承载力特征值；

η_b——基础宽度地基承载力修正系数，按表9-23取值；

η_d——基础埋深地基承载力修正系数，按表9-23取值；

γ——基础底面以下土的重度，地下水位以下取有效重度；

γ_m——基础底面以上土的重度，取20.00kN/m³；

b——基础底面宽度，当基底宽度小于3m时按3m考虑，大于6m时按6m考虑；

d——基础埋置深度，一般自室外地面标高算起。在填方整平地区，可自填土地面标高算起，但填土在上部结构施工完成时，应从天然地面标高算起。

表9-23 承载力修正系数

土的类别 η		η_b	η_d
淤泥和淤泥质土		0	1.0
人工填土 e 或 $I_L \geqslant 0.85$ 的黏性土		0	1.0
红黏土	含水比 $a_w > 0.8$	0	1.2
	含水比 $a_w \leqslant 0.8$	0.15	1.4
大面积压实填土	压实系数>0.95、黏粒含量 $\rho_c \geqslant 10\%$ 的粉土	0	1.5
	最大干密度>2.1t/m³ 的级配砂石	0	2.0
粉土	黏粒含量 $\rho_c \geqslant 10\%$ 的粉土	0.3	1.5
	黏粒含量 $\rho_c < 10\%$ 的粉土	0.5	2.0
e 或 I_L 均小于0.85的黏性土		0.3	1.6
粉砂、细纱（不包括很湿与饱和时的稍密状态）		2.0	3.0
中砂、粗砂、砾砂和碎石土		3.0	4.4

② 当偏心荷载作用时，除应符合式(9-44)要求外，尚应符合下式要求：
$$p_{max} \leqslant 1.2 f_a \quad (9-44)$$

（2）基础底面的压力，按下列公式确定。

① 当轴心荷载作用时：
$$p = \frac{F+G}{A} \quad (9-45)$$

式中：F——塔式起重机作用于基础的竖向力，包括塔式起重机自重、压力和最大起重荷载；

G——基础自重和基础上的土重；

A——基础底面面积。

② 当偏心荷载作用，偏心距 $e \leqslant b/6$ 时：

$$p_{max} = \frac{F+G}{A} + \frac{M}{W} \quad (9-46)$$

$$p_{min} = \frac{F+G}{A} - \frac{M}{W} \quad (9-47)$$

式中：M——倾覆力矩，包括风荷载产生的力矩和最大起重力矩；

　　　W——基础底面的抵抗矩。

③ 当偏心荷载作用，偏心距 $e > b/6$（图 9.12）时，p_{max} 按下式计算：

$$p_{max} = \frac{2(F+G)}{3la} \quad (9-48)$$

$$a = \frac{b}{2} - \frac{M}{F+G} \quad (9-49)$$

式中：l——垂直于力矩作用方向的基础底面边长；

　　　a——合力作用点至基础底面最大压力边缘的距离。

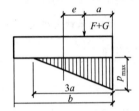

图 9.12　偏心距（$e > b/6$）下基础底压力计算图

2. 独立基础计算

独立基础如图 9.13 所示，其计算按下列步骤进行。

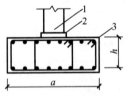

图 9.13　独立基础

1—塔机支腿；2—支腿底座板；3—混凝土基础

1）确定基础埋置深度

根据现场地基的具体情况确定，一般塔机基础埋设深度为 1～1.5m。

2）计算基础底部所需面积 A

$$A = \frac{F+G}{p_a} \quad (9-50)$$

分离式基础承受轴心荷载，故基础底面可采用正方形，其边长 $a = \sqrt{A}$。

3）确定基础高度

基础高度需满足抗冲切要求，可近似按下式计算

$$F_l \leqslant 0.7\beta_{hp} f_t a_m h_0 \quad (9-51)$$

$$F_l = p_j A_i \quad (9-52)$$

$$a_m = \frac{a_t + a_b}{2} \quad (9-53)$$

式中：F_l——实际冲切承载力；

p_j——最大压力设计值；

β_{hp}——受冲切承载力截面高度影响系数（当基础高度 h 不大于 800mm 时，β_{hp} 取 1.0；当 h 大于 2000mm 时，β_{hp} 取 0.9；其间按线性内插法取用）；

f_t——混凝土抗拉强度设计值；

a_m——冲切破坏锥体最不利一侧计算长度；

a_t——冲切破坏锥体最不利一侧斜截面的上边长；

a_b——冲切破坏锥体最不利一侧斜截面在基础底面范围内的下边长；

h_0——基础有效高度。

4）配筋

基础配筋可参照《建筑地基基础设计规范》中"扩展基础"的构造要求确定。

（1）受力钢筋的最小直径不应小于 12mm，间距取 100~200mm。

（2）箍筋不小于 8mm，间距取 150~200mm。

$$M_I = \frac{1}{12} a_1^2 \left[(2l + a')\left(p_{max} + p - \frac{2G}{A}\right) + (p_{max} - p)l \right] \quad (9-54)$$

$$p = p_{max} \times \frac{3a - a_1}{3a} \quad (9-55)$$

式中：a_1——截面至基底边缘最大反力处的距离；

a'——截面 I—I 在基底的投影长度；

p——截面 I—I 处的基底反力。

为简化计算，一般受力钢筋可由下式计算：

$$A_{sI} = \frac{M_I}{0.9 h_0 f_y} \quad (9-56)$$

式中：h_0——基础有效高度，$h_0 = h -$ 混凝土保护层厚度。

9.3.2　钢筋混凝土塔式起重机基础设计计算书

1. 参数信息

塔式起重机型号为 QT60；自重（包括压重）$F_1 = 245$kN；最大起重荷载 $F_2 = 60$kN；塔式起重机倾覆力矩 $M = 600$kN·m；塔式起重机起重高度 $H = 37$m；塔身宽度 $a = 1.6$m；混凝土强度等级为 C35；基础埋深 $d = 2$m；基础最小厚度 $h = 1.5$m；基础最小宽度 $b = 5$m。

2. 塔式起重机基础计算

塔式起重机基础示意图如图 9.14 所示。

1）地基承载力验算

$$F = 1.2 \times 305 = 366(kN)$$

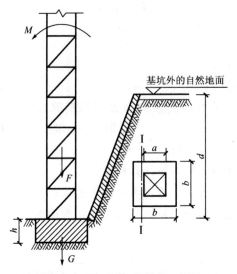

图 9.14 塔式起重机基础示意图

$$G = 1.2 \times (25bbh + 20bbd)$$
$$= 1.2 \times (25 \times 5 \times 5 \times 1.5 + 20 \times 5 \times 5 \times 2) = 2325(\text{kN})$$
$$M = 1.4 \times 600 = 840(\text{kN} \cdot \text{m})$$
$$W = \frac{1}{6}bb^2 = \frac{1}{6} \times 5 \times 5^2 = 20.83(\text{m}^3)$$

无附着的最大压力设计值 $p_{\max} = \dfrac{F+G}{b^2} + \dfrac{M}{W} = \dfrac{366+2325}{5^2} + \dfrac{840}{20.83} = 147.96(\text{kPa})$

无附着的最小压力设计值 $p_{\min} = \dfrac{F+G}{b^2} - \dfrac{M}{W} = \dfrac{366+2325}{5^2} - \dfrac{840}{20.83} = 67.32(\text{kPa})$

基础底面的平均压力 $p = \dfrac{F+G}{b^2} = \dfrac{366+2325}{5^2} = 107.64(\text{kPa})$

合力作用点至基础底面最大压力边缘的距离 $a = \dfrac{b}{2} - \dfrac{M}{F+G} = \dfrac{5}{2} - \dfrac{840}{366+2325} = 2.19(\text{m})$

偏心距较大时的压力设计值 $p_{\max} = \dfrac{2(F+G)}{3ba} = \dfrac{2 \times (366+2325)}{3 \times 5 \times 2.19} = 164.00(\text{kPa})$

地基承载力验算：

$$f_a = f_{ak} + \eta_b \gamma (b-3) + \eta_d \gamma_m (d-0.5) = 0 \text{kPa}$$

式中：f_{ak}——地基承载力特征值，取 0kN/m^2；

η_b——基础宽度地基承载力修正系数，取 0；

η_d——基础埋深地基承载力修正系数，取 0；

γ——基础底面以下土的重度，取 20kN/m^3；

γ_m——基础底面以上土的重度，取 20kN/m^3；

b——基础底面宽度，取 5m；

d——基础埋置深度，取 2m。

实际计算取地基承载力设计值为 $f_a = 180\text{kPa}$

$p_{max}=147.96\text{kPa}<f_a=180\text{kPa}$，满足要求。

当偏心距较大时：

$p_{max}=164.00\text{kPa}<1.2f_a\text{kPa}$，满足要求。

2）受冲切承载力验算

$$F_l=p_jA_i=164.00\times(5.0+4.6)\times0.20/2=157.44(\text{kN})$$

$$F_l=157.44\text{kN}\leqslant0.7\beta_{hp}f_ta_mh_0=0.7\times0.94\times1.57\times3100\times1450\times10^{-3}$$

$$=4643.60(\text{kN})$$

式中：p_j——最大压力设计值，取 $p_j=164\text{kPa}$；

β_{hp}——受冲切承载力截面高度影响系数，取 $\beta_{hp}=0.94$；

f_t——混凝土抗拉强度设计值，取 $f_t=1.57\text{kPa}$；

a_m——冲切破坏锥体最不利一侧计算长度，$a_m=\dfrac{a_t+a_b}{2}=\dfrac{1.6+(1.6+2\times1.5)}{2}=3.10(\text{m})$；

h_0——基础有效高度，取 $h_0=1.45\text{m}$。

满足要求。

3）承台配筋计算

$$M_I=\frac{1}{12}a_1^2\left[(2l+a')\left(p_{max}+p-\frac{2G}{A}\right)+(p_{max}-p)l\right]$$

$$=\frac{1}{12}\times1.70^2\times\left[(2\times5.00+1.60)\left(164.00+105.91-\frac{2\times2325.00}{5.00^2}\right)+(164.00-105.91)\times5.00\right]$$

$$=304.36(\text{kN}\cdot\text{m})$$

式中：a_1——截面 I—I 至基底边缘最大反力处的距离，取 $a_1=1.70\text{m}$；

a'——截面 I—I 在基底的投影长度，取 $a'=1.60\text{m}$；

p——截面 I—I 处的基底反力。

$$p=p_{max}\times\frac{3a-a_1}{3a}=164.00\times\frac{3\times1.60-1.70}{3\times1.60}=105.91(\text{kPa})$$

$$A_{sI}=\frac{M_I}{0.9h_0f_y}=\frac{304.36\times10^6}{0.9\times1450\times300}=777.42(\text{mm}^2)$$

由于最小配筋率为 0.15%，所以最小配筋面积为 11250mm^2，故取 $A_s=11250\text{mm}^2$。

◖ 项目小结 ◗

本项目介绍了脚手架工程、模板与支撑架工程和塔式起重机基础三个专项工程施工方案设计的计算方法，并且依据上述方法解决了背景资料中住宅楼的专项工程施工方案的设计。

习 题

一、思考题

1. 简述扣件式钢管脚手架的构造。
2. 简述扣件式钢管脚手架的传力路径。
3. 常用的模板种类有哪些？各有什么特点？
4. 作用在模板上的荷载有哪些？
5. 简述墙模的设计方法。
6. 简述塔式起重机基础的设计方法。

二、实操题

1. 搭设高度 $H=21m$，采用 $\phi 48 \times 3.5$ 扣件式双排单立管的脚手架，背靠物为框架结构，校验其强度和稳定性：长度 $L=50m$，宽度 $W=25m$，步距 $h=1.8m$，立杆纵距 $l_a=1.5m$，立杆横距 $l_b=1.05m$，内立杆距墙 $b=0.3m$，连墙件设置为 2 步 3 跨，安全网为 2300 目$/100cm^2$，木脚手板，铺设层数 $n_2=10$ 层，同时作业层数 $n_1=2$，施工荷载标准值 $2.0kN/m^2$，基本风压 $w_0=0.50kN/m^2$，地面粗糙度类型为 C 类，地基土质为碎石，承载力标准值 $f_{gk}=0.5N/mm^2$，立杆底部垫板面积 $A=0.09m^2$。

2. 胶合板强度和稳定性校验：梁截面 $400mm \times 1500mm$，梁底模小楞、侧模竖楞间距为 $200mm$，采用双排钢管脚手架，立杆间距为 $600mm$，纵横水平杆步距为 $1500mm$。

参 考 文 献

[1] 中华人民共和国住房和城乡建设部.建筑施工组织设计规范（GB/T 50502—2009）[S].北京：中国建筑工业出版社，2009.

[2] 中华人民共和国住房和城乡建设部.施工现场临时建筑物技术规范（JGJ/T 188—2009）[S].北京：中国建筑工业出版社，2009.

[3] 李示新，等.施工组织设计编制指南与实例[M].北京：中国建筑工业出版社，2007.

[4] 梁敦维.建筑施工组织设计计算手册[M].太原：山西科学技术出版社，2006.

[5] 周海涛.建筑施工组织设计数据手册[M].太原：山西科学技术出版社，2006.

[6] 姚玉娟.建筑施工组织[M].2版.武汉：华中科技大学出版社，2013.

[7] 卢青.施工组织设计[M].北京：机械工业出版社，2013.

[8] 危道军.建筑施工组织[M].3版.北京：中国建筑工业出版社，2014.

[9] 毛小玲，江萍.建筑施工组织[M].3版.武汉：武汉理工大学出版社，2015.

[10] 彭圣浩.建筑工程施工组织设计实例应用手册[M].4版.北京：中国建筑工业出版社，2017.

[11] 普荃.建筑工程施工组织设计与管理[M].北京：人民交通出版社，2016.

[12] 庄淼，韩应军，冯春菊.建筑工程施工组织设计[M].徐州：中国矿业大学出版社，2016.

[13] 杨德磊，李振霞，傅鹏斌.建筑施工组织设计[M].2版.北京：北京理工大学出版社，2014.

[14] 卓新.高危工程专项施工方案的设计方法与计算原理[M].杭州：浙江大学出版社，2009.

[15] 《建筑施工手册（第五版）（缩印体）》编委会.建筑施工手册（缩印本）[M].5版.北京：中国建筑工业出版社，2013.